PROGRAM DEVELOPMENT PRACTICAL

Go程序开发实战宝典

猿媛之家／组编
穆旭东　谭庆丰　楚秦／等编著

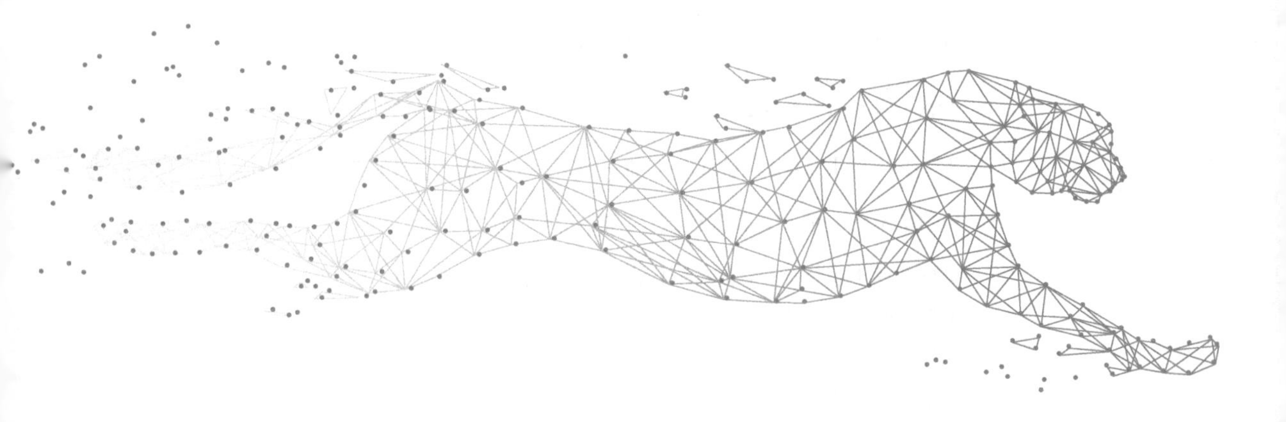

本书结合典型案例进行知识点讲解，内容通俗易懂、重点突出、实用性强，囊括Go语言的主要功能。全书共14章，前6章主要包括基础数据类型、循环控制、函数和指针、内置容器、字符串处理等；第7章主要讲解Go语言的面向对象编程，主要包括结构体、方法、接口、设计模式、反射等内容；第8~13章主要介绍服务端开发经常需要处理的问题，主要包括Go语言的编写规范、错误处理、异常处理、文件读写操作、JSON编码解码、网络编程、gRPC、并发编程、数据库编程、网络安全和测试等内容。此外，本书还对一些数据类型的底层结构、并发机制、垃圾回收进行了深入的讲解，最后一章通过对Gin框架的介绍和使用，完成了一个基础的分布式网盘项目。

本书附赠了相关知识点的视频讲解及案例源代码，读者可自行下载（详细方法见本书封底）。

本书适合所有对Go语言感兴趣的开发人员阅读，即使没有Go语言基础也可以直接上手使用，同时也可作为计算机相关专业师生的参考用书。

图书在版编目（CIP）数据

Go程序开发实战宝典／猿媛之家组编；穆旭东等编著．—北京：机械工业出版社，2023.1（2024.1重印）
ISBN 978-7-111-72064-5

Ⅰ.①G… Ⅱ.①猿…②穆… Ⅲ.①程序语言-程序设计 Ⅳ.①TP312

中国版本图书馆CIP数据核字（2022）第217328号

机械工业出版社（北京市百万庄大街22号 邮政编码100037）
策划编辑：张淑谦 责任编辑：张淑谦
责任校对：郑 婕 梁 静 责任印制：张 博
北京中科印刷有限公司印刷
2024年1月第1版第2次印刷
184mm×260mm・21印张・541千字
标准书号：ISBN 978-7-111-72064-5
定价：109.00元

电话服务 网络服务
客服电话：010-88361066 机 工 官 网：www.cmpbook.com
010-88379833 机 工 官 博：weibo.com/cmp1952
010-68326294 金 书 网：www.golden-book.com
封底无防伪标均为盗版 机工教育服务网：www.cmpedu.com

按知识点分类的视频列表

（手机扫描二维码即可观看）

序号	视频知识点	二维码	序号	视频知识点	二维码
1	fastdfs 的 tracker 和 storage 的配置		8	上传测试	
2	grpc-gateway 功能		9	修改 nginx 模块配置	
3	grpc 的使用		10	分布式网盘项目配置	
4	grpc 自签证书		11	分布式网盘项目用户功能展示	
5	nginx 模块的配置		12	分布式网盘项目用户模块	
6	protobuf 的使用		13	分布式网盘项目文件模块	
7	protoc 安装				

Go是一种开放源代码的程序设计语言，具有天生支持高并发、语法简洁等特点。Go是由谷歌公司设计并支持的，可以使程序员能够方便地构建简单、可靠、高效、稳定的服务。

近年来，Go语言在云计算、微服务、区块链等领域得到了快速且广泛的应用。随着容器编排、云技术等在IT行业的盛行，Go语言越来越受到广大开发和运维工作人员的欢迎和追捧，成为炙手可热的编程语言之一，与此同时也诞生了很多优秀的项目，如Docker、Kubernetes、Ethereum、Etcd、Kubeedge、Prometheus、FileBeat等。

在后互联网时代，互联网公司的服务器面临着新的挑战，服务架构迎来新的变革，许多公司正在将业务转向Go。越来越多的公司都要求后台开发人员掌握Go语言。尤其是在系统日志收集方面，Go语言有着出色的表现。

目前，很多顶尖IT公司都在招聘Go语言开发人员。很多大型互联网企业在大量使用Go语言构建后端Web应用，如字节跳动、腾讯、七牛云等。此外，在机器学习方面，Go语言也有一定的优势。可以说，Go将是未来的主流服务端语言。掌握Go语言能够让IT从业者在职场中更具竞争力。

本书在编写过程中难免有一些错误和不当之处，欢迎读者朋友给予反馈，以利于本书的进一步完善与提升。反馈意见请发送至miracledddata@ sohu. com，我们将尽力解决问题。希望读者通过本书的学习，能够对Go语言有一个全面的理解。

编　者

目 录

第1章 初识Go语言

Go 语言是由谷歌公司发布的一种静态型、编译型的开源编程语言。Go 是面向软件工程的语言。Go 最初用于解决谷歌遇到的大规模系统和计算问题，这些问题如今被称为云计算。近年来，Go 语言越来越受到 IT 企业的青睐，许多公司的项目正在由其他编程语言转向 Go 语言。

1.1 Go 语言简介

1.1.1 Go 语言的三位主要作者

Go 语言的三位主要作者分别是肯·汤普森（Ken Thompson）、罗伯·派克（Rob Pike）和罗伯特·格利茨默（Robert Griesemer），如图 1.1 所示。

● 图 1.1 Go 语言三位主要作者

- 肯·汤普森：图灵奖得主，C 语言前身 B 语言的作者，UNIX 操作系统的发明人之一，Plan 9 操作系统的主要作者，UTF-8 编码设计者之一。
- 罗伯·派克：曾是贝尔实验室 UNIX 开发团队成员，Plan 9 操作系统和 Inferno 操作系统开发的主要领导人。与肯·汤普森共事多年，并共创出 UTF-8 编码。
- 罗伯特·格利茨默：曾为谷歌的 V8 JavaScript 引擎、Chubby 以及 HotSpot JVM 的主要贡献者。

此外，还有 Plan 9 开发者拉斯·考克斯（Russ Cox）和曾改善 GCC 编译器的伊恩·泰勒（Ian Taylor）也为 Go 语言做出了贡献。

1.1.2 关于名字

读者可能见过 Go 语言的另一个名字，就是 Golang。但罗伯·派克在推特上对此特意说明：Go 语言就叫 Go，而不是 Golang。

Go 语言经常被说成是 Golang 有如下理由。

- 因为 go.org 已经被注册，所以 Go 只能使用 golang.org 的域名。
- 想在网络中搜索关于 Go 语言的内容，如果直接搜索 Go，得到的结果比较宽泛，特别是在 Go 语言还没有很多用户时，搜索 Golang 能够更加精确地找到答案。

1.1.3 吉祥物

Go 语言有一个吉祥物，名为 Gopher，中文译为囊地鼠，如图 1.2 所示。

● 图 1.2　Go 语言吉祥物

此画像由 Go 设计者之一罗伯·派克的妻子设计。

1.1.4　特点与优势

Go 语言能够保证既能达到静态编译语言的安全和性能，又能达到动态语言的开发速度，还具有易维护性，因此，有人形容 Go 语言为 Go=C+Python，表示 Go 语言既拥有 C 语言这种静态语言的运行速度，又有 Python 这类动态语言的开发效率。

Go 语言的具体特征如下。

1. 自动垃圾回收

开发者在使用 C/C++时，非常容易产生野指针，或者出现内存访问越界的情况。C/C++服务器的稳定性难以确定，很多时候测试时漏洞没有触发，而在生产环境中触发。野指针和内存访问越界是经常潜伏的问题。在 Go 语言里，开发者不必担心内存的申请和释放，系统会自动扩展和回收，能检测到指针的越界访问。

2. 函数可以返回多个值

很多编程语言只能有一个返回值，而 Go 语言可以有多个返回值。这个功能使得开发者不必花费心思思考如何将错误值设计到结构体中。

3. 部署简单

Go 编译生成的是一个静态可执行文件，部署方便。服务器主机只需要一个基础的系统和必要的管理、监控工具，不必担心 Go 应用程序所需的各种包、库的依赖关系，能够极大减轻运维负担。比较而言，Python 的部署工具生态比较混乱，Go 的部署要比 Python 简单很多。

4. 并发性能高

Go 语言提供的 Goroutine 和 Channel 能够帮助用户非常容易地编写高并发程序，很多情况下不需要考虑锁机制以及由此带来的各种问题。单个 Go 应用程序也能有效利用多个 CPU 核，提供优秀的并行性。其他编程语言（如 Java、C/C++、Python 等）难以有效利用多核。

5. 良好的语言设计

Go 的规范足够简单并且灵活，有其他语言基础的程序员都能迅速上手。更重要的是 Go 自带完善的工具链，大大提高了团队协作的一致性。比如，go fmt 自动排版 Go 代码，很大程度上避免了不同人写的代码排版风格不一致的问题。

1.1.5 著名项目

Go 语言既能做系统编程，又能做网络编程，许多知名的开源项目中都使用了 Go 语言。

- 分布式系统中的 Etcd。
- 由谷歌开发的 Groupcache 数据库组件。
- 云平台中的 Docker 和 Kubernetes。
- 区块链中的 Ethereum 和 Hyperledger。

使用 Go 语言进行开发的一些国外公司有谷歌、Docker、苹果等。

使用 Go 语言进行开发的国内企业有阿里巴巴、百度、小米、华为、金山、猎豹移动等。

1.2 开发环境搭建

Windows 和 Linux 都支持 Go 语言。读者可以从 https://golang.org/dl/下载相应平台的二进制文件。该网站在国内不容易访问，也可以访问 https://www.studygolang.com/dl 进行安装软件的下载。

1.2.1 Linux 环境

Linux 环境下可以直接通过命令安装，如下所示。

```
sudo yum install golang              //Centos
sudo apt-get install golang          //Ubuntu
```

通过命令安装的 Golang 版本比较低，如果读者想要安装最新版本，还需要打开官网下载地址，选择对应的系统版本，下载格式为 tar 的文件，将该安装包解压到/usr/local，并将/usr/local/go/bin 添加到 PATH 环境变量中。

1.2.2 Windows 环境

在 Windows 环境下，下载格式为 MSI 的安装程序。双击启动安装并遵循提示，安装在指定目录下。如果安装文件是 MSI 格式，Go 语言的环境变量会自动设置完成。

右击“我的电脑”，依次选择“属性” -> “高级系统设置” -> “环境变量”，单击“新建（N）”按钮，新建环境变量，如图 1.3所示。

接下来新建系统变量，单击“新建（W）”按钮。需要把 GoPATH 中的可执行目录也配置到环境变量中，否则自行下载的第三方 Go 语言工具将无法使用，如图 1.4 所示。

工作目录用来存放开发者的代码，对应 Golang 里的 GOPATH 这个环境变量。该环境变量被指定之后，编译源代码所生成的文件都会放到此目录下。

GoPATH 之下主要包含三个目录：bin、pkg 和 src。bin 目录下主要存放可执行文件；pkg 目录下存放编译好的库文件，主要为 *.a 文件；src 目录下主要存放 Go 的源文件。

接下来查看安装配置是否成功，使用快捷键〈Win+R〉，输入“cmd”，打开命令行提示符，在命令行中输入“go env”查看配置信息，不同环境下显示会略有差异。

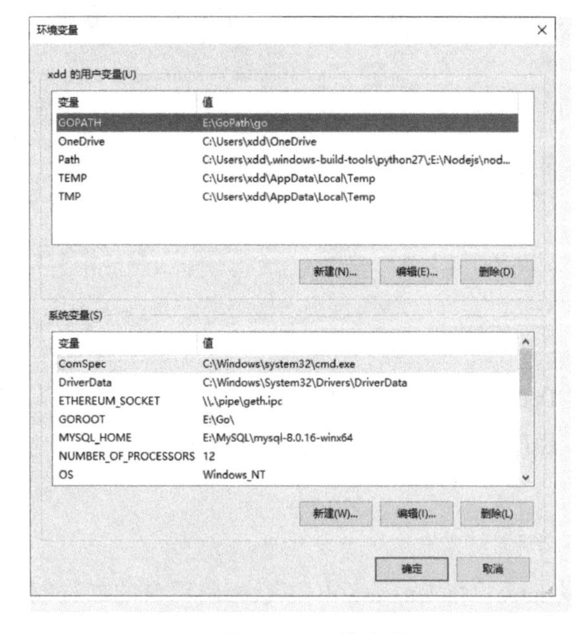

● 图 1.3　环境变量

● 图 1.4　编辑环境变量

1.3 集成开发环境 GoLand

GoLand 是由 JetBrains 公司为 Go 开发者提供的一个符合人体工程学的新的商业集成开发环境（Integrated Development Environment，IDE）。这个 IDE 整合了 IntelliJ 平台的有关 Go 语言的编码辅助功能和工具集成特点。它具有以下特点。

1）编码辅助功能。

2）符合人体工程学的设计。

3）工具的集成。

4）IntelliJ 插件生态系统。

1.3.1　下载及安装

首先打开 GoLand 官方下载地址，单击网页按钮“DOWNLOAD”，该网站自动识别计算机系统，并下载最新的编辑器，下载完成后，在本地执行解压和安装。GoLand 的下载界面如图 1.5 所示。

安装 GoLand 的步骤非常简单，如下所示。

1）单击“next”按钮，选择安装路径。

2）单击“next”按钮后会出现安装选项。根据计算机的型号，选择合适的版本。

3）单击“next”按钮。接着保持默认的程序启动目录，单击“install”按钮进行安装。

1.3.2　创建项目

打开 GoLand 工具，如图 1.6 所示。

单击“New Project”创建项目，如图 1.7 所示。图中“Location”就是项目的工程目录，读者可以根据自身情况设置。单击“Create”按钮即可成功创建项目。

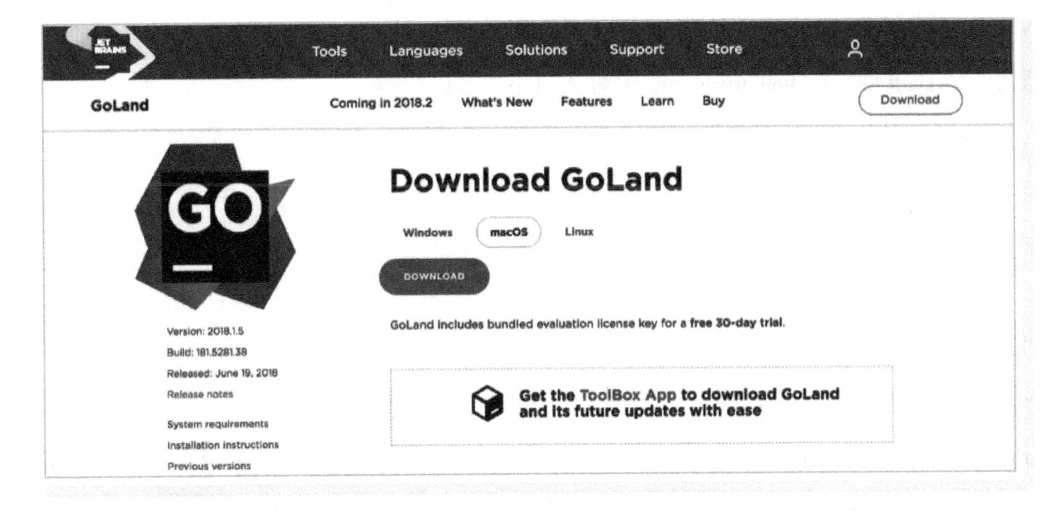

● 图 1.5 GoLand 下载界面

● 图 1.6 GoLand 界面

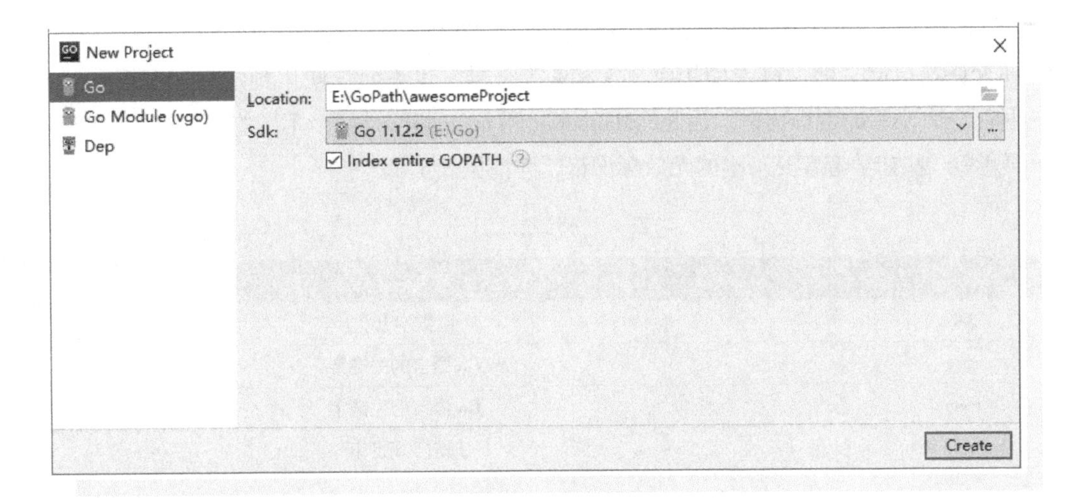

● 图 1.7 创建项目

1.3.3 编写第一个程序

新建一个.go 文件，如 helloworld.go，并输入以下内容：

```
1  package main
2  import "fmt"
3  func main(){
4    /* 输出* /
5    fmt.Println("Hello,World!")
6  }
```

使用 go run 运行这个源码文件，命令如下：

```
go run helloworld.go
```

go run 不会在运行目录下生成任何文件，可执行文件被放在临时文件中被执行，工作目录被设置为当前目录。在 go run 的后部可以添加参数，这部分参数会作为代码可以接受的命令行输入提供给程序。

还可以使用 go build 命令生成可执行文件，然后再运行可执行文件。

运行结果如下所示。

```
Hello,World!
```

1.4 Go 语言程序结构

1.4.1 标识符

Go 语言标识符用于标识变量、函数或用户自定义项目名称。标识符主要分为两类：一种是用户自定义标识符，一种是预定义标识符。

1. 自定义标识符

用户根据需要而自定义的标识符，一般用来给变量、类型、函数等程序实体起名字。

自定义标识符实际上是由一个或是多个字母（A~Z 和 a~z）、数字（0~9）、下画线（_）组成的序列，但是第一个字符必须是字母或下画线而不能是数字。

Go 不允许在自定义标识符中使用@、$ 和%等符号，也不允许使用预定义标识符和关键字。Go 是一种区分大小写的编程语言。因此，Manpower 和 manpower 是两个不同的标识符。

下面列举一些初学者容易写出的无效标识符，详情见表 1.1。

表 1.1 无效标识符

无效标识符	无效原因
3ab	以数字开头
case	Go 语言的关键字
chan	Go 语言的关键字
nil	预定义标识符

需要注意的是，标识符不能重复，否则在编译时会出现错误。

2. 预定义标识符

预定义标识符是 Go 语言系统预先定义的标识符，具有见名知义的特点，如函数“输出”(printf)、“新建”(new)、“复制”(copy)等。预定义标识符可以作为用户标识符使用，只是这样会失去系统规定的原意，使用不当还会使程序出错。下面列举了 36 个预定义标识符，见表 1.2。

表 1.2　Go 语言预定义标识符

append	bool	byte	cap	close	complex	complex64	complex128	uint16
copy	false	float32	float64	imag	int	int8	int16	uint32
int32	int64	iota	len	make	new	nil	panic	uint64
Print	println	real	recover	string	true	uint	uint8	uintptr

1.4.2　关键字

Go 语言的关键字是系统自带的，是具有特殊含义的标识符。Go 语言内置了 25 个关键字用于开发。下面列举了 Go 代码中会使用到的 25 个关键字或保留字，见表 1.3。

表 1.3　Go 语言关键字或保留字

break	default	func	interface	select
case	defer	go	map	struct
chan	else	goto	package	switch
const	fallthrough	if	range	type
continue	for	import	return	var

1.4.3　字面量

在计算机科学中，字面量（literal）是表达源代码中一个固定值的表示法（notation）。几乎所有计算机编程语言都具有对基本值的字面量表示，如整数、浮点数以及字符串。有很多也支持对布尔类型和字符类型的值进行字面量表示；还有一些甚至支持对枚举类型的元素以及数组、记录和对象等复合类型的值进行字面量表示。

1.4.4　注释

注释就是对代码的功能进行解释，方便开发人员理解被注释部分代码的作用。在 Go 语言中有以下两种形式。

1）单行注释：最常见的注释形式，可以在任何位置使用以//开头的单行注释。

2）多行注释：也叫块注释，均以/*开头、以*/结尾，且不可以嵌套使用，多行注释一般用于文档描述或注释成块的代码片段。

1.4.5　分隔符

程序中可能会使用到的分隔符有括号()、中括号［］和大括号{}。

程序中可能会使用到的标点符号见表 1.4。

表 1.4　标点符号

符号名称	符　号
点	.
逗号	,
分号	;
冒号	:
省略号	…

Go 语言变量的声明必须使用空格隔开，如 var age int。

语句中适当使用空格能让程序更易阅读。在变量与运算符间加入空格，可以使程序看起来更加美观，如下所示。

```
a = x + y;
```

在 Go 程序中，一行代表一个语句结束。Go 语言与 C++、Java 等语言不同，其不需要以分号结尾，因为这些工作是由编译器完成的。

如果开发者打算将多个语句写在同一行，则必须使用分号“;”人为区分，但在实际开发中并不推荐这种做法。

1.4.6　可见性规则

Go 语言通过首字母大小写决定标识符（常量、变量、类型、接口、结构或函数）是否可以被外部包调用。

如果标识符的对象以一个大写字母开头，那么就可以被外部包的代码使用（使用时程序需要先导入这个包），如同面向对象编程语言中的关键字“public”。

如果标识符的对象以小写字母开头，则对包的外部不可见，但是它们在整个包的内部是可见并且可用的，类似于面向对象编程语言中的关键字“private”。

1.5　本章小结

本章首先介绍了 Go 语言的发展和特点，接着介绍了 Go 语言环境的安装和配置，然后介绍了 Go 语言程序的集成开发环境，最后对 Go 语言程序的结构进行了分析。希望读者通过本章的学习能够对 Go 语言有整体的认识。

1.6　习题

1. 填空题

（1）GOPATH 之下主要包含三个目录。________目录下主要存放可执行文件；________目录下存放编译好的库文件，主要为 *.a 文件；________目录下主要存放 Go 的源文件。

（2）Go 语言定义包名的关键字是________。

（3）Docker 和 Kubernetes 都采用________语言开发。

（4）Go 语言中，使用________来决定标识符是否可以被外部包调用。

2. 选择题

(1) 下列选项中，哪个是 Go 语言中有效的标识符（　　）。

A. 4bt　　B. case　　C. abc　　D. chan

(2) 单行注释以（　　）开头。

A. //　　B. /*　　C. */　　D. #

(3) 下列选项中，哪个不是 Go 语言的特性（　　）。

A. 跨平台　　B. 垃圾自动回收　　C. 高性能　　D. 单线程

(4) 导入包的关键字是（　　）。

A. import　　B. insert　　C. package　　D. func

(5) 执行 Go 程序的命令是（　　）。

A. go env　　B. go run　　C. go get　　D. golang

3. 简答题

(1) 简述 Go 语言的特点与优势。

(2) 解释 go run 和 go build 命令的作用。

第 2 章 数据类型与运算符

扎扎实实地打好基础，才是学习编程最好的秘诀。编程语言最基本的内容就是数据类型和运算符，读者即使没有其他编程语言的学习经验，也能够轻松掌握本章的内容。数据类型的主要作用是提高内存的利用率，因为不同数据集存储在内存中所需要的空间大小不同。运算符主要用于执行代码的运算。本章主要介绍数据类型与运算符的相关内容。

2.1 变量

2.1.1 变量的概念

变量是计算机语言中存储数据的基本单元。变量的功能是存储数据。变量可通过变量名（标识符）访问，如 Alice 的年龄是 18，可以使用变量引用 18，如图 2.1 所示。

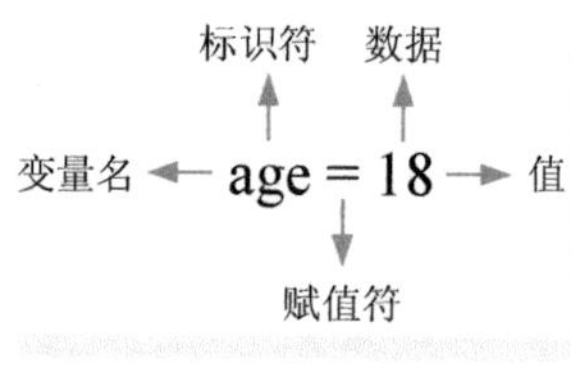

图 2.1 变量

变量是计算机分配的一小块内存，用于存放指定的数据，在程序运行过程中该数值可以发生改变；变量的存储往往具有瞬时性，当程序运行结束时，存放该数据的内存就会释放，变量也会随着内存的释放而消失。

变量又分为局部变量和全局变量。

- 局部变量：定义在大括号（{}）内部的变量，大括号的内部也叫作用域。
- 全局变量：定义在函数和大括号（{}）外部的变量。

Go 语言的变量名由字母、数字、下画线组成，首个字符不能为数字；Go 语法规定，定义的局部变量若没有被调用会发生编译错误。

编译错误的提示如下所示。

```
a declared and not used
```

表达式是值和操作符的组合，它们可以通过求值成为单个值。“数据类型”是一类值，每个值都只属于一种数据类型。

2.1.2 变量声明与赋值

Go 语言中声明变量有多种形式，未初始化的标准格式如下所示。

```
var  变量名  变量类型
```

定义一个变量名为 a 的 int 型变量，示例如下。

```
var  a  int
```

还可以使用批量的方式定义变量，该方式不需要每行都使用 var 关键字进行声明，具体语法格式如下所示。

```
var(
    a  int
    b string
    c[]float32
    d func()bool
    e struct {
        x int
        y string
    }
)
```

未初始化变量的默认值见表 2.1。

表 2.1　未初始化变量的默认值

变量类型	默认值
整型	0
浮点型	0
字符串	空字符串：“”
布尔型	false
函数	nil
指针	nil
切片	nil

初始化变量的标准格式如下所示。

```
var 变量名 类型 = 表达式
```

初始化变量的编译器自动推断类型格式如下所示。

```
var 变量名 = 表达式
```

初始化变量的简短声明格式（短变量声明格式）如下所示。

```
变量名:= 表达式
```

分别使用以上三种方式定义一个名为 a 的变量，并初始化为 25，具体代码示例如下所示。

```
var a int =25           // 初始化变量的标准格式
var b = 25              // 初始化变量的编译器自动推断类型格式
c :=25                  // 初始化变量的简短声明格式
```

使用“：=”赋值操作符可以高效地创建一个新的变量，这种声明方式称为初始化声明。该声明方式省略了 var 关键字，变量类型将由编译器自动推断。初始化声明是声明变量的首选形式，但是它只能用在函数体内，不能用于全局变量的声明与赋值。该声明方式的变量名必须是没有被定义过的变量，若定义过，将发生编译错误。

```
var a = 10
a:= 20          // 重复定义变量 a
```

编译报错如下所示。

```
no new variables on left side of :=
```

需要注意的是，使用多个短变量声明和赋值时，如果至少有一个新声明的变量出现在左侧，那么即便有其他变量名可能是重复声明的，编译器也不会报错。情况如下所示。

```
var a = 10
a, b := 100, 200
```

虽然这种方法不会报错，但还是建议尽量避免这种用法。

2.1.3 变量多重赋值

变量多重赋值是指多个变量同时赋值。Go 语法中，变量初始化和变量赋值是两个不同的概念。Go 语言的变量赋值与其他语言一样，但是 Go 提供了其他程序员期待已久的多重赋值功能，可以实现变量交换。多重赋值让 Go 语言比其他语言减少了代码量。

语法格式如下所示。

```
var a int = 10
var b int = 20
b, a = a, b
```

多重赋值时，左值和右值按照从左到右的顺序赋值。这种方法在错误处理和函数当中会被大量使用。

2.1.4 匿名变量

Go 语言的函数可以返回多个值，而事实上并不是所有的返回值都用得上。可以使用匿名变量以下画线“_”替换。

例如，定义一个函数，功能为返回两个 int 型变量，第一个返回 10，第二个返回 20，第一次调用舍弃第二个返回值，第二次调用舍弃第一个返回值，具体语法格式如下所示。

```
func test() (int, int){
    return 10, 20
}
a, _:= test()                // 舍弃第二个返回值
_,b := test()                // 舍弃第一个返回值
```

匿名变量既不占用命名空间，也不会分配内存。

2.2 数据类型

Go 语言的数据类型如下所示。

- 基本数据类型（原生数据类型）：整型、浮点型、布尔型、字符串和字符（byte、rune）。
- 复合数据类型（派生数据类型）：指针（pointer）、数组（array）、切片（slice）、映射（map）、函数（function）、结构体（struct）和通道（channel）。

按照 Go 语言规范，任何类型在未初始化时都对应一个零值：布尔类型是 false，整型是 0，字符串是" "，而指针、函数、interface、slice、channel 和 map 的零值都是 nil。

2.2.1　整型

在 Go 语言中，整型变量的值可表示为十进制、八进制或十六进制，但在内存中均以二进制形式存储。整型变量表示的是整数类型的数据，主要分为有符号整型和无符号整型两大类。

- 有符号整型：int8、int16、int32、int64、int。
- 无符号整型：uint8、uint16、uint32、uint64、uint。

其中，uint8 就是 byte 型，int16 对应 C 语言的 short 型，int64 对应 C 语言的 long 型。对整型的详细描述见表 2.2。

表 2.2　整型

类　型	字节数	取值范围	说　明
int8	1	-128～127	有符号 8 位整型
uint8	1	0～255	无符号 8 位整型
int16	2	-32768～32767	有符号 16 位整型
uint16	2	0～65535	无符号 16 位整型
int32	4	-2147483648～2147483647	有符号 32 位整型
uint32	4	0～4294967295	无符号 32 位整型
int64	8	-9223372036854775808～9223372036854775807	有符号 64 位整型
uint64	8	0～18446744073709551615	无符号 64 位整型
int	4 或 8	取决于平台	有符号 32 或 64 位整型
uint	4 或 8	取决于平台	无符号 32 或 64 位整型
uintptr	4 或 8	取决于平台	用于存放一个指针

声明方式如下所示。

```
var a int8          // 声明有符号 8 位整型
var b uint8         // 声明无符号 8 位整型
```

整型的具体打印格式见表 2.3。

表 2.3　整型打印格式

格　式	打印内容
%b	表示为二进制，binary
%c	表示相应 Unicode 码表示的字符，如 Unicode 值 “\u4e00” 表示的字符为 “一”
%d	表示为十进制
%8d	表示该整型长度是 8，不足 8 则在数值前补空格。如果超出 8，则以实际为准
%08d	表示数字长度是 8，不足 8 位的，在数字前补 0。如果超出 8，则以实际为准
%o	表示为八进制，octal
%q	该值对应的单引号括起来的 Go 语法字符字面值，必要时会采用安全的转义表示
%x	表示为十六进制，hex，使用 a-f
%X	表示为十六进制，使用 A-F
%U	表示为 Unicode 格式，如 “一” 的 Unicode 值为\u4e00，打印结果为 U+4E00

2.2.2 浮点型

浮点型表示存储的数据是实数，如 3.14159。Go 语言提供了两种精度的浮点数，分别为 float32 和 float64，它们的算术规范由 IEEE754 浮点数国际标准定义。关于浮点型的说明见表 2.4。

表 2.4 浮点型

类型	字节数	说明
float32	4	32 位的浮点类型，最大值为 3.4e38，最小值为 1.4e-45
float64	8	64 位的浮点类型，最大值为 1.8e308，最小值为 4.9e-324

浮点型的声明方式如下所示。

```
var x float32          // 声明 32 位浮点数类型
var y float64          // 声明 64 位浮点数类型
```

浮点型的具体打印格式见表 2.5。

表 2.5 浮点型打印格式

格式	打印内容
%b	无小数部分、二进制指数的科学计数法，如-123456p-78
%e	(=%.6e) 有 6 位小数部分的科学计数法，如-1234.456e+78
%E	以科学计数法表示，如-1234.456E+78
%f	有 6 位小数部分等价于%.6f，如 22.123456
%F	等价于%f
%g	根据实际情况采用%e 或%f 格式，获得更简洁、准确的输出
%G	根据实际情况采用%E 或%F 格式，获得更简洁、准确的输出

2.2.3 复数

复数由两个实数（用浮点数表示）构成，一个表示实部（real），一个表示虚部（imag）。与数学上的复数含义相同，如 1+2j、1-2j、-1-2j 等。关于复数类型的说明见表 2.6。

表 2.6 复数类型

类型	字节数	说明
complex64	8	64 位的复数类型，由 float32 类型的实部和虚部联合表示
complex128	16	128 位的复数类型，由 float64 类型的实部和虚部联合表示

声明复数的语法格式如下所示。

```
var value complex64
value = 3.1 +15i
```

还可以使用如下方法进行初始化。

```
value := complex (3.1, 15)
```

两种方法表示的值相同。

2.2.4 布尔型

布尔型用系统标识符 bool 表示。在 C 语言中，对于布尔型的值定义，非 0 表示真，0 表示假。在 Go 语言中，以常量 true 表示真，以常量 false 表示假。

声明方式如下所示。

```
var flag bool
```

布尔型无法参与数值运算，也无法与其他类型进行转换。

2.2.5 字符串

字符串在 Go 语言中是以基本数据类型出现的，使用字符串就像使用其他原生基本数据类型 int、float32、float64、bool 一样。

字符串在 C++语言中以类的方式进行封装，不属于基本数据类型。在 Go 语言中，一个字符串是一个只读的 UTF-8 字符序列，ASCII 码占用 1 字节，其他字符根据需要占用 2~4 字节。

使用字符串的语法格式如下所示。

```
var str string                   // 定义名为 str 的 string 类型变量
str = "Golang"                   // 将变量赋值
teacher := "老师"                 // 以自动推导方式初始化
```

在字符串中，有些字符没有现成的文字代号，所以只能用转义字符来表示。常用的转义字符见表 2.7。

表 2.7 转义字符

转义字符	含　义
complex64	回车符 return，返回行首
\ r	回车符 return，返回行首
\ n	换行符 new line，直接跳到下一行的同列位置
\ t	制表符 TAB
\ '	单引号
\ "	双引号
\\	反斜杠

定义多行字符串的方法如下。

- 双引号书写字符串被称为字符串字面量（string literal），这种字面量不能跨行。
- 多行字符串需要使用“`”反引号，多用于内嵌源码和内嵌数据。
- 在反引号中的所有代码不会被编译器识别，而只是作为字符串的一部分。

字符串的内容不能修改，也就不能用 s[i] 的方式修改字符串的 UTF-8 编码。如果需要修改，需要将字符串的内容复制到 [ ]byte（字节数组）或 [ ]rune（字符数组）中。

字符串的具体打印格式见表 2.8。

表 2.8　字符串打印格式

打印格式	打印内容
%s	直接输出字符串或者 [ ]byte
%q	该值对应的是双引号括起来的 Go 语法字符串字面值，必要时会采用安全的转义表示
%x	每个字节用两字符十六进制数表示（使用 a-f）
%X	每个字节用两字符十六进制数表示（使用 A-F）

2.2.6　字符

字符串中的每一个元素叫作“字符”，定义字符时使用单引号。Go 语言的字符有两种，见表 2.9。

表 2.9　字符

类　型	字 节 数	说　明
byte	1	表示 UTF-8 字符串的单个字节的值，uint8 的别名类型
rune	4	表示单个 Unicode 字符，int32 的别名类型

声明示例如下所示。

```
var a byte = 'a'
var b rune = '一'
```

2.2.7　类型转换

Go 语言采用数据类型前置加括号的方式进行类型转换，格式如下所示。

```
T(表达式)
```

T 表示要转换的类型；表达式包括变量、数值、函数返回值等。

开发者在使用类型转换时，需要考虑两种类型之间的关系和范围，是否会发生数值截断。不同的数据类型就像是不同类型的容器，纸质的箱子是不能用来盛放水的。数据范围就像是容器中的容积，不能把 200 毫升的水完全装进容积只有 100 毫升的玻璃瓶里。

注：布尔型无法与其他类型进行转换。

类型转换的使用示例如下所示。

```
var a int = 100
b:=float64(a)            //将 int 型转换成 float64 型
c:=string(a)             //将 int 型转换成 string 型
```

1. 浮点型与整型的转换

浮点型和整型的类型精度不同，使用时需要注意精度的损失。

2. 整型转换成字符串类型

整型数值是 ASCII 码的编号或 Unicode 字符集的编号。转成 string，就是根据字符集将对应编号的字符查找出来，若该数值超出 Unicode 编号范围，打印出来的字符串会显示乱码。例如，19968

转 string 就是“一”。

Unicode（统一码、万国码、单一码）是计算机科学领域里的一项业界标准，包括字符集、编码方案等。Unicode 是为了突破传统的字符编码方案的局限而产生的，它为每种语言中的每个字符设定了统一且唯一的二进制编码，以满足跨语言、跨平台进行文本转换、处理的要求。

【备注:】

- ASCII 字符集中数字的十进制范围是 48~57。
- ASCII 字符集中大写字母的十进制范围是 65~90。
- ASCII 字符集中小写字母的十进制范围是 97~122。
- Unicode 字符集中汉字的范围是 4e00~9fa5，十进制范围是 19968~40869。

3. 字符串类型转换成整型

在 Go 语言中，不允许字符串转 int，会产生如下错误。

```
cannot convert str (type string) to type int
```

2.2.8　类型别名

类型别名是 Go1.9 版本添加的新功能。类型别名就是给类型名取的一个有特殊含义的名字，就像武侠小说中的“东邪西毒”。假如在教室中，有两个同学叫张三，老师为了区分他们，通常会给他们起个别名，如大张三、小张三。对于编程而言，类型别名主要用于解决兼容性的问题。

在 Go1.9 版本前内建类型定义的代码是：

```
type byte uint8
type rune int32
```

而在 Go1.9 版本之后变更为：

```
type byte=uint8
type rune = int32
```

类型别名的语法格式如下所示。

```
type  类型别名  =类型
```

定义类型的语法格式如下所示。

```
type  新的类型名  类型
```

语法示例如下所示。

```
type NewString string
```

该语句是将 NewString 定义为 string 类型。通过 type 关键字，NewString 会形成一种新的类型。NewString 本身依然具备 string 类型的特性。

```
type StringAlias  =  string
```

该语句是将 StringAlias 定义为 string 的一个别名。使用 StringAlias 与使用 string 等效。别名类型只会在代码中存在，编译完成时，不会有别名类型。

出于对程序性能的考虑，最佳建议如下。

- 尽可能使用:=去初始化声明一个变量（在函数内部）。
- 尽可能使用字符代替字符串。

2.3 常量

常量是一个简单值的标识符，在程序运行时，不会被修改。相对于变量，常量是恒定不变的值，如圆周率。

2.3.1 声明方式

常量中的数据类型只可以是布尔型、数字型（整数型、浮点型和复数）和字符串型。常量的定义格式如下所示。

```
const  标识符  [类型]=值
```

可以省略类型说明符［类型］，因为编译器可以根据变量的值来自动推断其类型。

显式类型定义的语法格式如下所示。

```
const  g string = "golang"
```

隐式类型定义的语法格式如下所示。

```
const  g = "golang"
```

多个相同类型声明的语法格式如下所示。

```
const WIDTH,HEIGHT = value1,value2
```

如果常量定义后未被使用，编译时也不会报错。

2.3.2 枚举

Go 语言现阶段没有提供枚举类型，可以通过常量组模拟枚举。

常量组中如果不指定类型和初始值，则与上一行非空常量的值相同。

2.3.3 iota

iota 表示特殊常量值，是一个系统定义的可以被编译器修改的常量值。iota 只能被用在常量的赋值中。在每一个 const 关键字出现时，被重置为 0，然后每出现一个常量，iota 所代表的数值会自动增加 1。iota 可以理解成常量组中常量的计数器，不论该常量的值是什么，只要有一个常量，那么 iota 就加 1。

2.4 运算符

运算符用于在程序运行时执行数学或逻辑运算。Go 语言内置的运算符包括算术运算符、关系运算符、逻辑运算符、位运算符、赋值运算符和其他运算符。

2.4.1 算术运算符

算术运算符是用来处理四则运算的符号。Go 语言的算术运算符见表 2.10。

表 2.10　算术运算符

运算符	作用
+	相加
-	相减
*	相乘
/	相除
%	求余
++	自增
--	自减

2.4.2　关系运算符

关系运算符的作用是判断两个值（两个表达式的运算结果）的大小关系。Go 语言的关系运算符见表 2.11。

表 2.11　关系运算符

运算符	描述
==	检查两个值是否相等，如果相等返回 true，否则返回 false
!=	检查两个值是否不相等，如果不相等返回 true，否则返回 false
>	检查左边值是否大于右边值，如果是返回 true，否则返回 false
<	检查左边值是否小于右边值，如果是返回 true，否则返回 false
>=	检查左边值是否大于等于右边值，如果是返回 true，否则返回 false
<=	检查左边值是否小于等于右边值，如果是返回 true，否则返回 false

2.4.3　逻辑运算符

逻辑运算符在自然语言中表示“并且”“或者”“除非”等思想。在编程语言中，逻辑运算符可以将两个或多个关系表达式连接成一个或使表达式的逻辑反转，Go 语言的逻辑运算符与其他语言基本相同，见表 2.12。

表 2.12　逻辑运算符

运算符	描述
&&	逻辑 AND 运算符。如果两边的操作数都是 True，则条件为 True，否则为 False
||	逻辑 OR 运算符。如果两边的操作数有一个是 True，则条件为 True，否则为 False
!	逻辑 NOT 运算符。如果条件为 True，则逻辑 NOT 条件为 False，否则为 True

2.4.4　位运算符

位运算符对整数在内存中的二进制位进行操作。位运算符比一般的算术运算符速度要快，而且可以实现一些算术运算符不能实现的功能。如果要开发高效率程序，位运算符是必不可少的。位运算符用来对二进制位进行操作，包括按位与（&）、按位或（|）、按位异或（^）、按位左移（<<）和按位右移（>>）。

假定 A = 60，B = 13，其二进制数转换和位运算的示例如下所示。

```
A = 0011 1100
B = 0000 1101
-----------------
A&B = 0000 1100
A|B = 0011 1101
A^B = 0011 0001
```

Go 语言支持的位运算符见表 2.13。

表 2.13 位运算符

运算符	描述
&	按位与运算符“&”是双目运算符。其功能是对参与运算的两数各对应的二进位进行相与计算
|	按位或运算符“|”是双目运算符。其功能是对参与运算的两数各对应的二进位进行或计算
^	按位异或运算符“^”是双目运算符。其功能是对参与运算的两数各对应的二进位进行异或计算，当两对应的二进位相异时，结果为 1
<<	左移运算符“<<”是双目运算符。左移 n 位就是乘以 2 的 n 次方。其功能是把“<<”左边的运算数的各二进位全部左移若干位，由“<<”右边的数指定移动的位数，高位丢弃，低位补 0
>>	右移运算符“>>”是双目运算符。右移 n 位就是除以 2 的 n 次方。其功能是把“>>”左边的运算数的各二进位全部右移若干位，由“>>”右边的数指定移动的位数

1. 按位与

按位与（&）：双目运算符，其功能是对参与运算的两数各对应的二进位进行“与”运算，如图 2.2 所示。

252 的二进制可以表示为 11111100，63 的二进制可以表示为 00111111，将每一位都进行“与”运算后结果为 00111100，转换为十进制的结果为 60。

2. 按位或

按位或（|）：双目运算符，其功能是对参与运算的两数各对应的二进位进行“或”运算，如图 2.3 所示。

252&63								
252	1	1	1	1	1	1	0	0
63	0	0	1	1	1	1	1	1
60	0	0	1	1	1	1	0	0

● 图 2.2 按位与

178|94								
178	1	0	1	1	0	0	1	0
94	0	1	0	1	1	1	1	0
254	1	1	1	1	1	1	1	0

● 图 2.3 按位或

178 的二进制可以表示为 10110010，94 的二进制可以表示为 01011110，将每一位都进行或运算后的结果为 11111110，转换为十进制的结果为 254。

3. 按位异或

按位异或（^）：双目运算符，其功能是对参与运算的两数各对应的二进位进行“异或”运算，如图 2.4 所示。

20^5								
20	0	0	0	1	0	1	0	0
5	0	0	0	0	0	1	0	1
17	0	0	0	1	0	0	0	1

● 图 2.4 按位异或

20的二进制可以表示为00010100，5的二进制可以表示为00000101，将每一位都进行异或运算后的结果为00010001，转换为十进制的结果为17。

4. 左移运算符（<<）

按二进制形式把所有的数字向左移动对应的位数，高位移出（舍弃），低位的空位补0。

（1）语法格式

需要移位的数字<<移位的次数。例如，3<<4，意思是将数字3左移4位。

（2）计算过程

```
3<<4
```

首先把3转换为二进制数字0000 0000 0000 0000 0000 0000 0000 0011，然后把该数字高位（左侧）的两个0移出，其他的数字都朝左平移4位，最后在低位（右侧）的4个空位补0。则得到的最终结果是0000 0000 0000 0000 0000 0000 0011 0000，转换为十进制是48。

（3）数学意义

在数字没有溢出的前提下，对于正数和负数，左移一位都相当于乘以2的1次方，左移 n 位就相当于乘以2的 n 次方，如图2.5所示。

3<<4								
3	0	0	0	0	0	0	1	1
3<<4	0	0	1	1	0	0	0	0
48	3*2^4							

● 图2.5　左移运算

3的二进制可以表示为00000011，将每一位向左移动4位，高位移出（舍弃），低位的空位补0，运算结果为00110000，转换为十进制的结果为48。

5. 右移运算符（>>）

按二进制形式把所有的数字向右移动对应位移位数，低位移出（舍弃），高位的空位补符号位，即正数补0，负数补1。

（1）语法格式

需要移位的数字>>移位的次数，例如，11>>2，意思是将数字11右移2位。

（2）计算过程

11的二进制形式为0000 0000 0000 0000 0000 0000 0000 1011，把低位的最后两个数字移出，因为该数字是正数，所以在高位补0。则得到的最终结果是0000 0000 0000 0000 0000 0000 0000 0010。转换为十进制的结果是2。

（3）数学意义

右移一位相当于除2，右移 n 位相当于除以2的 n 次方，如图2.6所示。

11>>2								
11	0	0	0	0	1	0	1	1
11>>2	0	0	0	0	0	0	1	0
2	11/(2^2)							

● 图2.6　右移运算

11的二进制可以表示为00001011，每一位向右移动2位，低位移出（舍弃），高位的正数补0，运算结果为00000010，转换为十进制的结果为2。

2.4.5　赋值运算符

赋值操作是程序设计中最常用的操作之一，Go语言共提供了11个赋值运算符，详情见表2.14。

表 2.14　赋值运算符

运　算　符	描　　述
=	简单的赋值运算符，将一个表达式的值赋给一个左值
+=	相加后再赋值
-=	相减后再赋值
*=	相乘后再赋值
/=	相除后再赋值
%=	求余后再赋值
<<=	左移后赋值
>>=	右移后赋值
&=	按位与后赋值
^=	按位异或后赋值
|=	按位或后赋值

2.4.6　其他运算符

Go 语言的其他运算符见表 2.15。

表 2.15　其他运算符

运　算　符	描　　述	实　　例
&	返回变量存储地址	&a；将给出变量的实际地址
*	指针变量	*a；是一个指针变量

2.4.7　运算符优先级

在一个表达式中可能包含多个不同运算符，也可能具有不同类型的数据对象，不同的结合顺序可能得出不同结果，甚至出现错误运算。有些运算符拥有较高的优先级，二元运算符的运算方向均是从左至右。所有运算符以及它们的优先级见表 2.16。

表 2.16　运算符优先级

优　先　级	运　算　符
7	^, !
6	* / % << >> & &^
5	+ - | ^
4	== != < <= >= >
3	<-
2	&&
1	||

我们可以通过使用括号来临时提升某个表达式的整体运算优先级。

2.5　本章小结

本章详细介绍 Go 语言的基本语法，包括变量、常量、数据类型及运算符。但是值得注意的是，本章包含了其他编程语言所没有的内容。首先是变量的多重赋值，其次是匿名变量，还有格式化打印输出的用法，最后就是常量中 iota 的用法。

2.6　习题

1. 填空题

（1）________是计算机语言中存储数据的基本单元。

（2）浮点型 50.8 转换成整型，值为________。

（3）________符号可以取出变量的内存地址值。

（4）多重赋值时，左值和右值按照________的顺序赋值。

（5）________可以理解成常量组中常量的计数器。

2. 选择题

（1）下列选项中，不属于 Go 运算符的是（　　）。

A. +　　B. %=　　C. &　　D. ?

（2）关于类型转换，下列语法正确的是（　　）。

A.

```
type NewInt int
var i int = 100
var j NewInt = i
```

B.

```
type NewInt int
var i int = 100
var j NewInt = (Myint)i
```

C.

```
type NewInt int
var i int = 100
var j NewInt = NewInt (i)
```

D.

```
type NewInt int
var i int = 100
var j NewInt = i.NewInt
```

（3）下列选项中，哪个选项可以作为 bool 类型的值（　　）。

A. true　　B. false　　C. 0　　D. 1

（4）使用匿名变量时，用符号（　　）替换即可。

A. _　　B. =　　C. -　　D. |

（5）下列运算符优先级最高的是（　　）。

A. *　　B. =　　C. &　　D. !

3. 简答题

（1）声明变量的方式都有哪些？

（2）Go 语言提供了哪些数据类型？

第3章 流程控制

流程控制是每种编程语言控制逻辑走向和执行次序的重要部分，流程控制是一门语言的经脉，是整个程序的骨架。流程控制包含条件分支语句和循环语句。本章主要讲解在Go语言程序中如何控制执行任务的流程。

 3.1 条件判断语句

条件判断语句用来判断给定的条件是否满足（表达式值是否为0），并根据判断的结果（true或false）决定执行的语句。条件判断语句可以给定一个判断条件，并在程序执行过程中判断该条件是否成立，根据判断结果执行不同的操作，从而改变代码的执行顺序，实现更多的功能。

3.1.1 语法结构

在Go语言中，使用{}括起来的代码被称为语句块。If语句根据条件表达式来执行语句块中的两个分支，表达式只能返回布尔类型。Go语言提供了以下几种条件判断语句，见表3.1。

表3.1 条件判断语句

语句	描述
if 语句	if 语句由一个布尔表达式后紧跟一个或多个语句组成
if...else 语句	if 语句后可以使用可选的 else 语句，else 语句中的表达式在布尔表达式为 false 时执行
if 嵌套语句	可以在 if 或 else if 语句中嵌入一个或多个 if 或 else if 语句

3.1.2 if 语句

Go语言中if语句的语法如下所示。

```
if 布尔表达式{
  /* 在布尔表达式为 true 时执行* /
}
```

if在布尔表达式为true时，执行其后紧跟的语句块，如果为false，则不执行。

3.1.3 if else 语句

Go语言中if...else语句的语法如下所示。

```
if 布尔表达式{
  /* 在布尔表达式为 true 时执行* /
}else{
  /* 在布尔表达式为 false 时执行* /
}
```

if 在布尔表达式为 true 时，执行其后紧跟的语句块，如果为 false，则执行 else 语句块。

3.1.4 else if 语句

Go 语言中 if... else if... else 语句的语法如下所示。

```
if 布尔表达式{
  /* 在布尔表达式为 true 时执行* /
}else if{
  /* 在布尔表达式为 true 时执行* /
...
}else{
  /* 在布尔表达式为 false 时执行* /
}
```

先判断 if 的布尔表达式，如果为 true，执行其后紧跟的语句块，如果为 false，再判断 else if 的布尔表达式，如果为 true，执行其后紧跟的语句块，如果为 false，再判断下一个 else if 的布尔表达式，以此类推，当最后一个 else if 的表达式为 false 时，执行 else 语句块。

在 if 语句的使用过程中，应注意以下细节。

- 不需使用括号将条件包含起来。
- 大括号 {} 必须存在，即使只有一行语句。
- 左括号必须在 if 或 else 的同一行。
- 在 if 之后，条件语句之前，可以添加变量初始化语句，使用分号“;”进行分隔。

3.1.5 if 嵌套语句

Go 语言中 if... else 语句的语法如下所示。

```
if 布尔表达式 1{
  /* 在布尔表达式 1 为 true 时执行* /
  if 布尔表达式 2{
      /* 在布尔表达式 2 为 true 时执行* /
  }
}
```

可以以同样的方式在 if 语句中嵌套 else if... else 语句。

3.2 switch 语句

在很多情况下，如果条件或选择过多，使用 if 条件语句就会变得非常烦琐。switch 语句能够使多元判断的代码更加简洁明了。

3.2.1 语法结构

switch 语句基于不同条件执行不同动作。Go 语言中 switch 语句的语法如下所示。

```
switch var1{
    case val1:
        ...
    case val2:
        ...
    default:
        ...
}
```

switch 语句的执行流程如图 3.1 所示。

switch 语句执行的过程自上而下，直到找到 case 匹配项，匹配项中无需使用 break，因为 Go 语言中的 switch 默认给每个 case 自带 break。因此匹配成功后不会向下执行其他的 case 分支，而是会跳出整个 switch。

变量 var1 可以是任何类型，而 val1 和 val2 则可以是同类型的任意值。类型不局限于常量或整数，但必须是相同类型或最终结果为相同类型的表达式。

case 后的值不能重复，但可以同时测试多个符合条件的值，也就是说 case 后可以有多个值，这些值之间使用逗号分隔，如 case val1，val2，val3。

switch 后的表达式可以省略，默认为 true。

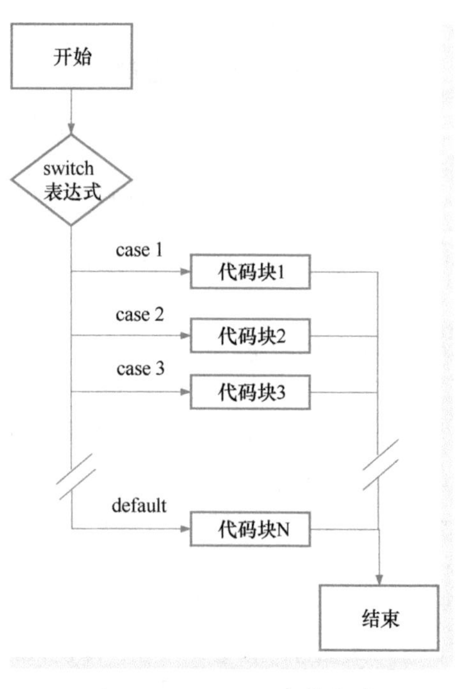

● 图 3.1　switch 语句执行流程

3.2.2　type switch

switch 语句还可以用于 type switch（类型转换）来判断某个 interface 变量中实际存储的变量类型。下面演示 type switch 的语法。其语法结构如下所示。

```
switch x.(type){
    case type:
      statement(s);
    case type:
      statement(s);
    /* 可以定义任意个数的 case */
    default: /* 可选 */
      statement(s);
}
```

关于 interface 变量的内容将在后续的章节中详细介绍。

3.2.3　switch 初始化

可以在 switch 语句中使用初始化语句，与 if 一样，写在关键字后面，并且只能有一个语句。

3.2.4　fallthrough

可以添加 fallthrough（贯穿）来强制执行后面的 case 分支。fallthrough 必须放在 case 分支的最后一行。如果它出现在中间的某个地方，编译器就会抛出错误提示，警告 fallthrough 不在合适的位置。

3.3　循环语句

循环语句是 Go 语言编程中经常使用的流程控制语句之一。循环语句表示当条件满足时，可以反复执行某段代码。for 是 Go 语言中唯一的循环语句，Go 语言没有 while 和 do...while 循环。

3.3.1　语法结构

Go 语言的 for 循环有多种语法结构。关键字 for 的基本使用方法与 C 和 C++类似，但在 Go 语言中 for 关键字后不能加小括号。最基本的 for 循环的语法结构是 for 关键字后面有 3 个语句，具体语法格式如下所示。

```
for  初始化语句;判断条件语句;  控制条件语句  {
    // 循环体语句
  }
```

for 循环的具体执行流程如图 3.2 所示。

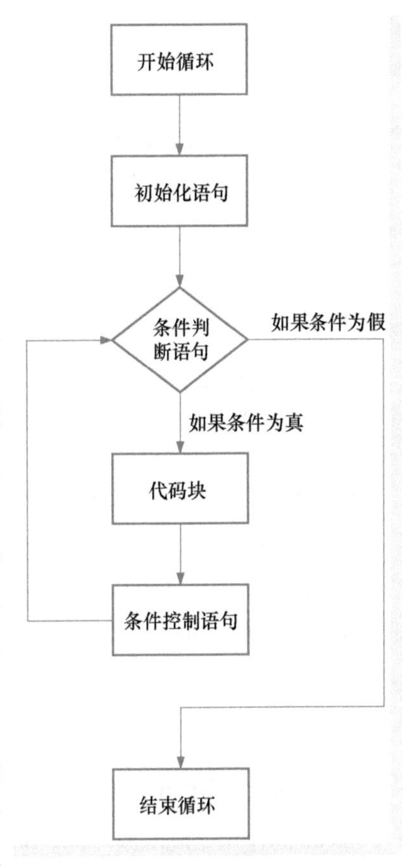

● 图 3.2　for 循环执行流程

首先执行初始化语句，对控制变量赋初始值，初始化语句只执行一次。其次根据控制变量判断条件语句的返回值，若该值为 true，则执行循环体内语句，然后执行控制条件语句，开始下一次循环。执行控制条件语句后，将重新计算判断条件语句的返回值，如果为 true，循环将继续执行，否则循环终止，接着执行循环体外语句。

需要注意的是，Go 语言不支持以逗号为间隔的多个赋值语句，必须使用平行赋值的方式来初始化多个变量。

因为初始化语句、条件判断语句和条件控制语句都是可选部分，所以基本的 for 循环语法结构又能演化出 4 种略有不同的结构。

1. 省略初始化语句

初始化语句通常为赋值表达式，为控制变量赋初始值，如果控制变量在此处声明，其作用域将被局限在整个 for 循环范围内。换句话说，就是在 for 循环中声明的变量仅在循环作用域内可用。初始语句可以省略不写，但是初始语句之后的分号必须写。

2. 省略判断条件语句

判断条件语句的作用是控制循环，如果表达式为 true，则循环继续，否则结束循环。判断条件语句可以省略，但是后面的分号不能省略。省略判断条件语句会默认形成无限循环。条件控制语句通常为赋值表达式，对控制变量进行递增或者递减；条件控制将在循环的每次成功迭代之后执行。

3. 类 while 循环

当 for 关键字后只有一个判断条件语句时，其效果类似于其他编程语言中的 while 循环，语法结构如下所示。

```
for 判断条件语句{
    // 循环体语句
}
```

4. 无限循环

for 关键字后无表达式，效果与其他编程语言的 for（;;）{} 一致，此时 for 执行无限循环。语法结构如下所示。

```
for{
    // 循环体语句
}
```

3.3.2 嵌套循环

Go 语言允许在循环体内使用循环，其语法格式如下所示。

```
for 初始化语句;判断条件语句;控制条件语句  {
  for 初始化语句;判断条件语句;控制条件语句  {
     // 循环体语句
  }
  // 循环体语句
}
```

3.3.3 range 子语句

Go 提供了 range 关键字，它能够配合 for 循环来帮助开发人员在遍历 Go 的数据类型时编写出更加容易理解的代码。

for 循环的 range 子语句会对字符串（string）、切片（slice）、数组（array）、映射（map）等进行迭代循环。其中 string、array 和 slice 会返回索引和值；map 则会返回 key 和 value。语法结构如下所示。

```
for key, value := range oldMap {
    newMap[key] = value
}
```

channel 只返回通道内的值，关于 channel 的内容在第 11 章有详细讲解。

如果想要通过 value 来改变这些类型的值，用 range 可能达不到期望的效果。因为 for range 在遍历值类型时，其中的 value 是一个值的拷贝，当使用 & 获取指针时，实际上是获取到 value 这个临时变量的指针，而 value 在 for range 中只会创建一次，之后循环中会被一直重复使用。

3.4 循环控制语句

3.4.1 break 语句

break 的作用是跳出循环体。break 语句能够终止当前正在执行的 for 循环，并开始执行循环之后的语句，具体执行流程如图 3.3 所示。

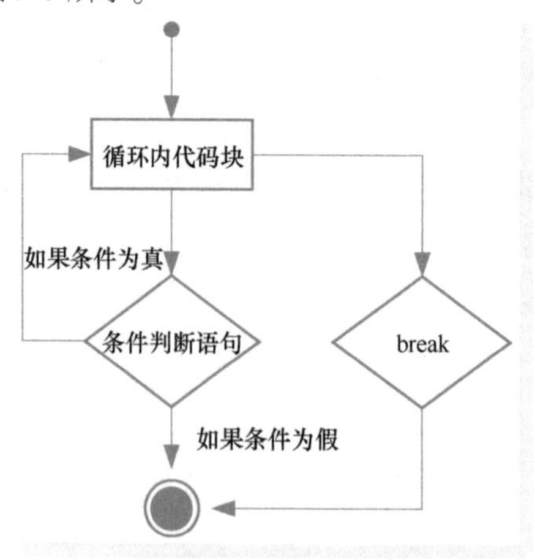

图 3.3　break 执行流程

3.4.2 continue 语句

continue 的功能是跳过当前循环，继续执行下一次循环语句。for 循环中执行 continue 语句会触发控制条件语句的执行。换言之，continue 语句用于跳过 for 循环的当前迭代，循环将继续到下一个迭代。continue 语句的执行流程如图 3.4 所示。

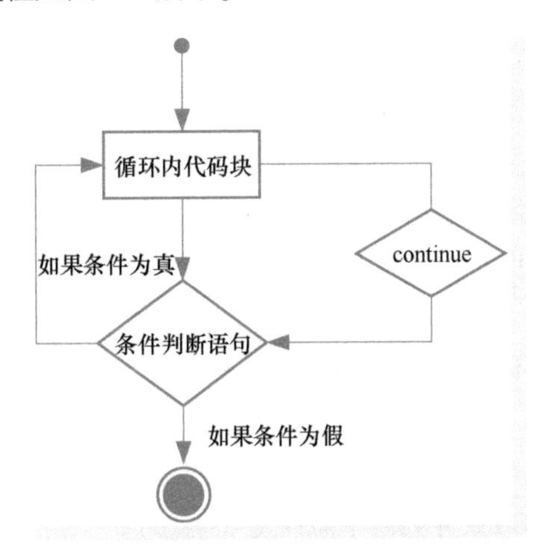

● 图 3.4 continue 执行流程

break 与 continue 都能够控制循环的流程，跳出当前循环，两者的对比如下。

- break 语句将无条件跳出并结束当前的循环，然后执行循环体后的语句。
- continue 语句是跳过当前的循环，而开始执行下一次循环。

3.4.3 goto 语句和标签

Go 语言程序中可以使用 goto 语句转移到程序指定的行。goto 语句通常与标签配合使用，可用来实现条件转移、构成循环、跳出循环体等功能。goto 语句的语法格式如下所示。

```
LABEL: statement
goto LABEL
```

goto 语句的具体执行流程如图 3.5 所示。

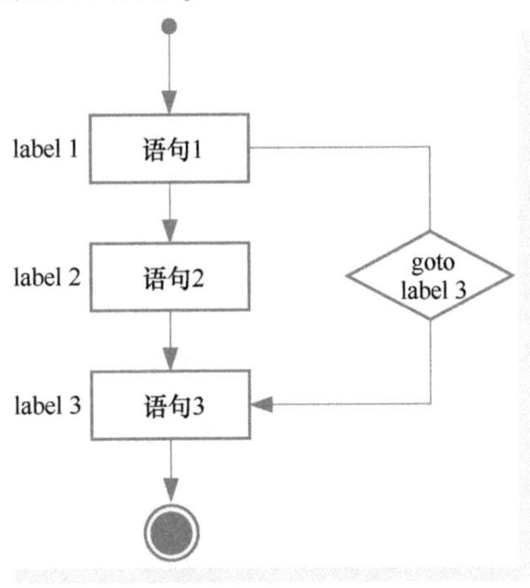

● 图 3.5 goto 执行流程

3.5 本章小结

本章介绍了 Go 语言的流程控制语句，主要包括 if 条件判断语句、switch 分支语句以及 for 循环语句。流程控制是构建程序的基础，合理地使用流程控制能够使程序的执行效率更高。

3.6 习题

1. 填空题

(1) 在 Go 语言中循环控制语句包括________、________、________。

(2) Go 语言的________语句可以无条件地转移到程序指定的行。

(3) if 在布尔表达式的值为________时，执行其后紧跟的语句块。

(4) ________语句用在循环体中，可以结束本层循环。

(5) break 语句只能用于________语句。

2. 选择题

(1) 下列选项中，不属于 Go 条件判断语句的是（　　）。

A. if　　B. else　　C. else if　　D. for

(2) 下列选项中，属于 Go 循环语句的是（　　）。

A. while　　B. do while　　C. for　　D. foreach

(3) flag 是整型变量，下面 if 表达式符合编码规范的是（　　）。

A. if flag == 0　　B. if flag　　C. if flag != true　　D. if ! flag

(4) 关于 switch 语句，下面说法正确的是（　　）。

A. 单个 case 中，不能有多个选项结果

B. 需要用 break 来显式地退出一个 case

C. 条件表达式必须为整数或者常量

D. 只有在 case 中明确添加 fallthrough 关键字，才能继续执行紧跟的下一个 case

(5) flag 是 bool 型变量，下面 if 表达式符合编码规范的是（　　）。

A. if flag == 1　　B. if flag　　C. if flag != true　　D. if flag == false

3. 简答题

(1) 使用 switch 需要注意哪些细节？

(2) 谈谈对 for 循环的理解。

4. 编程题

(1) 打印左上直角三角形。

(2) 编程打印出所有的“水仙花数”（所谓水仙花数，是指一个 3 位数，其各位数字的立方之和等于该数）。

5. 分析题

以下代码会输出什么？具体说明原因。

```
1  package main
2
3  type Person struct {
4      Name string
5      Age int
6  }
7  func main() {
8      p := make(map[string] * Person)
9      people := [] Person {
10             {
11                 Name: "吴三桂",
12                 Age: 24,
13             }, {
14                 Name: "尚可喜",
15                 Age: 23,
16             }, {
17                 Name: "耿精忠",
18                 Age: 22,
19             },
20         }
21         for _, pp := range people {
22             p[stu.Name] = &pp
23         }
24
25         for k, v := range p {
26             println(k, "->", v.Name)
27         }
28  }
```

第4章 函数与指针

通过前面章节的内容可知，main 函数是程序的入口，但是把一个程序所有的代码都写在 main 函数中会显得非常臃肿，并且会产生功能重复的代码。实际上很多功能并不需要开发者自己编写，Go 语言提供了强大的函数库，开发人员只需要调用相关的函数即可。另一方面，对很多人来说，编程真正的乐趣就是编写自己的函数。函数不仅能够极大地提高开发效率，还能够使代码变得更加简洁、清晰。本章主要介绍函数的使用，学习指针能够帮助读者更加灵活地使用函数。

4.1 函数

函数是组织好的、可重复使用的执行特定任务的代码块。它可以提高应用程序的模块性和代码的重复利用率。Go 语言从设计上对函数进行了优化和改进，让函数使用起来更加方便。

4.1.1 函数声明

普通函数需要先声明才能调用，在 Go 语言中，函数的基本组成为关键字 func、函数名、参数列表、返回值、函数体和返回语句，其语法格式如下所示。

```
func 函数名(参数列表)(返回参数列表){
// 函数体
  return 返回值
}
```

函数由关键字 func 开始声明。

函数名由字母、数字和下画线组成。函数名的第一个字母不能为数字。在同一个包内，函数名称不能重复。

参数列表需要指定参数类型、顺序以及参数个数。参数是可选的，也就是说函数可以不包含参数。定义函数时的参数叫作形式参数，形参变量是函数的局部变量；当函数被调用时，可以将值传递给参数，这个值被称为实际参数。

返回值返回函数的结果，结束函数的执行。Go 语言的函数可以有多个返回值。返回值可以是返回数据的数据类型，也可以是变量名+变量类型的组合。如果函数在声明时包含返回值，那么必须在函数体中使用 return 语句提供返回值列表。如果函数中只有一个返回值并且没有声明返回值变量，那么可以省略包括返回值的括号。return 后的数据要保持和声明的返回值类型、数量、顺序一致。如果函数没有声明返回值，函数中也可以使用 return 关键字，用于强制结束函数。

因为参数和返回值都是可选的，所以会出现以下 4 种格式。

格式 1：无参数无返回值，语法格式如下所示。

```
func funName() {
}
```

格式 2：有参数无返回值，语法格式如下所示。

```
func funName (a int) {
}
```

格式 3：无参数有返回值，语法格式如下所示。

```
func funName01() int { // 方式 1,不命名返回值
    return1
}
func funName02() (value int) { // 方式 2，给返回值命名
    value =2
    return value
}
func funName03 () (value int) { // 方式 3，给返回值命名
    value =3
    return
}
```

官方推荐使用方式 2，不命名返回值虽然会使代码更加简洁，但是会使代码可读性变差。

格式 4：有参数有返回值，语法格式如下所示。

```
func funName (a int) (value int) {
    value =a
    return value
}
```

有返回值的函数，必须有明确的终止语句 return，否则会引发编译错误。

在参数列表中，如果有多个参数变量，则以逗号分隔；如果相邻变量是同类型，则可以将类型省略。语法格式如下所示。

```
func add (a , b int) {}
```

Go 语言的函数支持可变参数。接受可变参数的函数有着不定数量的参数，语法格式如下所示。

```
func myfunc(arg...int) {}
```

arg... int 告诉 Go 这个函数接收不定数量的参数。注意，这些参数的类型全部是 int。在函数体中，变量 arg 是一个 int 类型的 slice（切片）。

4.1.2　作用域

作用域是已声明的变量、常量、类型、函数的作用范围，在大括号（{}）内部。在函数体内声明的变量称之为局部变量，它们的作用域只在函数体内，生命周期同所在的函数一致，参数和返回值变量也是局部变量。函数中的形式参数会作为函数的局部变量来使用。

在函数体外声明的变量称之为全局变量，全局变量可以在整个包甚至外部包（被导出后）使用，全局变量的生命周期同 main()。

全局变量可以在任何函数中使用。Go 语言程序中全局变量与局部变量名称可以相同，但是函数内的局部变量会被优先考虑。

4.1.3　函数变量

在 Go 语言中，函数也是一种类型，与其他类型（如 int、float 等）一样保存在变量中。函数变

量本身没有实际意义，只是用来代替目标函数。可以通过 type 定义一个自定义类型，函数的参数必须完全相同（参数类型、个数、顺序），函数返回值相同。

函数变量的使用步骤如下所示。

- 定义一个函数类型。
- 实现定义的函数类型。
- 作为参数调用。

4.1.4 闭包与匿名函数

在计算机领域中，闭包（Closure）是词法闭包（Lexical Closure）的简称，是引用了自由变量的表达式（函数），如图 4.1 所示。还有一种说法，如果一个函数能够用到它作用域外的变量，那么该函数和变量之间的环境就是闭包，也就是函数 + 引用环境 = 闭包。

同一个函数与不同引用环境组合，可以形成不同的实例，如图 4.2 所示。

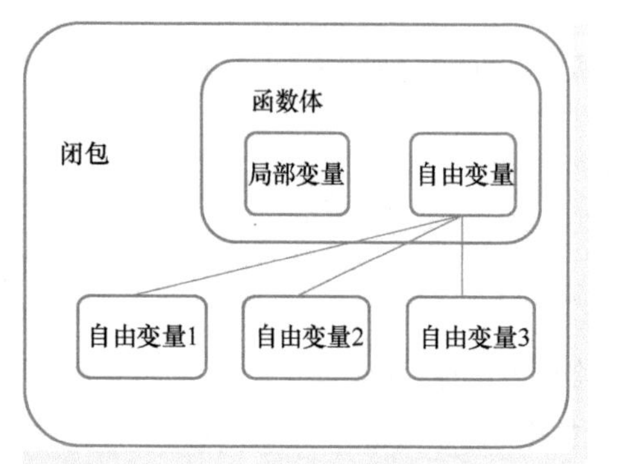

● 图 4.1 闭包

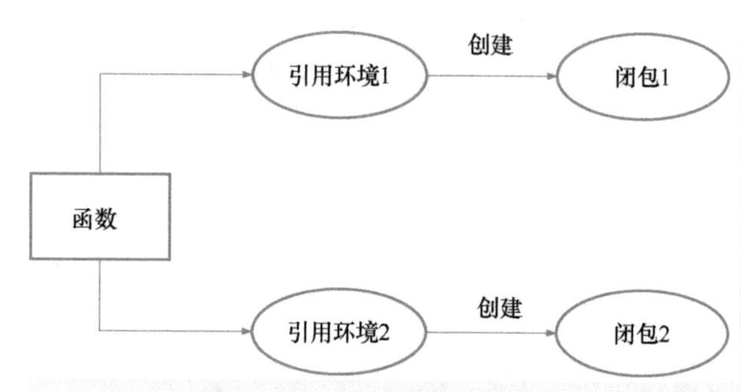

● 图 4.2 多个闭包

Go 语言支持匿名函数，即在需要使用函数时再定义函数，匿名函数没有函数名，只有函数体，不能独立存在，可以作为一种类型赋值给变量。匿名函数常以变量的方式传递。在 Go 语言里，匿名函数就是闭包。函数类型可以被实例化，函数本身不存储任何信息，只有与引用环境结合后形成的闭包才具有“记忆性”，函数是编译期静态的概念，而闭包是运行期动态的概念。

匿名函数的语法格式如下所示。

```
func(参数列表)(返回参数列表){
    // 函数体
}
```

4.1.5 可变参数

如果一个函数拥有多个（不确定数量）同样类型的参数，那么在 Go 语言中可以使用可变参数表示，具体的语法格式如下所示。

```
func 函数名(参数名... 类型)[(返回值列表)]{
// 函数体
}
```

这里特殊的语法是三个点“...”，在一个变量后面加上三个点后，表示从该处开始接收不定参数。这种...type 格式的类型只能作为函数的参数类型存在，并且必须是最后一个参数。它是一个语法糖。语法糖（Syntactic Sugar），也译为糖衣语法，是由英国计算机科学家彼得・J.兰达（Peter J.Landin）发明的一个术语，指计算机语言中添加的某种语法，这种语法对语言的功能并没有影响，但是更方便程序员使用。

当要传递若干个值到不定参数函数时，可以分别添加每个参数，也可以将一个切片（slice）传递给该函数，函数可以通过“...”接收切片（slice）中对应的参数。

在使用可变参数时，需要注意的细节如下。

- 一个函数最多只能有一个可变参数。
- 参数列表中若还有其他类型参数，则可变参数写在最后。

4.1.6　递归函数

Go 语言的函数内部可以调用其他函数。如果一个函数在内部调用自身，那么这个函数就是递归函数。递归函数必须满足以下两个条件。

1）在每一次调用自己时，更趋近于解。

2）必须有一个终止调用自己的规则。

下面通过计算阶乘来理解递归函数的作用。

计算阶乘的数学表示方法为 $n! = 1\times2\times3\times\cdots\times n$，用函数表示为 func($n$)，计算规律为 func($n$) = $n! = 1\times2\times3\times\cdots\times(n-1)\times n = (n-1)!\times n$ = fact($n-1$)×n。由此可以看出，func(n)可以表示为 n×func($n-1$)，当 $n=1$ 时终止调用自己。

递归函数的优点是逻辑清晰。理论上，所有的递归函数都可以用循环的方式实现，但循环的逻辑不如递归清晰。

使用递归函数需要注意防止栈溢出。在计算机中，函数调用通过栈（stack）实现，每当进入一个函数调用，栈就会增加一层，每当函数返回，栈就会减少一层。由于栈的空间有限，所以递归调用的次数过多就会导致栈溢出。

4.2　指针

指针是存储另一个变量的内存地址的变量。变量是一种使用方便的占位符，变量都指向计算机的内存地址。一个指针变量可以指向任何一个值的内存地址。Go 语言对指针的支持介于 Java 语言和 C/C++语言之间，它既没有像 Java 语言那样取消代码对指针直接操作的能力，也避免了 C/C++语言中由于对指针的滥用而造成的安全和可靠性问题。

4.2.1　指针的本质

在 Go 语言中使用取地址符（&）来获取变量的地址，一个变量前使用 &，会返回该变量的内存地址。

由以上输出结果可知，变量 b 的值为 10，存储在内存地址 0xc00000a0c8，需要注意的是，在不同的环境下输出结果可能不同。如果此时出现一个变量 a 持有 b 的地址，那么 a 被认为指向 b，a 就是指向 b 的指针，如图 4.3 所示。

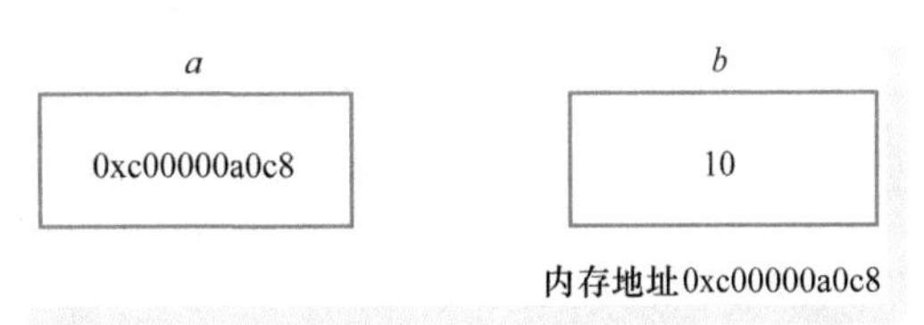

图 4.3　指针变量

Go 语言虽然保留了指针，但与其他编程语言不同的是：

- 默认值 为 nil，没有 NULL 常量。
- 操作符"&"取变量地址，" * "通过指针访问目标对象。
- 不支持"->"运算符，直接"."访问目标成员。
- 指针不能运算（不同于 C 语言）。

4.2.2 基本操作

指针与变量一样，必须先声明一个指针，然后才能使用它存储其他变量的地址，具体语法格式如下所示。

```
var 指针变量名 * 指针类型
```

* 号用于指定变量是一个指针。

```
var ip * int          // 指向整型的指针
var fp * float32      // 指向浮点型的指针
```

在指针类型的变量前加上前缀“ * ”来获取指针所指向的内容。

4.2.3 new 函数

Go 语言有一个内置的 new 函数，其定义如下所示。

```
func new(Type) * Type
```

其输入参数是一个类型，返回一个指向该类型内存的指针，且指针所指向的这块内存已被初始化为该类型的零值。可以通过指针修改变量的数值。

4.2.4 nil 指针

在 Go 语言中，当一个指针被定义后没有分配到任何变量时，它的值默认为 nil。nil 在概念上和其他语言的 null、None、NULL 一样，都指代零值或空值。

假设指针变量命名为 ptr。空指针判断：

```
if(ptr != nil)     // ptr 不是空指针
if(ptr == nil)     // ptr 是空指针
```

需要注意的是，nil 不是 Go 语言的关键字。

4.2.5 指针的指针

如果一个指针变量存放的是另一个指针变量的地址，则该指针变量就是指向指针的指针变量。当定义一个指向指针的指针变量时，第一个指针存放第二个指针的地址，第二个指针存放变量的地址，如图 4.4 所示。

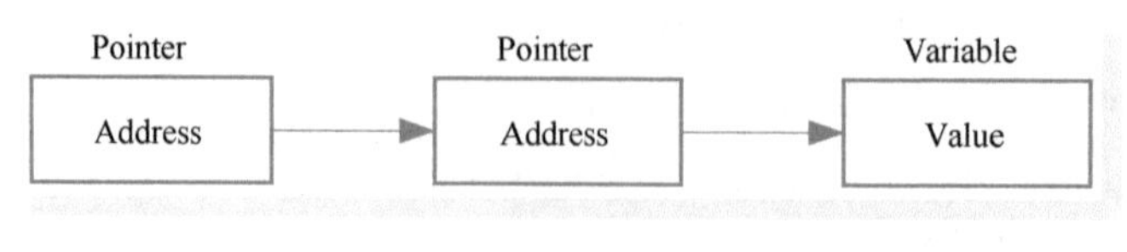

● 图 4.4　指针的指针

指向指针的指针变量声明格式如下所示。

```
var ptr * * int
```

访问指向指针的指针变量值需要使用两个 * 号。

4.3 函数的参数传递

函数如果使用参数，该参数变量称为函数的形参。形参就像定义在函数体内的局部变量。调用函数时可以通过两种方式来传递参数，即值传递和引用传递，或者叫作传值和传引用。

4.3.1 形参和实参

实参（argument）是实际参数的简称，是函数调用时传递给函数的参数。实参可以是常量、变量、表达式、函数等，在进行函数调用时，它们都必须具有确定的值，这些值会传送给形参。因此，在函数调用时，实参必须有确定的值。

形参（parameter）是形式参数的简称，又称虚拟变量，是在定义函数名和函数体的时候使用的参数，其作用是接收调用该函数时传入的参数，在调用函数时，实参将赋值给形参。实参与形参的个数和类型必须一一对应，否则会出现“类型不匹配”的错误。

形参出现在函数定义中，在整个函数体内都可以使用，离开该函数则不能使用。实参出现在主调函数中，进入被调函数后，实参变量也不能使用。

形参变量只有在被调用时才分配内存单元，在调用结束时，立即释放所分配的内存。因此，形参变量只在函数内部有效，函数调用结束返回主调函数后则不能再使用该形参变量。

4.3.2 值传递

值传递是指在调用函数时将实际参数复制一份传递到函数中，这样在函数中如果对参数进行修改，将不会影响到原内容数据。

当形参和实参不是指针类型时，在该函数运行时，形参和实参是不同的变量，它们在内存中位于不同的位置，形参将实参的内容复制一份，在该函数运行结束的时候形参被释放，而实参内容不会改变。默认情况下，Go 语言使用的是值传递，即在调用过程中不会影响到原内容数据。

4.3.3 引用传递

采用值传递的方式调用函数，每次都复制一份实参，尤其是实参占用内存较大时，会导致程序性能下降。为了避免性能降低的问题，Go 语言提供了使用指针进行引用传递的方法解决实参复制的问题。

如果函数的参数是指针类型变量，在调用该函数的过程中，传给函数的是实参的地址，在函数体内部使用的也是实参的地址，即使用的就是实参本身，所以在函数体内部可以改变实参的值。

引用传递使得多个函数能够操作同一个对象。当需要传递内存较大的结构体时，使用指针是一个明智的选择。

4.3.4 值类型和引用类型

值类型主要包括 int、string、bool、数组、struct，该类型变量直接存储值，内存通常在栈中分配，栈在函数调用完会被释放。这些类型的值在函数传参时都是值传递，在调用函数内部无法修改原内容数据。

引用类型包括指针、slice、map、chan，变量存储的是一个地址，这个地址存储最终的值。内存通常在堆上分配，通过 GC 回收。这些类型的值在函数传参时都是引用传递，在调用函数内部时可以修改原内容数据。

4.4 本章小结

本章主要介绍了函数和指针的内容，通过本章的学习，相信读者已经能够写出简单、完整的 Go 语言程序了。在实际编程时，应该尽量使用函数来提高代码的复用性，对于占用内存较大的变量应尽量使用指针来减少资源的消耗。

4.5 习题

1. 填空题

(1) 普通函数需要先________才能调用。

(2) 函数内定义的变量称为________，函数外定义的变量称为________。

(3) ________是存储另一个变量的内存地址的变量。

(4) 用来结束函数并返回函数值的是________关键字。

(5) ________是函数直接或间接地调用函数自身。

2. 选择题

(1) 下列选项中，定义指针变量语法正确的是（　　）。

A. var ip *int　　B. var p string　　C. var pp string　　D. var ppp float64

(2) 在 Go 语言中空指针的值是（　　）。

A. NULL　　B. null　　C. nil　　D. " "

(3) 下列选项中，声明函数的语法正确的是（　　）。

A. var p int　　B. var flag bool

C. func myName (a string) {}　　D. var str string

(4) 下列选项中，对 Go 语言中指针运算的说法正确的是（　　）。

A. 可对指针进行下标运算　　B. 可通过“&”取指针指向的数据

C. 可通过“*”取指针指向的数据　　D. 可对指针进行自减或自增运算

(5) 下列选项中，声明函数语法错误的是（　　）。

A.

```
func test(a, b int)(result int, err error)
```

B.

```
func test(a int, b int)(result int, err error)
```

C.

```
func test(a int, b int)(int, int, error)
```

D.

```
func test(a , b int) (result int, error)
```

3. 简答题

（1）在函数中，值传递与引用传递有什么区别？

（2）谈谈对闭包的理解。

4. 编程题

斐波那契数列由 0 和 1 开始，之后的斐波那契数列系数就由之前的两数相加得到，在数学上定义为 $F0=0$，$F1=1$，$Fn=F(n-1)+F(n-2)$（$n>=2$，$n \in \mathbf{N}*$）。下面请使用闭包实现斐波那契数列，并输出前 10 个数据。

第5章 复合数据类型

简单数据类型的数据无法满足复杂业务的需求，因为一个稍微复杂一点的程序就会不可避免地使用数据集合。Go 语言有 3 种数据结构可以让用户管理集合数据：数组、切片和映射。这 3 种数据结构是语言复合数据类型的一部分，在标准库里被广泛使用。Go 语言的复合数据类型和 Python 相似，使用这些类型的数据能够使 Go 语言的程序变得更加快速、灵活。

5.1 数组

通过前面章节的学习，相信读者已经掌握了变量的定义。但是遇到一些场景却很难应付，如统计 300 个学生的成绩，因为定义 300 个变量既麻烦又容易出错。因此 Go 语言提供了数组，300 个变量可以存放在一个数组中，在使用的时候定义一个数组即可。

5.1.1 理解数组

Go 语言中数组是一个长度固定的数据类型。数组是具有相同类型的一组长度固定的数据序列，其中数据类型包含了基本数据类型、复合数据类型和自定义类型。因为数组的长度是数组类型的一个部分，不同长度或不同类型的数据组成的数组都是不同的类型。

数组中的每一项被称为数组的元素。数组名是数组的唯一标识符，数组的每一个元素都是没有名字的，只能通过索引下标（位置）进行访问。因为数组的内存是一段连续的存储区域，所以数组的检索速度非常快，但是数组也有一定的缺陷，就是定义后大小不能更改。

数组变量被赋值或者被传递会复制整个数组。如果数组非常大，那么数组的赋值和函数间传递也会有很大的开销。为了避免复制数组带来的开销，可以传递一个指向数组的指针，但是数组指针并不是数组。数组长度最大为 2GB。

5.1.2 声明和初始化

Go 语言声明数组时需要指定元素类型和元素个数，语法格式如下所示。

```
var 变量名 [数组长度] 数据类型
```

数组一旦声明，其存储的数据类型和数组长度则不能改变。如果需要存储更多的元素，则需要先创建一个更长的数组，再把原来数组里的值复制到新数组里。需要注意的是，数组长度必须是整数且大于 0，未初始化的数组的默认值不是 nil，也就是说没有空数组（与切片不同）。声明后未初始化的数组的值如图 5.1 所示。

初始化数组语法格式如下。

```
var nums = [5]int{1 , 2 , 3 , 4 , 5 }
```

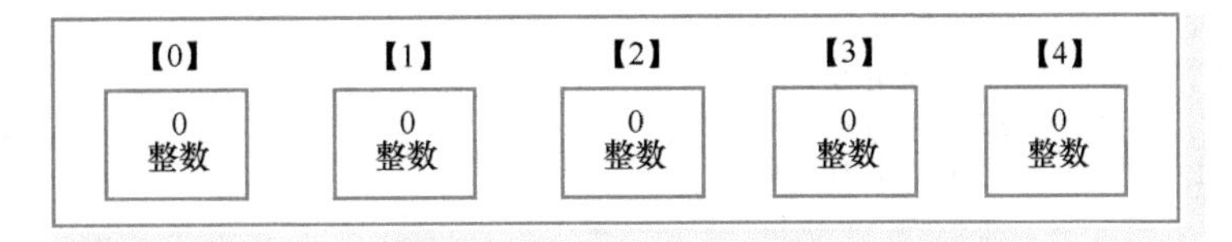

图 5.1　未初始化数组的默认值

初始化数组中大括号“ {} ”内的元素个数不能大于中括号“ [ ]”内的数值。

如果将中括号“ [ ]”内的数字替换为“…”，Go 语言会自动根据元素的个数来设置数组的大小。具体的语法格式如下所示。

```
var nums = [...]int{1 , 2 , 3 , 4 ,5 }
```

以上两种初始化方式的结果相同。

数组元素可以通过索引（位置）来读取（或者修改），索引从 0 开始，第一个元素索引为 0，第二个索引为 1，以此类推。修改数组第五个元素的语法格式如下所示。

```
nums[4] = 4
```

5.1.3　访问和修改

数组的每个元素可以通过索引下标来访问，索引下标的范围是从 0 开始到数组长度减 1 的位置。数组的长度是数组类型的一个内置常量，可以通过 len( )函数获取数组的长度。

5.1.4　遍历数组

在数组中查找目标元素，需要进行遍历，遍历数组需要使用 for 循环。

5.1.5　多维数组

由于数据的复杂程度不同，数组可能有多个下标。通常将数组元素下标的个数称为维数，根据维数，可将数组分为一维数组、二维数组、三维数组等。二维及以上的数组可称为多维数组。Go 语言的多维数组声明方式如下所示。

```
var 数组名 [SIZE1][SIZE2]...[SIZEn] 变量类型
```

1. 二维数组

在实际的开发工作中，程序员仅仅使用一维数组还远远不够。例如，一个学习小组有 10 个人，每个人有三门课的考试成绩，如果使用一维数组来解决会非常麻烦。这时使用二维数组处理这个需求就变得非常简单。

二维数组是最简单的多维数组，二维数组的本质也是一个一维数组，只是数组成员由基本数据类型变成了构造数据类型（一维数组）。

二维数组的定义方式如下。

```
var 数组名 [ 二维下标 ][ 一维下标 ] 数据类型
```

二维数组初始化的语法格式如下。

```
a = [3][4]int{
  {0, 1, 2, 3} ,      /* 第一行索引为 0 * /
  {4, 5, 6, 7} ,      /* 第二行索引为 1 * /
  {8, 9, 10, 11}      /* 第三行索引为 2 * /
}
```

在上述定义的二维数组中，共包含 3×4（共 12）个元素。下面通过一张图来描述二维数组 a 的元素分布情况，如图 5.2 所示。

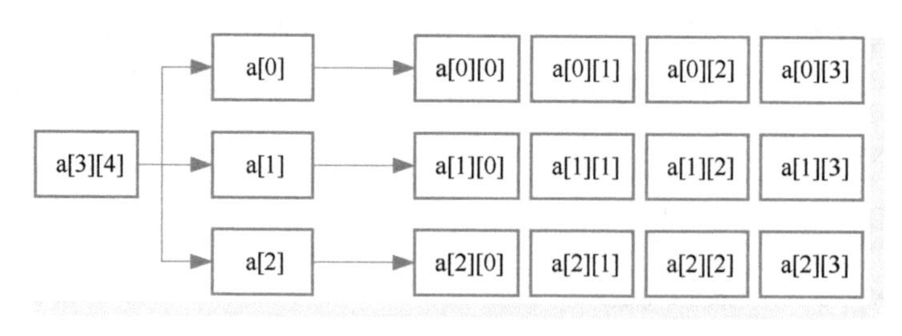

● 图 5.2　二维数组

二维数组通过指定坐标来访问，如数组中的行索引与列索引。以访问二维数组 val 第三行的第四个元素为例，其语法格式如下所示。

```
int val = a[2][3]
```

2. 三维数组

三维数组的本质也是一个一维数组，只是数组成员由基本数据类型变成了构造数据类型（二维数组）。

定义三维数组的语法格式如下。

```
var threedim [5][10][4]int
```

从单个数据到一维数组，可以想象成由点到线，从一维数组到二维数组，可以想象成由线到面，从二维数组到三维数组，可以想象成由面到体，但是四维及以上就难以想象了。此时可以换个思路，比如想象成军队制度，一维数组可以想象成一个排，二维数组可以想象成一个连，三维数组可以想象成一个营，四维数组可以想象成一个团，以此类推。多维数组在实际工作中极少使用，并且使用方法与二维数组相似，本书不再做详细讲解，有兴趣的读者可以自己学习。

5.1.6　函数间传递数组

Go 语言中的数组并非引用类型，而是值类型。当它们被分配给一个新变量时，会将原始数组复制出一份分配给新变量。如果数组作为函数的参数进行传递，那么就意味着无论整个数组有多长都会完整复制，并传递给函数。所以从内存和性能来看，在函数间传递数组是一个开销很大的操作。

5.1.7　数组指针与指针数组

数组指针是指类型为数组的指针。定义一个数组指针的语法格式如下所示。

```
var ptr * [5]int
```

在上一小节中，数组以指针的方式进行函数间的传递，其本质就是使用了数组指针。

需要注意的是，数组指针的类型要与数组对应，数组指针和指针数组看起来很像，但是区别非常大。指针数组是指元素为指针类型的数组。

定义一个指针数组的语法格式如下所示。

```
var ptr [3]* string
```

有一个元素个数相同的数组，将该数组中每个元素的地址赋值给该指针数组，也就是说该指针数组与某一个数组完全对应。可以通过 * 指针变量获取到该地址所对应的数值。

5.2 切片

切片（slice）是一种便于使用和管理数据集合的数据结构。切片类似动态数组，能够按需自动增长和缩小。

5.2.1 理解切片

Go 语言中数组的长度不可改变，在实际的开发场景中，开发人员在初始定义数组时，数组的长度是未知的，这种序列集合无法达到业务功能要求。为了弥补数组的缺陷，Go 语言提供了切片，切片和数组很像，内部元素都必须是相同类型，但是切片的长度可变。简而言之，切片就是一种简化版的动态数组。

切片是一个很小的对象，对底层数组进行了抽象，并提供相关的操作方法。切片可以追加元素，在追加时可能使切片的容量增大。切片与数组相比，不需要设定长度，在 [ ] 中不用设定值，相对来说比较自由。

切片的数据结构可理解为一个结构体，该结构体包含了三个元素，具体说明如下所示。

```
type SliceHeader struct {
  Data uintptr          // 指针,指向数组中切片指定的开始位置
  Len  int              // 切片的长度
  Cap  int              // 容量,也就是切片开始位置到数组最后位置的长度
}
```

5.2.2 声明和初始化

切片的长度是切片中元素的数量。切片的容量是从创建切片的索引开始的底层数组中元素的数量。切片可以通过 len( ) 方法获取长度，通过 cap( ) 方法获取容量。

1. 声明切片

nil 切片，即值为 nil 的切片，一般用来表示一个不存在的切片。使用字面量声明一个 nil 切片的长度为 0。具体示例如下所示。

```
var identifier []type
```

如果在 [ ] 运算符里指定了一个值，那么创建的就是数组，如果在 [ ] 运算符里没有值，则创建的是切片。还可以使用内置的 make 函数创建切片。当使用 make 时，需要传入一个参数来指定切片的长度，语法格式如下所示。

```
var slice1 []type = make([]type, len)
```

使用 make( )函数来创建切片可以简写为如下格式。

```
slice1 := make([]type, len)
```

如果只指定长度，那么切片的容量和长度相等。当长度为 0 时，创建的切片则为空切片（底层数组为空，但底层数组指针非空），具体示例如下所示。

```
slice := make([]int, 0)
```

创建切片时可以指定容量，语法格式如下所示。

```
make([]T, length, capacity)
```

其中，capacity 为可选参数，如果只指定长度，那么切片的容量和长度相等。

2. 初始化切片

通过字面量的方式直接初始化切片，语法格式如下。

```
s :=[]int{1,2,3 }
```

空切片一般用来表示一个空的集合，需要注意的是，空切片与 nil 值不同。创建空切片的语法格式如下所示。

```
s :=[]int{}
```

使用切片字面量时也可以设置初始长度和容量。需要在初始化时写明所需的长度和容量作为索引，并初始化最后一个元素。使用空字符串初始化第 10 个元素，语法格式如下所示。

```
slice := []string{9:""}
```

5.2.3 修改和截取

切片本身没有任何数据，它只是底层数组的一个引用。对切片里某个索引指向的元素赋值和对数组里某个索引指向的元素赋值的方法完全一样。

1. 赋值和修改

使用 [ ]操作符就可以改变某个元素的值。两者区别如例 5-1 所示。

例 5-1　赋值和修改切片的元素

因为数组是值类型，所以将数组赋值给变量 *c* 后，再修改 *c* 的元素，两者的数据内容不同。而切片是引用类型，所以将切片赋值给变量 *d* 后，修改变量 *d* 的元素，两者共同引用的底层数组发生变化，所以两个切片的数据内容相同。切片只能访问到自身长度范围内的元素，如果访问超出长度的元素将会导致程序运行时出现异常。

2. 切片截取

切片的截取操作就是从切片或数组中获取指定的数据，使用 s[low:high:max]表示。其中第一个参数（low）表示下标起点（包含该位置）；第二个参数（high）表示截取终点（不包含该位置）；第三个参数（max）用来控制切片的容量，其目的并不是要增加容量，而是要限制容量。

截取切片的操作示例说明见表 5.1。

表 5.1　切片截取

操　作	说　明
s[n]	获取切片 s 中索引位置为 n 的项
s[:]	从切片 s 的索引位置 0 到 len(s)-1 处所获得的切片
s[low:]	从切片 s 的索引位置 low 到 len(s)-1 处所获得的切片
s[:high]	从切片 s 的索引位置 0 到 high 处所获得的切片，len=high
s[low:high]	从切片 s 的索引位置 low 到 high 处所获得的切片，len=high-low
s[low:high:max]	从切片 s 的索引位置 low 到 high 处所获得的切片，len=high-low，cap=max-low

5.2.4　增长和复制

相对于数组而言，使用切片的优点是可以按需增加容量。Go 语言内置的 append()函数可以使切片追加一个或者多个新的元素，也可以追加一个切片。

当使用 append()函数追加元素到切片时，如果容量不够，Go 会创建一个新的内存地址（底层数组）来存储元素，每次扩容 1 倍。即使容量足够，依然需要用 append()函数的返回值来更新切片本身，因为新切片的长度已经发生了变化。大家在创建切片时，应该根据需求创建相应容量的切片，如果容量过小，后续对切片追加数据会造成内存复制，从而影响程序的效率；如果容量过大，会造成内存浪费。

Go 语言内置的 copy()函数会复制切片元素，将源切片中的元素复制到目标切片中，并返回复制的元素的个数。

5.2.5　删除切片元素

Go 语言没有提供直接删除切片元素的方法，但是可以利用切片截取及 append()函数实现删除切片元素。

删除第一个元素，具体方法如下所示。

```
numbers = numbers[1:]
```

删除最后一个元素，具体方法如下所示。

```
numbers = numbers[:len(numbers)-1]
```

删除中间元素，具体方法如下所示。

```
a := int(len(numbers)/2)
numbers = append(numbers[:a], numbers[a+1:]...)
```

具体的操作方法如图 5.3 所示。

5.2.6　快速排序

快速排序基于分治的思想，是冒泡排序的改进型。快速排序是在面试中经常提到的算法。它的基本思想是通过一次排序将要排序的数据分割成独立的两部分，其中一部分的所有数据全部比另外一部分的所有数据小，然后按此方法对这两部分数据再次进行排序，整个过程需要使用递归，最终使整个数据变成有序序列。

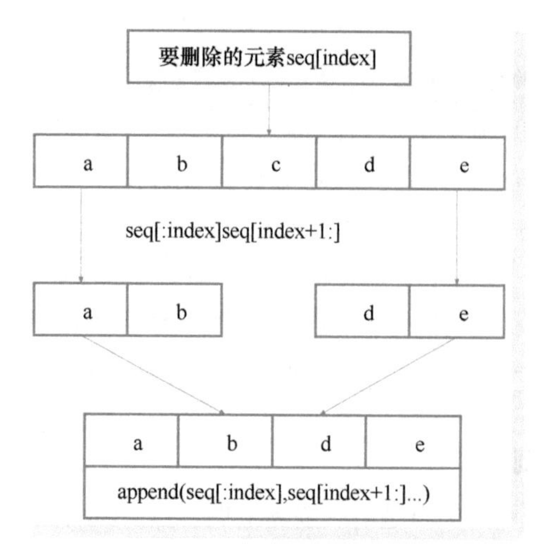

● 图 5.3　删除切片元素

以切片［22,34,1,7,10,15］为例，快速排序的升序算法步骤如下所示。

1）假设最初的基准数据为切片第一个元素 22，则首先用一个临时变量去存储基准数据，即 tmp = 22，然后分别从切片的两端扫描切片，设两个指示标识：low 指向起始位置，high 指向末尾，具体如图 5.4 所示。

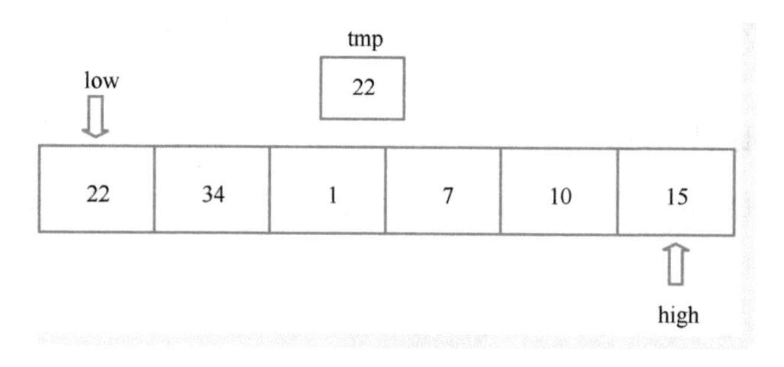

● 图 5.4　快速排序（一）

2）使用 high 标识从后半部分开始向前扫描，如果扫描到的值大于基准数据就让 high 标识向前 1 步，如果发现有元素比该基准数据的值小（如图 5.4 中 15≤tmp），就将 high 位置的值赋值给 low 位置，结果如图 5.5 所示。

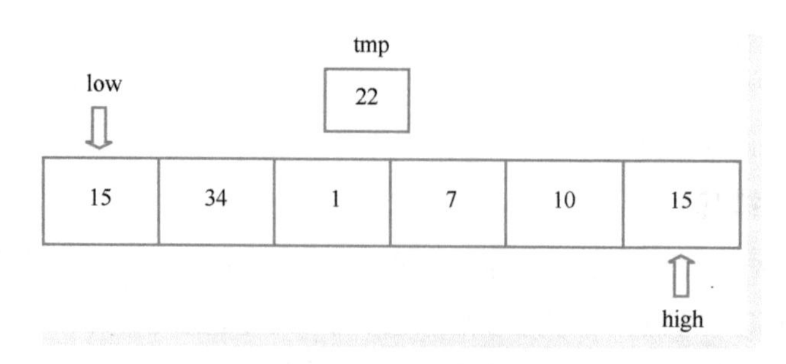

● 图 5.5　快速排序（二）

3）使用 low 标识从前向后扫描，如果扫描到的值小于基准数据就让 low 标识向后 1 步，如果发现有元素大于基准数据的值（如图 5.5 中 34≥tmp），就将 low 位置的值赋值给 high 位置的值，标识移动并且数据交换后的结果如图 5.6 所示。

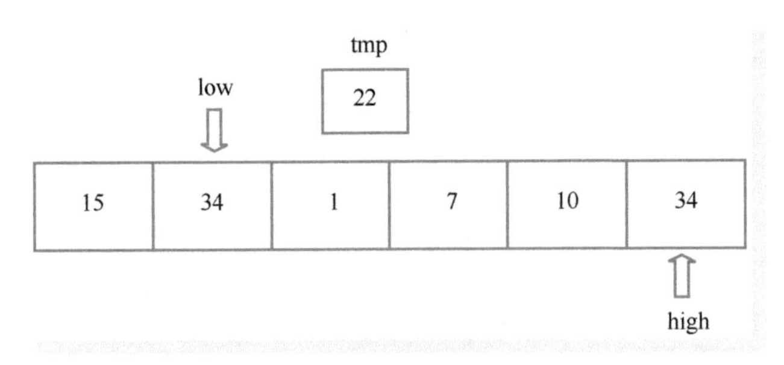

● 图 5.6　快速排序（三）

4）使用 high 标识继续向前扫描，直到发现 high 位置的值小于 tmp，由图 5.5 可知 10≤tmp，则将 high 位置的值赋值给 low 位置的值，结果如图 5.7 所示。

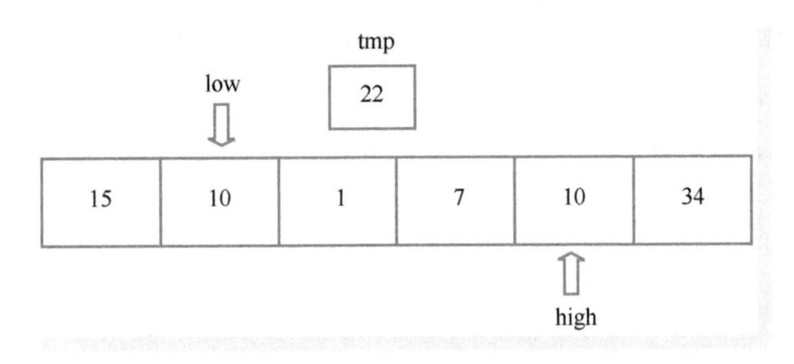

● 图 5.7　快速排序（四）

5）使用 low 标识向后遍历，直到 low=high 结束循环，此时 low 和 high 的下标就是基准数据 22 在该切片中的正确索引位置，如图 5.8 所示。

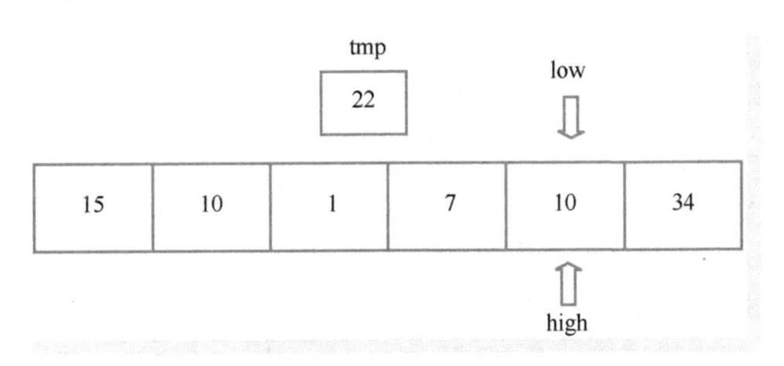

● 图 5.8　快速排序（五）

快速排序的本质就是把比基准数大的都放在基准数的右边，把比基准数小的放在基准数的左边，这样就找到了该数据在切片中的正确位置。接下来以基准数的位置为标准，将切片分成前半部分和后半部分，继续以递归的方式对前半部分和后半部分排序。

如果 low 和 high 的初始位置距离大于 1，则继续以递归的方式对该部分排序，如图 5.9 所示。

如果 low 和 high 的初始位置距离不大于 1，则表示该部分已经成为有序序列，如图 5.10 所示。

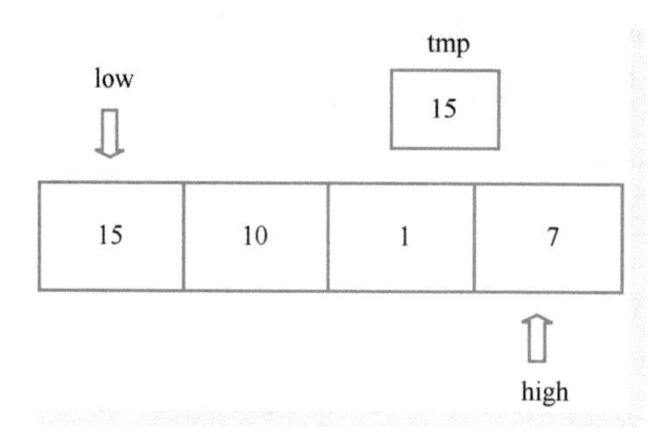

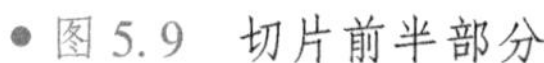
● 图 5.9　切片前半部分

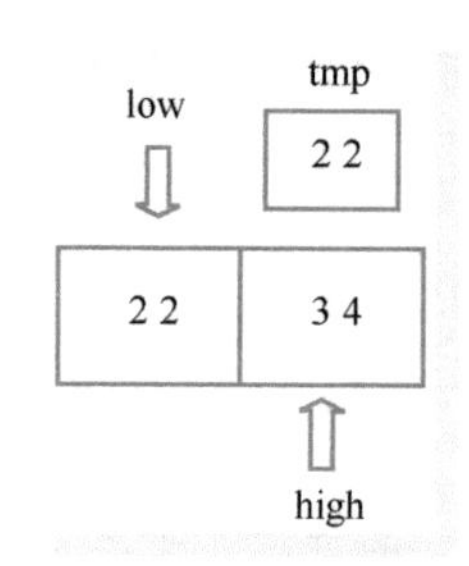

● 图 5.10　切片后半部分

先从队尾开始向前扫描。当 low < high 时，如果 values [high] > tmp，则 high--。如果 values [high] < tmp，则将 high 位置的值赋值给 low 位置，即 values[high] = values[low]。同时改为从队首向队尾扫描。

当从队首开始向队尾进行扫描时，如果 values[low] < tmp，则 low++。但如果 values[low]>tmp，则需要将 low 位置的值赋值给 high 位置，即 values[low] = values[high]。同时将切片的扫描方式切换为由队尾向队首进行扫描。

不断重复以上步骤，直到 low≥high，low 或 high 的位置就是该基准数据在切片中的正确索引位置。

5.3 map

在其他语言中，map 通常以库的形式提供，如 Java 中的 Hashmap<>。在 Go 语言中，使用 map 不需要引入任何库，使用起来非常方便。与切片和数组相比，map 的功能更为强大。

5.3.1 理解 map

Go 语言中的 map（映射、字典）是一种内置的数据结构，它是一个无序的 key-value 对的集合，比如以身份证号作为唯一键来标识一个人的信息。map 是一种集合，可以像遍历数组或切片那样迭代映射中的元素。每次迭代 map 时，元素的顺序几乎都不一样，这是因为 map 的底层是由哈希（hash）表实现的。在 C++和 Java 中，map 一般都以库的方式提供，比如在 C++中是 STL 的 std::map<>，在 Java 中是 Hashmap<>，在这些语言中，如果要使用 map，事先要引用相应的库。而在 Go 中，使用 map 不需要引入任何库，并且用起来也更加方便。

存放在 map 中的数据被放置到一个桶（buckets）数组中，根据存放数据的 hash(key)的 bits 低位选择对应的 bucket，而高位用来区分在同一个 bucket 中不同的 key-value 内容。map 的结构如图 5.11 所示。

map 在源码中的定义如下所示。

```
type hmap struct{
  count     int              //元素个数,调用 len(map)时,直接返回该值
  flags     uint8
  B         uint8            //buckets 的对数 log_2
  noverflow uint16           //overflow 时拓展的 buckets 的近似数
```

```
    hash0    uint32          // hash 种子,计算 key 的 hash 的时候会传入哈希函数
    // 指向 buckets 数组的指针,大小为 2^B,如果元素个数为 0,就为 nil
    buckets    unsafe.Pointer
    // 扩容时,用于复制的数组,buckets 长度会是 oldbuckets 的两倍
    oldbuckets unsafe.Pointer
    // 指示扩容进度,小于此地址的 buckets 迁移完成
    nevacuate  uintptr
    extra * mapextra         // 可选参数,拓展 bucket
}
```

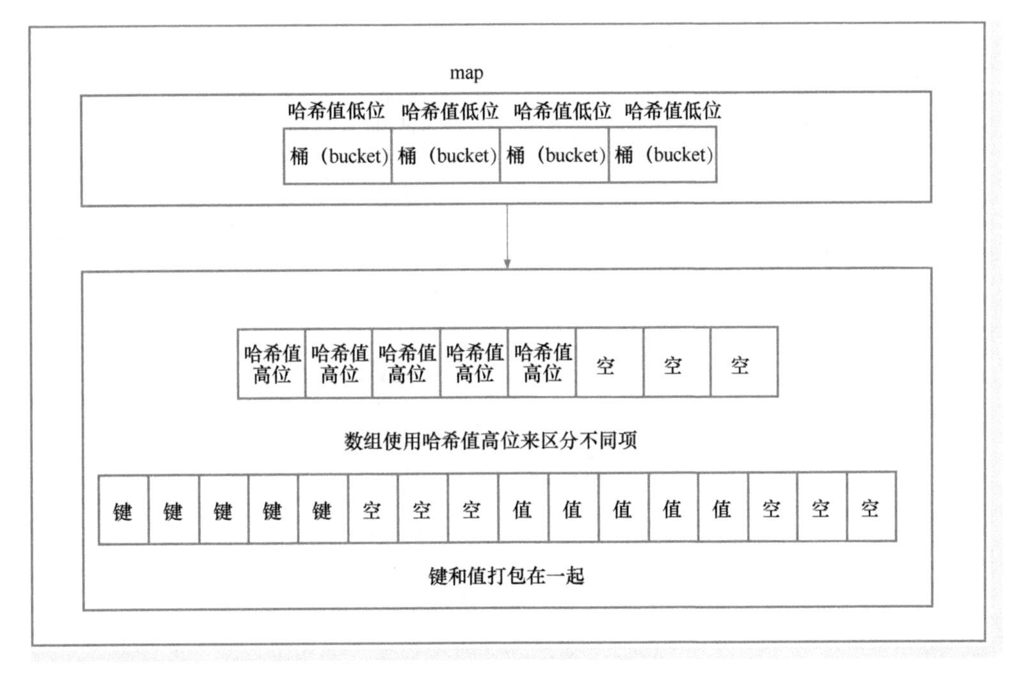

● 图 5.11 map 的结构

B 表示 buckets 数组的长度的对数，buckets 数组的长度为 2^B（2 的 B 次幂）。每个 bucket 最多能够存放 8 个 key/value 对。

结构体中 buckets 和 oldbuckets 的作用是实现 buckets 数组增量扩容。在不需要扩容的情况下直接使用 buckets，oldbuckets 的值为空。当 buckets 数组增长需要扩容时，则通过分配一个容量是当前数组 buckets 两倍的新数组来存放键值对，并将旧的 buckets 中的 key-value 逐步复制到新的 buckets 中，其过程类似动态数组。

实现 bucket 的结构体就是 bmap，其定义如下所示。

```
type bmap struct {
    tophash [bucketCnt]uint8
}
```

以上只是源码（src/runtime/hashmap.go）定义的结构，编译期间会动态地创建一个新的结构，详情如下所示。

```
type bmap struct{
    topbits    [8]uint8
```

```
    keys      [8]keytype
    values    [8]valuetype
    pad       uintptr
    overflow uintptr
}
```

一个 bucket 最多存放 8 个 key，因为一些 key 经过哈希计算后的结果是“一类”的，所以它们会落入同一个 bucket。在 bucket 内，根据 key 计算出来的 hash 值的高 8 位决定 key 到底落入 bucket 内的具体位置。详情如图 5.12 所示。

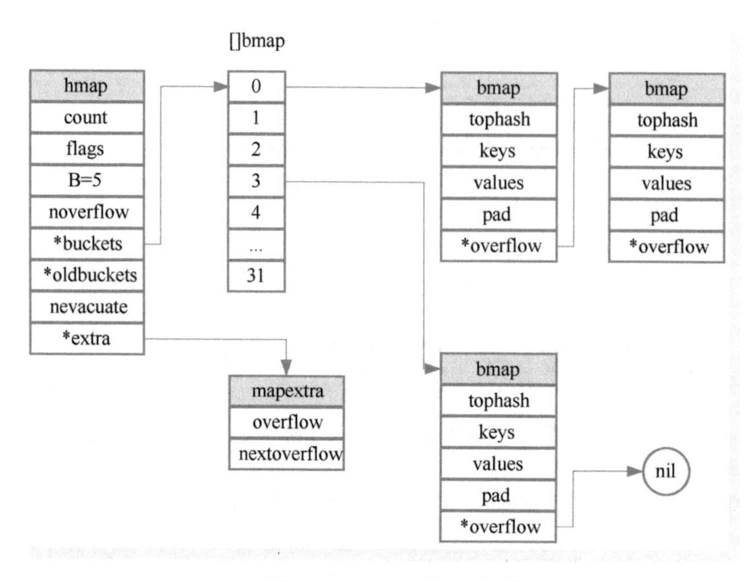

● 图 5.12　map 详细结构

mapextra 主要用于当 bukcets 元素超过 8 个 key/value 对时，通过链表的方式解决对应的内容放置。其结构定义如下所示。

```
type mapextra struct {
    overflow        *[]*bmap
    oldoverflow     *[]*bmap
    nextoverflow    *bmap// 指向下一个 overflow 的 bucket
}
```

bmap 是存放 key/value 对的地方，其内部组成如图 5.13 所示。

图 5.13 中，HOBHash 是指 top hash。key 和 value 分开存放，并不是 key/value/key/value/…这种形式，其优势是在某些情况下可以省略掉 padding 字段，节省内存空间。

一旦当前的 bucket 里面的键值对个数超过 8 个，则会通过链表的方式拓展其他的 bucket，如图 5.14 所示。

在 map 中，根据 key 的类型采用相应的 hash 算法得到 key 的 hash 值。将 hash 值的低位当作 Hmap 结构体中 buckets 数组的 index，找到 key 所在的 bucket。将 key 的 hash 值的高 8 位存储在 bucket 的 tophash 中。在查找数据时根据 hash 值的高 8 位对 tophash 数组的每一项进行顺序匹配。先比较 hash 值高位与 bucket 的 tophash[i]是否相等，如果相等则再比较 bucket 的第 i 个的 key 与所给

[0]	[1]	[2]	[3]	[4]	[5]	[6]	[7]
HOB Hash	HOB Hash	HOB Hash	HOB Hash	空	空	HOB Hash	HOB Hash
key0							
key1							
key2							
key3							
key6							
key7							
value0							
value1							
value2							
value3							
value6							
value7							
*overflow							

● 图 5.13　bmap 结构

的 key 是否相等。如果相等，则返回其对应的 value，反之，在 overflow buckets 中按照上述方法继续寻找。

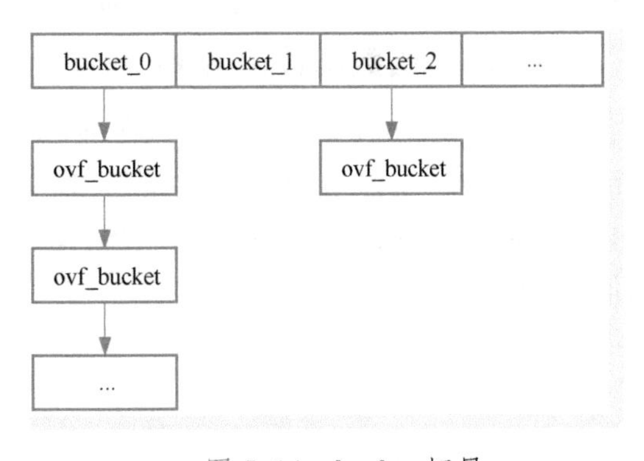

● 图 5.14　bucket 拓展

map 的 value 只能通过 key 获取，同一个 map 中 key 必须保证唯一。key 的数据类型必须是可参与比较运算的类型，也就是支持 = = 或! = 操作的类型，如布尔型、整数型、浮点型、字符串型、数组。切片、函数等引用类型则不能作为 key 的类型，否则会出现如下错误提示。

```
Invalid map key type: must not be must not be a function , map or slice
```

map 的 value 可以是任何数据类型。map 本身也是一种引用类型。

map 的长度不固定，可以扩展。Go 语言内置的 len( ) 函数同样适用于 map，返回 map 拥有的键值对的数量。但是 map 不能通过 cap( ) 函数计算容量，或者说 cap( ) 函数的参数不可以是 map。

5.3.2　创建 map

Go 语言中有很多种方法可以创建 map，可以使用 var map 关键字，也可以使用内建函数 make。

使用 map 关键字定义 map 的语法格式如下所示。

```
var 变量名 map[ key 类型] value 类型
```

使用 var 声明变量，可以直接在声明时初始化。未初始化的 map 值为 nil。nil map 不能存放键值对。

在 Go 语言中可以使用 make( ) 函数给 map 分配到内存空间，然后存放数据。

使用 make( ) 函数的语法如下所示。

```
变量名 := make(map[key 类型]value 类型)
```

使用 make()函数创建 map 的默认值不为 nil。

map 是无序的，所以每次运行的结果会不一样。可以通过 key 获取 map 中对应的 value 值，语法为 map[key]。判断 key/value 是否存在的语句如下所示。

```
value, ok := map[key]
```

ok 是 bool 型，如果 ok 是 true，则该键值对存在，否则不存在。

当 key 不存在时，会得到该 value 值类型的默认值，比如 string 类型得到空字符串，int 类型得到 0。需要注意的是，不能向值为 nil 的 map 赋值，否则程序会发生崩溃，程序将产生如下错误。

```
panic:assiment to entry in nil map
```

5.3.3 删除元素

delete(map, key) 函数用于删除集合的某个元素，参数为 map 及其对应的 key。删除函数不返回任何值。

Go 语言没有为 map 提供清空所有元素的函数，但是可以使用 make 一个新 map 的方法清空 map，而且不必担心垃圾回收的效率，Go 语言的垃圾回收比写一个清空函数更高效。

5.3.4 函数间传递 map

在函数间传递 map 并不会制造出该 map 的一个副本，这是因为 map 是引用类型。当传递 map 给一个函数，并对这个 map 做了修改时，所有对这个 map 的引用都会察觉到这个修改。

当将 map 分配给一个新变量时，它们都指向相同的内部数据结构。因此，一个引用发生变化，其他的引用也会发生变化。

5.4 本章小结

从底层而言，数组是构造切片和 map 的基石。数组是值类型，而切片和 map 是引用类型，将切片或者 map 传递给函数成本很小，并且不会复制底层的数据结构。内置的 make()函数可以创建切片和 map，并指定原始的长度和容量。切片有容量限制，不过可以使用内置的 append()函数扩展容量。map 的增长没有容量或者任何限制。Go 语言内置的 len()函数可以获取切片或 map 的长度，而 cap()函数只能用于切片。可以使用切片或者其他 map 作为映射的 value。但是需要注意的是，切片不能用作 map 的 key。

5.5 习题

1. 填空题

(1) ________是具有相同类型的一组长度固定的数据序列。

(2) 数组的________不可改变。

(3) map 是无序的，是因为 map 由________实现。

(4) 若有定义“var a[3][5] int”则 a 数组中行下标的上限为________，列下标的上限为________。

(5) Go中提供了一种内置类型“切片”，从底层来看，切片________了数组的对象。

2. 选择题

(1) slice的本质是一个结构体，该结构体不包含哪个元素（　　）。

A. 指针　　B. 长度　　C. 容量　　D. 容积

(2) 数组是（　　）类型。

A. 指针　　B. 引用　　C. 值　　D. 接口

(3) 下列选项中，对map的描述正确的是（　　）。

A. 在未修改map的情况下，每次打印出来的map都一样。

B. map的值既可以通过index获取数据，也可以通过key获取。

C. map的长度是固定的，不能扩展。

D. map不能通过cap()函数计算容量。

(4) 关于int型slice的初始化，错误的是（　　）。

A. s := make([]int)

B. s := make([]int, 0)

C. s := make([]int, 4, 12)

D. s := []int{1, 2, 3, 4, 5, 6}

(5) 关于slice或map，下列操作错误的是（　　）

A.

```
var s []int
s = append(s,10)
```

B.

```
var m map[string]int
m["one"] = 1
```

C.

```
var s []int
s = make([]int, 0)
s = append(s,1)
```

D.

```
var m map[string]int
m = make(map[string]int)
m["one"] = 1
```

3. 简答题

(1) 数组与切片有什么区别？

(2) 简述map的特点，以及使用时应注意什么。

4. 编程题

实现杨辉三角输出（打印10行）。

第6章 字 符 串

字符串是几乎所有编程语言都可以实现的非常重要和有用的数据类型。在日常开发中程序员需要频繁地处理字符串的问题。字符串的处理主要包括字符串替换、字符串分割、字符串截取、字符串去重、子串查找等。Go 语言提供了许多的内置包来处理字符串问题。本章将列举一些常用包的内置方法。

6.1 基本操作

6.1.1 字符串底层结构

通过第 2 章的内容我们知道，字符串的内容不可以直接修改。如果要修改字符串中的字节，需要将字符串转换为 [ ]byte（字节切片）。如果需要修改字符串中的字符，则需要将字符串转换为 [ ]rune（字符切片）。

字节切片和字符切片的本质还是切片。切片的结构与字符串类似，但不是只读的。虽然切片的底层数据也是数组，但是切片还有长度和容量。切片的赋值和函数传参也只是将切片头部的信息（指针、长度和容量）按传值的方式处理。因为切片头部包含底层数组的指针，所以切片的赋值不是直接赋值底层数组。

Go 语言 string 类型的底层数据也是对应的字节数组，但是字符串是只读属性，不允许对底层的字节数组进行修改。字符串赋值的本质是赋值底层数组的地址和对应长度，不会复制底层数据本身。Go 语言推荐使用 UTF-8 编码，源代码中的文本字符串通常也被解释为采用 UTF-8 编码的 Unicode 码的（rune）序列。如果代码包含非 ANSI 字符，保存源文件时要注意编码格式必须选择 UTF-8。尤其是 Windows 环境下，默认存为本地编码，比如中国地区可能是 GBK 编码而不是 UTF-8，如果没注意这一点，在编译和运行时可能会出现错误。

Go 语言字符串的底层结构在 reflect.StringHeader 中的定义如下所示。

```
type StringHeader struct {
    Data uintptr        // 指针
    Len  int            // 长度
}
```

由以上定义可以看出，字符串的本质是一个结构体，因此，字符串的赋值过程也就是 reflect.StringHeader 结构体的赋值过程，并不是直接复制底层字节数组。例如，字符串“hello，world”本身对应的内存结构如图 6.1 所示。

字符串虽然不是切片，但是支持切片操作，不同位置的切片（同一个字符串中）底层也访问同一块内存数据。

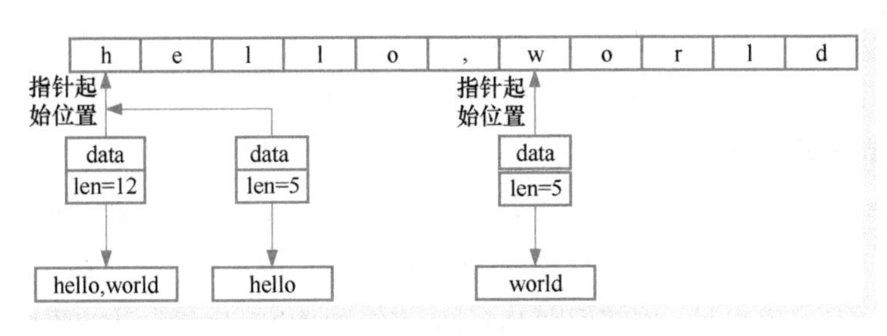

● 图 6.1 字符串内存结构

6.1.2 UTF-8 编码

根据 Go 语言规范，Go 语言的源文件采用 UTF-8 编码。因此，Go 源文件中出现的字符串面值常量一般为 UTF-8 编码。

UTF-8（8 位元，Universal Character Set/Unicode Transformation Format）是针对 Unicode 的一种可变长度字符编码。它可以用来表示 Unicode 标准中的任何字符。一个 US-ASCII 字符只需 1 字节编码，中文使用 3 字节编码。

"Hello，世界" 字符串的内存结构布局如图 6.2 所示。

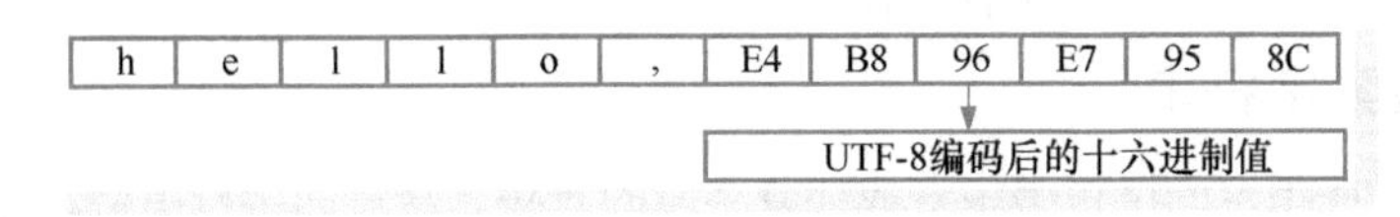

● 图 6.2 字符串内存结构

Go 语言的字符串中可以存放任意的二进制字节序列，而且即使是 UTF-8 字符序列也可能会遇到坏的编码。

码点（Code Point）表示与一个 Unicode 编码表中的某个字符对应的代码值。Go 语言 Unicode 码表关于最大码点的定义如下所示。

```
const (
    MaxRune         = '\U0010FFFF'    // 表示有效的最大 Unicode 码点
    ReplacementChar = '\uFFFD'        // 表示无效的码点
    MaxASCII        = '\u007F'        // 最大的 ASCII 值码点
    MaxLatin1       = '\u00FF'        // 最大 Latin-1 值
)
```

如果遇到一个错误的 UTF-8 编码输入，即无效的码点，将生成一个特别的 Unicode 字符 "\uFFFD"，该字符在 Goland 中打印出的效果为 '�'。

Latin-1 是 ISO-8859-1 的别名。ISO-8859-1 编码是单字节编码，向下兼容 ASCII。

与字符串相关的类型转换主要为 []byte 和 []rune 两种类型。当发生类型转换时，如果底层内存结构不一致，则需要重新分配内存。String 类型和 []byte 类型的底层数据一致，一般不会产生开销。而 []rune 的底层是 []int32 类型，所以 string 类型和 []rune 类型的转换很可能要重新分配内存。

6.1.3 常用操作

Go 语言中，最常用的字符串操作主要包括字符串连接、获取字符串长度、获取字符。字符串无法直接修改字符元素，只能通过类型转换重新构造新的字符串并赋值给原来的字符串变量实现。如果需要处理多字节字符（中文），则需要使用 unicode/utf8 包。

6.1.4 遍历字符串

Go 语言支持两种方式遍历字符串。第一种方式是以字节数组（[]byte）的方式遍历；第二种方式是以字符数组（[]rune）的方式遍历。可以使用 for range 语法遍历包含 Unicode 字符的字符串。

使用 for range 遍历字符串时，能够识别 Unicode 字符和 ASCII 字符，并按照相应的字符格式解码，遇到崩坏的编码并不会停止循环。转换成 []byte 字节序列遍历时，不会解码 UTF-8。转换成 []rune 格式以 Unicode 字符方式遍历时，每个字符的类型是 rune。

使用 for range 遍历的主要优势在于开发者并不需要知道一个切片或者 map 的长度即可对它们的元素进行操作。

6.2 处理方法

许多开发语言都有处理字符串的函数库，高级的语言提供的函数更丰富。在实际开发场景中，除了基本字符串操作（连接、遍历），更复杂的操作基本通过函数库实现。Go 语言提供了“strings”包，实现了用于操作字符的简单函数。

6.2.1 检索字符串

检索字符串是指在指定的字符串中查找部分字段的方法。常用的字符串检索方法见表 6.1。

表 6.1 检索字符串方法

方法	功能描述
func Contains（s, substr string）bool	判断字符串 s 是否包含子串 substr
func ContainsRune（s string, r rune）bool	判断字符串 s 是否包含 utf-8 码值 r
func ContainsAny（s, chars string）bool	判断字符串 s 是否包含字符串 chars 中的任一字符
func Count（s, sep string）int	返回字符串 s 中有几个不重复的 sep 子串
func HasPrefix（s, prefix string）bool	判断字符串 s 是否有前缀字符串 prefix
func HasSuffix（s, suffix string）bool	判断字符串 s 是否有后缀字符串 suffix
func Index（s, sep string）int	返回子串 sep 在字符串 s 中第一次出现的位置，不存在则返回-1
func IndexAny（s, chars string）int	返回字符串 chars 中的任一 unicode 码值 r 在 s 中首次出现的位置
func IndexByte（s string, c byte）int	返回字符串 s 中字符 c 首次出现的位置
func IndexFunc（s string, f func（rune）bool）int	返回字符串 s 中满足函数 f(r)= =true 字符首次出现的位置
func IndexRune（s string, r rune）int	返回 unicode 码值 r 在字符串中首次出现的位置
func LastIndex（s, sep string）int	返回字符串 s 中字符串 sep 最后一次出现的位置
func LastIndexAny（s, chars string）int	返回字符串 s 中任意一个 unicode 码值 r 最后一次出现的位置
func LastIndexByte（s string, c byte）int	返回字符串 s 中字符 c 最后一次出现的位置
func LastIndexFunc（s string, f func（rune）bool）int	返回字符串 s 中满足函数 f(r)= =true 字符最后一次出现的位置

6.2.2 分隔字符串

分隔字符串常用的方法见表 6.2。

表 6.2 分隔字符串

方 法	功能描述
func Fields(s string) []string	将字符串按照空格分隔，返回一个切片
func FieldsFunc(s string, f func(rune) bool) []string	类似 Fields，使用函数 f 来确定分隔符
func Split(s, sep string) []string	将字符串 s 以 sep 作为分隔符进行分隔，分隔后的字符去掉 sep
func SplitN(s, sep string, n int) []string	将字符串 s 以 sep 作为分隔符进行分隔，分隔后字符最后去掉 sep，n 决定返回的切片数
func SplitAfter(s, sep string) []string	将字符串 s 以 sep 作为分隔符进行分隔，分隔后的字符添加上 sep
func SplitAfterN(s, sep string, n int) []string	将字符串 s 以 sep 作为分隔符进行分隔，分隔后字符最后附上 sep，n 决定返回的切片数

在 FieldsFunc 方法，*f* 函数决定了除数字和字符外都为分隔符。

在 SplitN 方法中，如果 sep 为空字符，则会将 s 切分成每一个 unicode 码值一个字符串。若 sep 不为空，当参数 *n* 为负数时，其作用等同于 Split 函数；当参数 *n* 为 0 时，返回 nil；当参数 *n* 为正数时，返回的切片最多有 *n* 个子字符串，最后一个子字符串包含未进行切割的部分。SplitAfterN 方法与 SplitN 方法类似，只是 SplitAfterN 方法会附上 sep。

6.2.3 大小写转换

常用的大小写转换方法见表 6.3。

表 6.3 大小写转换方法

方 法	功能描述
func Title(s string) string	将字符串 s 每个单词首字母大写返回
func ToLower(s string) string	将字符串 s 转换成小写返回
func ToLowerSpecial(_case unicode.SpecialCase, s string) string	将 s 中的所有字符修改为其小写格式。s 中所有字符优先按_case 指定的 map 规则进行转换
func ToTitle(s string) string	将字符串 s 转换成 title 格式返回
func ToTitleSpecial(_case unicode.SpecialCase, s string) string	将 s 中的所有字符修改为其 title 格式。s 中所有字符优先按_case 指定的 map 规则进行转换
func ToUpper(s string) string	将字符串 s 转换成大写返回
func ToUpperSpecial(_case unicode.SpecialCase, s string) string	将 s 中的所有字符修改为其大写格式。s 中所有字符优先按_case 指定的 map 规则进行转换

对于 ASCII 码而言，Title 格式其实就是 Upper 格式，只有少数字符的 Title 格式是特殊字符。getTitle()函数提供了获取 Title 格式的方法，因为打印的信息过多，所以在此没有调用。

_case 是 unicode.SpecialCase 的实例，主要用于定义特殊的语言或格式的映射表，SpecialCase 表示 CaseRange 结构体类型的切片。

CaseRange 表示用于简单转换 Unicode 编码点的映射规则，其结构体定义如下所示。

```
type CaseRange struct {
    Lo    uint32  //起始码点
    Hi    uint32  //最高码点
    Delta d
}
```

Lo 到 Hi 之间的范围表示受影响的码点范围，步长为 1，Delta 表示转换码点的变化规则（增量），该数可能为负数。总而言之，CaseRange 的映射规则就是 Lo 到 Hi 之间的码点要增加 Delta 个步长。

Delta 的定义如下所示。

```
type d [MaxCase]rune
```

MaxCase 在源码中的定义是常量 3，也就是说 d 表示一个［3]rune，即拥有 3 个 int32 类型元素的数组。该数组的第一个元素影响 ToUpperSpecial 函数的转换；第二个元素影响 ToLowerSpecial 函数的转换；第三个元素影响 ToTitleSpecial 函数的转换。

6.2.4 修剪字符串

常用的字符串修剪方法见表 6.4。

表 6.4 修剪字符串

方法	功能描述
func Trim(s string, cutset string) string	将字符串 s 中首尾包含 cutset 的任一字符去掉返回
func TrimFunc(s string, f func(rune) bool) string	将字符串 s 首尾满足函数 f(r)= =true 的字符去掉返回
func TrimLeft(s string, cutset string) string	将字符串 s 左边包含 cutset 的任一字符去掉返回
func TrimLeftFunc(s string, f func(rune) bool) string	将字符串 s 左边满足函数 f(r)= =true 的字符去掉返回
func TrimPrefix(s, prefix string) string	将字符串 s 中前缀字符串 prefix 去掉返回
func TrimRight(s string, cutset string) string	将字符串 s 右边包含 cutset 的任一字符去掉返回
func TrimRightFunc(s string, f func(rune) bool) string	将字符串 s 右边满足函数 f(r)= =true 的字符去掉返回
func TrimSpace(s string) string	将字符串 s 首尾空白去掉返回
func TrimSuffix(s, suffix string) string	将字符串 s 中后缀字符串 prefix 去掉返回

6.2.5 比较字符串

常用的字符串比较方法见表 6.5。

表 6.5 比较字符串

方法	功能描述
func Compare(a, b string) int	按字典顺序比较 a 和 b 字符串大小
func EqualFold(s, t string) bool	判断 s 和 t 两个 utf-8 字符串是否相同，忽略大小写

6.2.6 连接和替换

常用的字符串连接和替换的方法见表 6.6。

表 6.6 连接和替换字符串

方 法	功能描述
func Repeat(s string, count int) string	返回 count 个 s 串联的字符串
func Replace(s, old, new string, n int) string	替换字符串 s 中 old 字符为 new 字符并返回，n<0 是替换所有 old 字符串
func Join(a[ ]string, sep string) string	将一系列字符串连接为一个字符串，之间用 sep 来分隔

6.3 类型转换

Go 语言中的 strconv 包实现了基本数据类型和其字符串表示的相互转换。

6.3.1 字符串转其他类型

字符串转其他类型主要通过 Parse 类函数实现。

1. 字符串类型转整型

将字符串类型转换为 int 类型的函数如下所示。

```
func ParseInt(s string, base int, bitSize int) (i int64, err error)
```

该函数返回字符串表示的整数值，接受正负号。base 指定进制（2 到 36），如果 base 为 0，则会从字符串前置判断，0x 是 16 进制，0 是 8 进制，其他是 10 进制；bitSize 指定结果必须是能无溢出赋值的整数类型，0、8、16、32、64 分别代表 int、int8、int16、int32、int64，返回值为 int64 类型；返回的 err 是 * NumErr 类型，如果语法有误，err.Error = ErrSyntax；如果结果超出类型范围，err.Error = ErrRange。

根据官方文档的说法，Atoi 是 ParseInt（s，10，0）的简写，其定义如下所示。

```
func Atoi(s string) (i int, err error)
```

实际上 Atoi 有独立的实现方法，其返回值类型是 int。

ParseUint 的功能与 ParseInt 相似，返回无符号数字，其定义如下所示。

```
func ParseUint(s string, base int, bitSize int) (uint64, error)
```

2. 字符串类型转浮点型

将字符串类型转换为 int 类型的函数如下所示。

```
func ParseFloat(s string, bitSize int) (f float64, err error)
```

如果 s 合乎语法规则，函数会返回最为接近 s 表示值的一个浮点数（使用 IEEE754 规范舍入）。bitSize 指定了期望的接收类型，32 是 float32（返回值可以在不改变精确值的前提下赋值给 float32），64 是 float64。返回值 err 是 * NumErr 类型，如果语法有误，则 err.Error=ErrSyntax；如果结果超出表示范围，返回值 *f* 为±Inf，err.Error= ErrRange。

3. 字符串类型转布尔型

将字符串类型转换为 bool 类型的函数方法如下所示。

```
func FormatBool(b bool) string
```

根据 *b* 的值返回“true”或“false”。

6.3.2 其他类型转字符串

其他类型转换成字符串主要通过 Format 类函数实现。

1. 整型转字符串

int64 类型转换成字符串的函数如下所示。

```
func FormatInt(i int64, base int) string
```

该函数返回 *i* 的 base 进制的字符串表示。base 必须在 2 到 36 之间，结果中会使用小写字母 a 到 z 表示大于 10 的数字。

int 类型转换成字符串的函数如下所示。

```
func Itoa(i int) string
```

uint 转字符串的函数如下所示。

```
func FormatUint(i uint64, base int) string
```

2. 浮点型转字符串

浮点型转换成字符串的函数如下所示。

```
func FormatFloat(f float64, fmt byte, prec, bitSize int) string
```

函数将浮点数表示为字符串并返回。bitSize 表示 f 的来源类型（32：float32，64：float64），会据此进行舍入。fmt 表示格式：'f'(-ddd.dddd)、'b'(-ddddp±ddd，指数为二进制)、'e'(-d.dddde±dd，十进制指数)、'E'(-d.ddddE±dd，十进制指数)、'g'(指数很大时用'e'格式，否则使用'f'格式)、'G'(指数很大时用'E'格式，否则使用'f'格式)。prec 表示控制精度（排除指数部分）：对'f'、'e'、'E'，它表示小数点后的数字个数；对'g'、'G'，它控制总的数字个数。如果 prec 为-1，则代表使用最少数量但又必需的数字来表示 f。

3. 布尔型转字符串

布尔型转换成字符串的函数如下所示。

```
func FormatBool(b bool) string
```

6.4 正则表达式

正则表达式（Regular Expression）是指由元字符组成的一种字符串匹配的模式，使用这种模式可以实现对文本内容的解析、校验、替换。正则表达式常用于检验身份证号、手机号、电子邮件、车牌号等是否符合格式要求。正则表达式可以用于文本内容的模糊查询与批量替换。

6.4.1 基本规则

正则表达式中的主要元字符见表 6.7。

表 6.7 正则表达式主要元字符

元字符	说明
\	将下一个字符标记为一个特殊字符、一个原义字符、一个向后引用或一个八进制转义符
^	匹配输入字符串的开始位置。如果设置了 RegExp 对象的 Multiline 属性，^ 也匹配 “\n” 或 “\r” 之后的位置
.	匹配除 “\n” 之外的任意单个字符。要匹配包括 “\n” 在内的任何字符，请使用像 “[.\n]” 的模式
$	匹配输入字符串的结束位置。如果设置了 RegExp 对象的 Multiline 属性，$ 也匹配 “\n” 或 “\r” 之前的位置
x|y	匹配 x 或 y。“|” 代表 “或”。例如，“z|food” 能匹配 “z” 或 “food”；“(z|f)ood” 则匹配 “zood” 或 “food”
*	匹配前面的子表达式零次或多次，zo* 匹配 “z” 以及 “zoo”，等价于 {0,}
+	匹配前面的子表达式一次或多次。zo+ 匹配 “zo” 以及 “zoo”，等价于 {1,} 代表最少有 1 个 o
?	匹配前面的子表达式零次或一次
{n}	可重复匹配前面的字符 n 次例如 o{2} 匹配 “food” 中的两个 o
{n，m}	最少匹配 n 次，最多匹配 m 次
[xyz]	匹配所包含的任意一个字符。例如，“[abc]” 可以匹配 “plain” 中的 “a”
[^xyz]	负值字符集合。匹配未包含的任意字符。例如，“[^abc]” 可以匹配 “plain” 中的 “p”
[a-z]	字符范围。匹配指定范围内的任意字符。例如，“[a-z]” 可以匹配 a 到 z 范围内的任意小写字母字符
[^a-z]	负值字符范围。匹配任何不在指定范围内的任意字符。例如，“[^a-z]” 可以匹配 'a' 到 'z' 范围内的任意小写字母字符
\b	匹配一个单词边界，也就是指单词和空格间的位置。例如，“er\b” 可以匹配 “never” 中的 “er”，但不能匹配 “verb” 中的 “er”
\B	匹配非单词边界。“er\B” 能匹配 “verb” 中的 “er”，但不能匹配 “never” 中的 “er”
\cx	匹配由 x 指明的控制字符。例如，\cM 匹配一个 Control-M 或回车符。x 的值必须为 A-Z 或 a-z 之一。否则，将 c 视为一个原义的 “c” 字符
\d	匹配一个数字。等价于 [0-9]
\D	匹配一个非数字。等价于 [^0-9]
\f	匹配一个换页符。等价于 \x0c 和 \cL
\n	匹配一个换行符。等价于 \x0a 和 \cJ
\r	匹配一个回车符。等价于 \x0d 和 \cM
\s	匹配任何空白字符，包括空格、制表符、换页符等。等价于 [\f\n\r\t\v]（space）
\S	匹配任何非空白字符。等价于 [^ \f\n\r\t\v]
\t	匹配一个制表符。等价于 \x09 和 \cI
\v	匹配一个垂直制表符。等价于 \x0b 和 \cK

（续）

元 字 符	说 明
\w	匹配包括下画线的任何单词字符。等价于“[A-Za-z0-9_]”
\W	匹配任何非单词字符。等价于“[^A-Za-z0-9_]”
\num	匹配 num，其中 num 是一个正整数。对所获取的匹配的引用。例如，“(.)\1”匹配两个连续的相同字符
\xn	匹配 n，其中 n 为十六进制转义值。十六进制转义值必须为确定的两个数字长。例如，“\x41” 匹配“A”，“\x041”则等价于“\x04”&“1”。正则表达式中可以使用 ASCII 编码
\un	匹配 n，其中 n 是一个用四个十六进制数字表示的 Unicode 字符。例如，\u00A9 匹配版权符号（?）
(pattern)	匹配括号内 pattern 所代表的表达式，是成组匹配
(? =pattern)	正向预查。例如，windows（?=95/98/2000/NT）含义是匹配“windows”，后面可以是“95”“98”“2000”或者“NT”
(?! pattern)	负向预查。例如，windows（?! 95/98）含义是匹配“windows”，后面是除“95”和“98”以外的其他字符串

关于正则表达式的备注说明如下。

1）大写英文字母的正则表达式，除了可以写成［A-Z］，还可以写成［\x41-\x5A］。因为在 ASCII 码中，A-Z 被排在了 65-90 号（也就是 ASCII 码的第 66 到第 91 位），换算成 16 进制就是 0x41-0x5A。

2）[0-9]可以写成［\x30-\x39］。

3）[a-z]可以写成［\x61-\x7A］。

4）[A-Z]可以写成［\x41-\x5A］。

5）中文的正则表达式为［\u4E00-\u9FA5］。

中文在 unicode 编码字典中排在 4E00 到 9FA5 之间。换成 10 进制，也就是第 19968 号到 40869 号是中文字，一共有 20902 个中文字被收录到 unicode 编码集中。

正则表达式从左到右进行计算，并遵循优先级顺序。相同优先级的运算从左到右进行，不同优先级的运算先高后低。正则表达式的优先级由高到低见表 6.8。

表 6.8 正则表达式运算符优先级

运 算 符	描 述
\	转义符
(), (?:), (? =), []	圆括号和方括号
*, +, ?, {n}, {n,}, {n, m}	限定符
^, $, \ 任何元字符、任何字符	定位点和序列（即位置和顺序）
|	替换，“或”操作

6.4.2 使用 regexp 包

Go 语言内置了 regexp 包来帮助开发人员使用正则表达式。检查文本正则表达式是否与字节切片匹配，可以使用 Match 系列函数。

Compile 函数用于解析正则表达式，如果成功，则返回可用于与文本匹配的 Regexp 对象。MustCompile 函数类似于 Compile，但如果无法解析表达式，则会出现 Panic。

如果想要将复合正则表达式的部分替换成指定内容，可以使用 ReplaceAll 方法。Go 语言内置的 regexp 包还提供了分隔字符串的方法。

6.5 本章小结

Go 语言提供了许多用于处理字符串的包，这些包提供了很多常见编程问题的解决方案以及简化其他问题的工具。字符串的处理在实际开发中尤为常见。本章主要介绍了 strings 包（字符串处理）、strconv 包（字符串格式转换）和 regexp 包（正则表达式）。

6.6 习题

1. 填空题

（1）Go 语言中的________包，提供了字符串处理函数。

（2）Go 语言中的________包，提供了字符串格式转换函数。

（3）Go 语言中的________包，提供了正则表达式函数。

（4）[ ]rune 其实是________类型。

（5）Go 语言的源文件采用________编码。

2. 选择题

（1）下列哪个包实现了伪随机数生成器（　　）？

A. rand　　B. regexp　　C. strings　　D. strconv

（2）下列哪个包中包含了计算正弦的方法（　　）？

A. math　　B. time　　C. strings　　D. strconv

（3）下列哪个包中提供了获取时间的方法（　　）？

A. math　　B. time　　C. strings　　D. strconv

3. 编程题

（1）将字符串内所有 abc 替换成 xyz，并转换成大写。

（2）编写一个程序，输入一个日期，打印出该日期是周几。

第7章 面向对象编程

面向对象对于Java、C++等编程语言的开发者来说并不陌生，面向对象是一种对现实世界理解和抽象的方法。传统面向对象的主要特点可以概括为封装、继承、多态。支持面向对象编程（Object Oriented Programming，简称OOP）的Go语言设计得非常简洁，简洁之处在于，Go语言并没有使用传统面向对象编程中的概念，如类、继承、虚函数、构造函数、析构函数、this指针等。本章将介绍Go语言对于面向对象编程思想的支持。

7.1 结构体

类是指具备某些共同特征的实体的集合，它是一种抽象的数据类型，描述了所创建的对象共同的属性和方法。在一些面向对象的编程语言中，大多使用class关键字来定义一个类。然而Go并不是一个纯面向对象的编程语言。Go语言采用了更灵活的结构体来替代类。

7.1.1 结构体定义

结构体是由一系列具有相同类型或不同类型的数据构成的数据集合。Go语言的结构体和其他语言的类具有相同的地位，但Go语言没有使用许多面向对象的特性，只具有组合的基础特性。C语言这种面向过程的编程语言也有结构体，组合不能算是面向对象的特性。

结构体属于复合数据类型，通过type关键字定义，具体的语法格式如下所示。

```
type 类型名 struct {
      成员属性 1  类型 1
      成员属性 2  类型 2
      成员属性 3 , 成员属性 4  类型 3
      ...
  }
```

类型名表示标识结构体的名称，在同一个包内不能重复，结构体中的成员属性必须唯一，成员属性也叫字段。同类型的成员属性可以写在同一行。

7.1.2 实例化

实例化结构体是指为结构体分配内存并初始化。结构体的定义只是一种内存布局的描述，只有当结构体实例化以后才能使用。结构体实例之间的内存完全独立。

1. 实例化方式一

首先声明一个结构体变量，然后初始化各成员属性，通过“.”操作结构体的成员。

未初始化的结构体的值为零值，各个成员属性也为零值。在Go语言中，未进行显式初始化的成员变量都会被初始化为自身类型的零值，例如，bool类型的零值为false，int类型的零值为0，

string 类型的零值为空字符串。这种实例化的本质是声明一个空的结构体（分配内存空间），再为每一个成员变量赋值。

2. 实例化方式二

使用字面量创建变量，即声明和初始化同时进行，需要指定初始化成员，初始化方式为“属性：值”。“属性：值”可以同行，也可以换行，部分成员可以省略。

相同类型的成员可以在同一行中定义，但比较好的编程习惯是每一行只定义一个字段。

3. 实例化方式三

声明和初始化同时进行，不写属性名，按属性顺序只写属性值，每个成员都必须初始化。

如果有未初始化的成员，则会提示错误：“too few values in Position literal”。

4. 实例化方式四

通过创建指针类型的结构体实现，先使用 new 函数申请内存空间，然后再初始化各个成员变量。如果对结构体使用取地址符“&”操作，也视为对该结构体进行一次 new 操作。

7.1.3 函数间传递结构体

结构体是值类型，这意味着结构体在赋值和函数间传递时都会拷贝一份。结构体作为函数参数，实际上会将参数复制一份传递到函数中，在函数中对参数进行修改，不会影响到实际参数。详情如例 7-1 所示。

例 7-1 在函数间传递结构体

```
1  type Dog struct {
2    name string
3    color string
4    age int8
5    kind string
6  }
7  func changeAttribute(d Dog) {
8    d.color = "黄色"
9    d.kind = "金毛"
10    fmt.Printf("函数体内修改后:%T, %v, %p \n" , d , d , &d)
11  }
12  func main() {
13    d1 := Dog{"豆豆", "黑白相间", 2, "哈士奇"}
14    fmt.Printf("d1: %T , %v , %p \n", d1, d1, &d1)
15    // 拷贝结构体实例
16    d2 := d1
17    d2.name = "毛毛"
18    fmt.Printf("d1: %T , %v , %p \n", d1, d1, &d1)
19    fmt.Printf("d2: %T , %v , %p \n", d2, d2, &d2)
20    changeAttribute(d2)
21    fmt.Printf("d2: %T , %v , %p \n", d2, d2, &d2)
22  }
```

由输出结果可知，修改 d2 对 d1 没有产生影响，将 d2 传入 changeAttribute 函数中修改，也没有对 d2 产生影响。如果想要在函数中修改 d2 的值，可以将修改后的 d 返回，这种方式进行了两次拷贝，性能不高。还可以在函数中传递指针，传递指针具体的使用方法如例 7-2 所示。

例 7-2　在函数中传递结构体指针

```
1  type Flower struct {
2    name string
3    color string
4  }
5  func main() {
6    f1 := Flower{"玫瑰", "红"}
7    fmt.Printf("f1: %T , %v , %p \n" , f1 , f1 , &f1)
8    // 将结构体指针作为参数
9    changeInfo2(&f1)
10    fmt.Printf("f1: %T , %v , %p \n" , f1 , f1 , &f1)
11  }
12  // 传递结构体指针
13  func changeInfo2(f * Flower) {
14    f.name = "蔷薇"
15    f.color = "紫"
16    fmt.Printf("函数 changeInfo2 内 f: %T , %v , %p , %p \n" , f , f , f , &f)
17  }
```

由输出结果可以看出，通过函数修改 f，最终 f 的值发生了变化。值类型属于深拷贝，深拷贝就是为新的实例分配了内存。引用类型属于浅拷贝，浅拷贝只是复制了对象的指针。

结构体作为函数的返回值，也有值传递和引用传递两种方式，具体的使用方法如例 7-3 所示。

例 7-3　结构体用作返回值

```
1  type Cat struct {
2    name string
3    kind string
4  }
5  // 返回结构体对象
6  func getCat1() (c Cat){
7    c = Cat{"喵喵", "布偶猫"}
8    fmt.Printf("函数 getCat1 内 c: %T , %v , %p \n" , c , c , &c)
9    return
10  }
11  // 返回结构体指针
12  func getCat2() (c * Cat){
13    temp := Cat{"咪咪", "缅因猫"}
14    fmt.Printf("函数 getCat2 内 temp: %T , %v , %p \n" , temp , temp , &temp)
15    c = &temp
16    fmt.Printf("函数 getCat2 内 c: %T , %v ,c 的指向为%p ,c 的地址为%p \n" , c , c , c , &c)
17    return
18  }
19  func main() {
20    // 结构体对象作为返回值
21    c1 := getCat1()
22    fmt.Printf("c1 地址为 %p \n",&c1) // 地址发生改变,对象发生了拷贝
23    fmt.Println("更改前" , c1)
24    // 修改成员变量
25    c1.kind = "美国短毛猫"
26    fmt.Println("更改后" , c1)
27    // 结构体指针作为返回值
28    c2 := getCat2()
```

```
29    fmt.Printf("c2 的指向为%p,c2 地址为%p\n", c2, &c2)
30    // 修改成员变量
31    fmt.Println("更改前" , c2)
32    c2.kind = "挪威森林猫"
33    fmt.Println("更改后" , c2)
34  }
```

由输出结果可以看出，getCat1 使用了值传递，c1 的地址和 getCat1 中 c 的地址不同，结构体的实例发生了一次拷贝。而 getCat2 使用了引用传递，虽然 c2 的地址和 getCat2 中 c 的地址不同，但是它们都指向同一个存放结构体实例的地址，结构体指针发生了一次拷贝。这种通过函数来实例化结构体对象的作用类似于其他语言中的构造函数。

7.1.4　匿名结构体

匿名结构体就是没有名字的结构体，不需要通过 type 关键字定义即可使用。匿名结构体由结构体定义和键值对初始化两部分组成。语法格式示例如下所示。

```
变量名 := struct {
// 定义成员属性
} {// 初始化成员属性}
```

也可以先定义匿名结构体，再初始化成员变量，语法格式如下所示。

```
var 变量名  struct {// 定义成员属性}
变量名.成员变量名称 = value
```

编程中有时候需要一个临时的结构体来封装数据，而该结构体的结构在其他位置又不会被复用，此时就可以使用匿名结构体来实现，如后端把数据组织成前端需要的格式传给渲染模版。

7.1.5　匿名成员

匿名成员是指在结构体中的成员没有名字，只包含一个没有成员名称的类型。

如果成员没有名字，那么默认使用类型作为成员名称，同一个类型仅能有一个，否则会产生二义性。

7.1.6　结构体嵌入

结构体嵌入是指将一个结构体类型作为另一个结构体的成员类型，因为结构体也是一种数据类型。结构体嵌入能够模拟面向对象思想中的聚合关系和继承关系。

聚合是关联关系的一种特例，它体现的是整体与部分、拥有的关系，即整体与部分是可分离的，它们有各自的生命周期，如公司与员工的关系。在 Go 语言中通过结构体模拟聚合关系，就是一个结构体指针作为另一个结构体的属性，两个结构体的属性没有关联。具体的使用方法如例 7-4 所示。

例 7-4　通过结构体模拟聚合关系

```
1  // 模拟籍贯属性
2  type Address struct {
3    province, city string
4  }
5  // 模拟人的属性
6  type Person struct {
```

```
    7   name   string
    8   age   int
    9   address * Address
   10  }
   11  func main() {
   12    // 模拟结构体对象之间的聚合关系
   13    p := Person{}
   14    p.name = "张三"
   15    p.age = 26
   16    addr := Address{}
   17    addr.province = "北京市"
   18    addr.city = "海淀区"
   19    p.address = &addr
   20    fmt.Println("姓名:", p.name, " 年龄:", p.age, " 省:", p.address.province, " 市:", p.ad-
dress.city)
   21    // 修改 Person 实例的数据
   22    p.address.city = "昌平区"
   23    fmt.Println("姓名:", p.name, " 年龄:", p.age, " 省:", p.address.province, " 市:", p.ad-
dress.city, " addr 市:", addr.city)
   24    // 修改 Address 实例的数据
   25    addr.city = "大兴区"
   26    fmt.Println("姓名:", p.name, " 年龄:", p.age, " 省:", p.address.province, " 市:", p.ad-
dress.city, " addr 市:", addr.city)
   27  }
```

从以上代码可以看出，两个结构体单独实例化，修改 Person 实例的数据会影响 Address 实例的数据，修改 Address 实例的数据也会影响 Person 实例的数据，这是因为 p 中有指向 addr 的指针。

继承关系是指一个类作为另一个类的子类，子类继承父类的属性，如布偶猫与猫的关系。当匿名成员也是一个结构体的时候，那么这个结构体所拥有的全部字段都被隐式地引入了当前定义的这个结构体。具体的使用方法如例 7-5 所示。

例 7-5　继承关系

```
    1  type Person struct {
    2   name string
    3   age int
    4   sex string
    5  }
    6  type Student struct {
    7   Person
    8   schoolName string
    9  }
   10  func printInfo(s1 Student) {
   11    fmt.Printf("姓名:%s, 年龄:%d, 性别:%s,学校:%s \n", s1.name, s1.age, s1.sex, s1.school-
Name)
   12  }
   13  func main() {
   14    // 实例化方式一
   15    p1 := Person{"Jack", 22, "男"}
   16    s1 := Student{p1, "清华大学"}
   17    printInfo(s1)
   18    // 实例化方式二
   19    s2 := Student{Person{"Rose", 18, "女"}, "北京大学"}
```

```
20    printInfo(s2)
21    // 实例化方式三
22    s3 := Student{
23        Person: Person{
24            name: "Aaron",
25            age: 25,
26            sex: "男",
27        },
28        schoolName: "北京理工大学",
29    }
30    printInfo(s3)
31    // 实例化方式四
32    s4 := Student{}
33    s4.name = "Selina"
34    s4.sex = "女"
35    s4.age = 22
36    s4.schoolName = "北京师范大学"
37    printInfo(s4)
38  }
```

嵌入结构体的成员，可以通过外部结构体的实例直接访问。如果结构体有多层嵌入结构体，结构体实例访问任意一级的嵌入结构体成员时都只用给出字段名即可，而没有必要像传统结构体字段那样，通过一层层的结构体字段访问到最终的字段。例如，s4.Person.name 的访问可以简化为 s4.name。

不同的结构体可能会出现成员命名相同的情况，如下所示。

```
type X struct {
    Name string
}
type Y struct {
    X
Name string
}
```

下面通过一个案例观察一下效果，详情如例 7-6 所示。

例 7-6　嵌套相同命名成员的结构体

```
1  type Person struct {
2    name string
3    sex  byte
4    age  int
5  }
6  type Student struct {
7    Person
8    id      int
9    addr    string
10   name    string // 和 Person 中的 name 同名
11 }
12 func main() {
13   var s Student
14   s.name = "Larissa"
15   fmt.Printf("%+v\n", s)
16   s.Person.name = "Sophia"
```

```
17     fmt.Printf("%+v\n", s)
18  }
```

由输出结果可知，s.name 默认只会给最外层的成员赋值，给匿名同名成员赋值，需要显示调用 s.Person.name。

如果一个结构体嵌套了另一个匿名结构体，那么这个结构体可以直接访问匿名结构体的方法，从而实现继承。如果一个结构体嵌套了另一个非匿名的结构体，那么这个模式叫作组合。如果一个结构体嵌套了多个匿名结构体，那么这个结构体可以直接访问多个匿名结构体的方法，从而实现多重继承。

7.2 方法

在 C++、Java 等面向对象的编程语言中，继承和重载是面向对象思想的核心价值，而 Go 语言并不是完全面向对象的语言，也不支持对同一个类定义多个同名但不同参数的函数（重载 overload）。Go 使用了一种叫作组合的设计理念，能够通过不同类型的组合达到与面向对象同样的软件设计能力，使得不同的类型之间可以继承并且重写方法。

7.2.1 为类型添加方法

在面向对象编程中，对象是指类的实例，也就是一个简单的值或变量，在对象中包含的一些函数就称为方法。本质上，一个方法是一个和特殊类型关联的函数，即带有接收者的函数。

一个面向对象的程序会用方法来表达其属性和对应的操作，这样使用这个对象的用户就不需要直接去操作对象，而是借助方法来做这些事情。在 Go 语言中，可以给任意自定义类型（包括内置类型，但不包括指针类型）添加相应的方法。方法是绑定结构体实例，具体语法格式如下所示。

```
func (接收者变量  接收者类型) 方法名(参数列表) (返回值列表) {
    // 方法体
}
```

接收者在 func 关键字和方法名之间编写，接收者可以是结构体类型也可以是非结构体类型，可以是指针类型也可以是非指针类型。接收者中的变量在命名时，官方建议使用接收者类型的第一个小写字母。方法不支持重载，也就是说，不能定义名字相同但是参数不同的方法。普通数据类型的使用方法如例 7-7 所示。

例 7-7　为普通类型添加方法

```
1  // 自定义数据类型
2  typeMyInt int
3  // 传统函数的定义
4  func Add(a, b MyInt) MyInt {
5      return a + b
6  }
7  // 方法的定义
8  func (a MyInt) Add(b MyInt) MyInt {
9      return a + b
10  }
11  func main() {
12      var aMyInt = 1
```

```
13      var bMyInt = 1
14      // 函数的调用方式
15      fmt.Println("Add(a, b) = ", Add(a, b)) // Add(a, b) =  2
16      // 方法的调用方式
17      fmt.Println("a.Add(b) = ", a.Add(b)) // a.Add(b) =  2
18  }
```

方法里面可以访问结构体接收者的字段，调用方法通过点“.”访问，与在结构体里面访问成员一样，结构体类型的使用方法如例 7-8 所示。

例 7-8　为结构体类型添加方法

```
1  type Employee struct {
2    name string
3    currency string // 货币类型
4    salary float64
5  }
6  // printSalary 函数
7  func printSalary(e Employee) {
8    fmt.Printf("员工姓名:%s,薪资:%s%.2f \n", e.name , e.currency , e.salary)
9  }
10  // printSalary 方法
11  func (e Employee) printSalary() {
12    fmt.Printf("员工姓名:%s,薪资:%s%.2f \n", e.name , e.currency , e.salary)
13  }
14  func main() {
15    emp := Employee{"Serena" , "$" , 30000}
16    // 调用函数
17    printSalary(emp)
18    // 调用方法
19    emp.printSalary()
20  }
```

通过上面的例子可以看出，面向对象只是换了一种语法形式来表达。方法其实是一种函数的语法糖，因为接收者其实就是方法所接收的第 1 个参数。

7.2.2　方法与函数的区别

Go 语言同时有函数和方法，方法的本质是函数，但是方法和函数又具有不同点。函数是一段具有独立功能的代码，能够被反复调用；而方法表示一个类的行为功能，仅该类的对象才能调用。Go 语言的方法是一种作用于特定类型变量的函数。这种特定类型变量叫作接收者。接收者的概念类似于传统面向对象语言中的 this 或 self 关键字。Go 语言的接收者强调了方法具有作用对象，而函数没有作用对象。一个方法就是一个包含了接收者的函数。接收者的类型除了结构体外，还可以是其他类型。

函数不可以重名，而方法可以重名，只要接收者不同，方法名就可以相同。Go 不是一种纯粹面向对象的编程语言，它不支持类。因此，方法是一种实现类似于类的行为的方法。

相同名称的方法可以在不同的类型上定义，而 Go 语言不支持函数重载。假设有一个正方形和圆形的结构。可以在正方形和圆形上定义一个名为 Area 的求取面积的方法，如例 7-9 所示。

例 7-9　不同类型定义相同名称的方法

```
1  // 定义一个矩形结构体
2  type Rectangle struct {
```

```
3    width, height float64
4  }
5  // 定义一个圆形结构体
6  type Circle struct {
7    radius float64
8  }
9  // 定义 Rectangle 的方法
10  func (r Rectangle) Area() float64 {
11    return r.width * r.height
12  }
13  // 定义 Circle 的方法
14  func (c Circle) Area() float64 {
15    return c.radius * c.radius * math.Pi
16  }
17  func main() {
18    r:=Rectangle{6,2}
19    c:=Circle{4}
20    fmt.Println("矩形 r 的面积", r.Area())
21    fmt.Println("圆形 c 的面积", c.Area())
22  }
```

r.Area()和 c.Area()的方法名都为 Area，程序可以正常运行。

7.2.3 值语义和引用语义

在结构体类型上可以定义两种方法，分别为基于指针的接收者和基于值的接收者。使用值接收者的内存开销比较大，而使用指针接收者仅需要一个指针大小的内存。基于值的接收者实际上只是获取了一个拷贝，而不能真正改变接收者中原来的数据，详情如例 7-10 所示。

例 7-10　值和引用作为方法接收者

```
1  type Cat struct {
2    name string
3    kind  string
4  }
5  // 指针作为接收者,引用语义
6  func (c * Cat) SetInfoPointer() {
7    (* c).name = "兽兽"
8    c.kind = "缅因猫"
9  }
10  // 值作为接收者,值语义
11  func (c Cat) SetInfoValue() {
12    c.name = "掠食者"
13    c.kind = "挪威森林猫"
14  }
15  func main() {
16    // 指针作为接收者,引用语义
17    c1 := Cat{"小乖", "布偶猫"}
18    fmt.Println("函数调用前 = ", c1)
19    (&c1).SetInfoPointer()
20    fmt.Println("函数调用后 = ", c1)
21    // 值作为接收者,值语义
22    c2 := Cat{"二胖", "橘猫"}
23    fmt.Println("函数调用前 = ", c2)
24    c2.SetInfoValue()
```

```
25    fmt.Println("函数调用后 = ", c2)
}
```

由输出结果可知，如果想要通过方法改变接收者的数据，那么就要使用指针类型的接收者。

7.2.4　方法继承和重写

如果一个结构体的匿名成员实现了一个方法，那么该结构体也能调用匿名成员结构体中的方法。具体的使用方法如例 7-11 所示。

例 7-11　方法继承

```
1  type Human struct {
2    name  string
3    phone string
4    age    int
5  }
6  type Employee struct {
7    Human // 匿名字段
8    company string
9  }
10  func (h * Human) SayHi() {
11    fmt.Printf("My name is %s,I am %d years old,my phone number is %s \n", h.name, h.age , h.
phone)
12  }
13  func main() {
14    e1 := Employee{Human{"David", "13999999999", 25}, "Alibaba"}
15    e1.SayHi()
16  }
```

如果调用非匿名结构体成员的方法将产生错误。

在 Java、C++等面向对象编程语言中，子类继承父类并能够重写父类的方法（子类的方法名与父类的方法名相同，只是接收者不同）。Go 语言也提供了方法重写的功能。在 Go 语言中可以创建一个或者多个结构体作为匿名嵌入成员，任何嵌入结构体中的方法都可以当作该自定义结构体自身的方法被调用，从而间接实现了方法重写功能（子类方法继承父类的方法）。

Go 语言中，如果“子类”重写了“父类”的方法，调用子类方法的语法格式如下所示。

```
子类名.重写方法名
```

方法重写的具体示例如例 7-12 所示。

例 7-12　方法重写

```
1  //“父类”结构体
2  type Human struct {
3    name string
4    age     int
5  }
6  //“子类”结构体
7  type Student struct {
8    Human // 匿名字段,模拟继承关系
9    school string
10  }
11  // 实现“父类”方法
```

```
    12  func (h * Human) SayHello() {
    13    fmt.Printf("Hello everyone! My name is % s,I am % d years old\n", h.name, h.age)
    14  }
    15  // 重写"父类"方法
    16  func (s * Student) SayHello() {
    17    fmt.Printf("Hello everyone! My name is %s,I am %d years old,I study in %s \n", s.name, s.
age, s.school)
    18  }
    19  func main() {
    20    // 实例化结构体
    21    s := Student{Human{"Daniel", 20}, "THU"}
    22    // 默认调用"子类"结构体方法
    23    s.SayHello()
    24    // 显式地调用"父类"结构体方法
    25    s.Human.SayHello()
    26  }
    27
```

由输出结果可知，如果需要在子类的成员方法中调用父类的同名方法，则需要显式地调用，具体的语法格式如下所示。

```
子类名.父类名.重写方法名
```

7.3 接口

在面向对象语言中，接口只用于定义类的行为，需要通过类的方法来实现具体的行为，为了实现一个接口，还需要从该接口继承，这种接口类型为侵入式接口。

Go 语言中的接口是非侵入式的，不需要显式地创建一个类去实现一个接口。接口是一个自定义类型，它声明了一个或者多个方法签名。接口是完全抽象的，因此不能将其实例化。接口只指定了类型应该具有的方法，类型决定了如何实现这些方法。当某个类型为接口中的所有方法提供了具体的实现细节时，这个类型就被称为实现了该接口。

接口在 Go 语言有着至关重要的地位。Go 语言的主要设计者之一罗布·派克（Rob Pike）曾经说过，如果只能选择一个 Go 语言的特性移植到其他语言中，那就是接口。

7.3.1 Duck Typing

Go 语言没有 implements 和 extends 关键字，这种编程语言叫作 Duck Typing 编程语言。Duck Typing 描述的是事物的外部行为而非内部结构。当看到一只鸟走起来像鸭子、游泳起来像鸭子、叫起来也像鸭子时，那么这只鸟就可以被称为鸭子。可以理解为“看起来像鸭子，那么它就是鸭子。”在鸭子类型中，关注的不是对象的类型本身，而是它是如何使用的。

Duck Typing 编程语言往往被归类为“动态类型语言”或者“解释型语言”，如 Python、JavaScript、Ruby 等，而非 Duck Typing 语言往往被归到“静态类型语言”中，如 C/C++、Java。

以 Java 为例，一个类必须显式地声明“类实现了某个接口”，然后才能用在这个接口可以使用的地方。如果有一个第三方的 Java 库，这个库中的某个类没有声明它实现了某个接口，那么即使这个类中真的有那些接口中的方法，也不能把这个类的对象用在那些要求用接口的地方。但在 Duck Typing 的语言中就可以这样做，因为它不要求一个类显式地声明它实现了某个接口。

7.3.2 接口的使用

Go 语言的类型都是隐式实现接口的。任何定义了接口中所有方法的类型都被称为隐式地实现了该接口。接口只有方法声明，没有实现，没有数据字段。接口可以匿名嵌入其他接口，或嵌入到结构中。使用接口的步骤主要包括声明接口、实现接口、接口赋值和方法调用。

声明接口的语法格式如下所示。

```
type  接口名字  interface {
  方法 1([参数列表])  [返回值]
  方法 2([参数列表])  [返回值]
  ...
  方法 n([参数列表])  [返回值]
}
```

实现接口方法的语法格式如下所示。

```
func (变量名  结构体类型) 方法 1([参数列表]) [返回值] {
  // 方法体
}
func (变量名  结构体类型) 方法 2([参数列表]) [返回值] {
  // 方法体
}
...
func (变量名  结构体类型) 方法 n([参数列表]) [返回值] {
  // 方法体
}
```

如果使用指针接收者来实现一个接口，那么只有指向该类型的指针才能够实现对应的接口。如果使用值接收者来实现一个接口，那么该类型的值和指针都能够实现对应的接口。具体使用方式如例 7-13 所示。

例 7-13　接口的使用

```
1  // 声明一个接口
2  type Phoner interface {
3    // 声明方法
4    call()
5    play()
6  }
7  // 定义一个结构体类型
8  type MyPhone struct {
9  }
10  // 实现 Phoner 接口的所有方法
11  func (i MyPhone) call() {
12    fmt.Println("使用我的手机打电话!")
13  }
14  func (i * MyPhone) play() {
15    fmt.Println("使用我的手机打游戏!")
16  }
17  func main() {
18    // 定义接口类型的变量
19    var phone Phoner
20    phone = new(MyPhone)
21    fmt.Printf("%T , %v , %p \n" , phone , phone , &phone)
```

```
22    phone.call()
23    phone.play()
24    // phone = MyPhone{}
25  }
```

call 方法和 play 方法的接收者类型不同，此时需要使用指针类型进行实例化，这是因为 Go 语言会根据 func（i MyPhone）call()自动生成一个 func（i * MyPhone）call()。如果删除第 24 行代码的注释会使程序产生错误，因为 func（i * MyPhone）play()程序不会自动生成一个 func（i MyPhone）play()。具体的使用说明见表 7.1。

表 7.1　接口调用说明

调用方	接收方	能否编译
值	值	能
值	指针	不能
指针	值	能
指针	指针	能
指针	指针和值	能
值	指针和值	不能

7.3.3　接口赋值

接口赋值在 Go 语言中分为两种情况：将对象实例赋值给接口；将一个接口赋值给另一个接口。如果要使用接口实例调用方法，就需要将实现所有该接口的方法的结构体实例赋值给该接口实例。

如果定义了两个方法全部相同的接口（顺序可以不同），那么这两个接口实际上没有区别，两个接口类型的实例可以相互赋值，详情如例 7-14 所示。

例 7-14　接口赋值

```
1  // 声明一个接口
2  type Phoner interface {
3    call()
4    play()
5  }
6  // 方法相同,顺序不同的接口
7  type IPhoner interface {
8    play()
9    call()
10  }
11  // 定义一个结构体类型
12  type MyPhone struct {
13  }
14  // 实现 Phoner 接口的所有方法
15  func (i MyPhone) call() {
16    fmt.Println("使用我的手机打电话!")
17  }
18  func (i * MyPhone) play() {
19    fmt.Println("使用我的手机打游戏!")
20  }
21  func main() {
```

```
22    // 定义 Phoner 接口类型的变量
23    var phone Phoner
24    phone = new(MyPhone)
25    // 定义一个 IPhoner 接口类型的变量
26    var iPhone IPhoner
27    iPhone = phone
28    fmt.Printf("%T , %v , %p \n" , iPhone , iPhone , &iPhone)
29    iPhone.call()
30    iPhone.play()
31  }
```

接口赋值并不要求两个接口必须等价。如果接口 A 的方法列表是接口 B 的方法列表的子集，那么接口 B 可以赋值给接口 A，详情如例 7-15 所示。

例 7-15　接口赋值

```
1  // 声明一个接口
2  type Phoner interface {
3    call()
4    play()
5  }
6  // 声明只有 call 方法的接口
7  type Caller interface {
8    call()
9  }
10  // 定义一个结构体类型
11  type MyPhone struct {
12  }
13  // 实现 Phoner 接口的所有方法
14  func (i * MyPhone) call() {
15    fmt.Println("使用我的手机打电话!")
16  }
17  func (i * MyPhone) play() {
18    fmt.Println("使用我的手机打游戏!")
19  }
20  func main() {
21    // 定义 Phoner 接口类型的变量
22    var phone Phoner
23    phone = new(MyPhone)
24    // 定义一个 IPhoner 接口类型的变量
25    fmt.Printf("%T , %v , %p \n" , phone , phone , &phone)
26    var c Caller
27    c = phone
28    fmt.Printf("%T , %v , %p \n" , c , c , &c)
29    c.call()
30    // 将实现所有 Phoner 接口的结构体实例赋值给 Caller 接口实例
31    c = new(MyPhone)
32    fmt.Printf("%T , %v , %p \n" , c , c , &c)
33    c.call()
34    // phone = c Caller does not implement Phoner (missing play method)
35}
```

由输出结果可知，Caller 接口的实例可以正常调用 call 方法，但是反过来，将 phone 赋值给 c 则会出现错误。

与之前的类型组合一样，接口类型也可以通过嵌入的方式进行组合。具体的使用方式如例 7-16 所示。

例 7-16　接口嵌入

```
1  // 声明一个接口
2  type Phoner interface {
3    Caller // 接口嵌入
4    Player // 接口嵌入
5  }
6  // 声明只有 call 方法的接口
7  type Caller interface {
8    call()
9  }
10  // 声明只有 play 方法的接口
11  type Player interface {
12    play()
13  }
14  // 定义一个结构体类型
15  type MyPhone struct {
16  }
17  // 实现 Phoner 接口的所有方法
18  func (i * MyPhone) call() {
19    fmt.Println("使用我的手机打电话!")
20  }
21  func (i * MyPhone) play() {
22    fmt.Println("使用我的手机打游戏!")
23  }
24  func main() {
25    // 定义 Phoner 接口类型的变量
26    var phone Phoner
27    phone = new(MyPhone)
28    // 定义一个 IPhoner 接口类型的变量
29    fmt.Printf("%T , %v , %p \n" , phone , phone , &phone)
30    phone.call()
31    phone.play()
32  }
```

Phoner 接口组合等同于如下写法。

```
type Phoner interface {
    call()
    play()
}
```

这两种写法的意思完全相同，因为 Phoner 接口既包含了 Caller 的所有方法，又包含了 Player 接口的所有方法。

7.3.4　接口查询

接口查询是指在一个接口变量中，查询所赋值的对象是否实现另一个接口所有的方法的过程。具体的语法格式如下所示。

```
instance,ok := 接口对象.(其他接口类型)
```

如果该接口对象是对应的实际类型，那么 instance 就是转型之后的对象，ok 的值为 true。具体的使用方式如例 7-17 所示。

例 7-17　接口查询

```
1  // 定义接口
2  type Shape interface {
3    perimeter() float64
4    area() float64
5  }
6  // 定义矩形结构体
7  type Rectangle struct {
8    a, b float64
9  }
10  // 定义三角形结构体
11  type Triangle struct {
12    a, b, c float64
13  }
14  // 定义实现接口的方法,计算长方形周长
15  func (r Rectangle) perimeter() float64 {
16    return (r.a + r.b) * 2
17  }
18  // 计算长方形面积
19  func (r Rectangle) area() float64 {
20    return r.a * r.b
21  }
22  // 计算三角形周长
23  func (t Triangle) perimeter() float64 {
24    return t.a + t.b + t.c
25  }
26  // 计算三角形面积
27  func (t Triangle) area() float64 {
28    // 海伦公式
29    p := t.perimeter() / 2 // 半周长
30    return math.Sqrt(p * (p - t.a) * (p - t.b) * (p - t.c))
31  }
32  // 接口查询
33  func getType(s Shape) {
34    if instance, ok := s.(Rectangle); ok {
35       fmt.Printf("矩形:长度%.2f , 宽度%.2f \n", instance.a, instance.b)
36    } else if instance, ok := s.(Triangle); ok {
37        fmt.Printf("三角形:三边分别:%.2f , %.2f , %.2f \n", instance.a, instance.b,
instance.c)
38    }
39  }
40  // 通过 switch 完成接口查询
41  func getType2(s Shape) {
42    switch instance := s.(type) {
43    case Rectangle:
44       fmt.Printf("矩形:长度为%.2f, 宽为%.2f, \n", instance.a, instance.b)
45    case Triangle:
46       fmt.Printf("三角形:三边分别为%.2f,%.2f, %.2f\n", instance.a, instance.b, instance.c)
47    }
48  }
```

```
49 func showInfo(s Shape) {
50   fmt.Printf("%T ,%v \n", s, s)
51 }
52 func main() {
53   var s Shape
54   // 实例化一个长方形结构体对象并赋值给接口
55   s = Rectangle{3, 4}
56   showInfo(s)
57   // 接口查询
58   getType(s)
59   // 实例化一个三角形结构体对象并赋值给接口
60   s = Triangle{3, 4, 5}
61   showInfo(s)
62   // 接口查询
63   getType2(s)
64 }
```

接口查询是否成功，要在运行期才能够确定。它不像接口赋值，编译器只需要通过静态类型检查即可判断赋值是否可行。接口 A 实现了接口 B 中所有的方法，那么通过查询赋值 A 可以转化为 B。

7.3.5 多态

多态就是事物的多种形态，Go 语言中的多态性是在接口的帮助下实现的。定义接口类型，创建实现该接口的结构体对象。

实例化接口类型的对象，可以保存实现该接口的任何类型的值。Go 语言接口变量的这个特性实现了 Go 语言中的多态性。接口类型的实例不能访问其实现结构体中的成员。

因为任何用户定义的类型都可以实现任何接口，所以对接口值方法的调用自然就是一种多态。在这个关系里，用户定义的类型通常叫作实体类型，原因是如果离开内部存储的用户定义的类型值的实现，接口值并没有具体的行为。使用接口实现多态如例 7-18 所示。

例 7-18　多态

```
1 // 定义动物行为接口
2 type AnimalBehavior interface {
3   say() // 叫声
4   eat() // 吃食
5 }
6 // 定义猫结构体
7 type Cat struct {
8   name string
9 }
10 // 定义狗结构体
11 type Dog struct {
12   name string
13 }
14 func (c * Cat) say() {
15   fmt.Printf("%s 叫,喵喵喵! \n", c.name)
16 }
17 func (c * Cat) eat() {
18   fmt.Printf("%s 吃鱼\n", c.name)
19 }
```

```
20  func (d * Dog) say() {
21    fmt.Printf("%s 叫,汪汪汪! \n", d.name)
22  }
23  func (d * Dog) eat() {
24    fmt.Printf("%s 吃骨头 \n", d.name)
25  }
26  func main() {
27    c := new(Cat)
28    c.name = "咪咪"
29    d := Dog{name:"小白"}
30    var a AnimalBehavior
31    a = c
32    a.say()
33    a.eat()
34    a = &d
35    a.say()
36    a.eat()
37  }
```

接口值是一个两个字节长度的数据结构。第一个字节包含一个指向内部表的指针，这个内部表叫作 iTable，包含了所存储的值的类型信息。iTable 包含了已存储的值的类型信息以及与这个值相关联的一组方法；第二个字节是一个指向所存储值的指针。将类型信息和指针组合在一起，就将这两个值组成了一种特殊的关系。Cat 类型值赋值后接口变量的值的内部布局如图 7.1 所示。

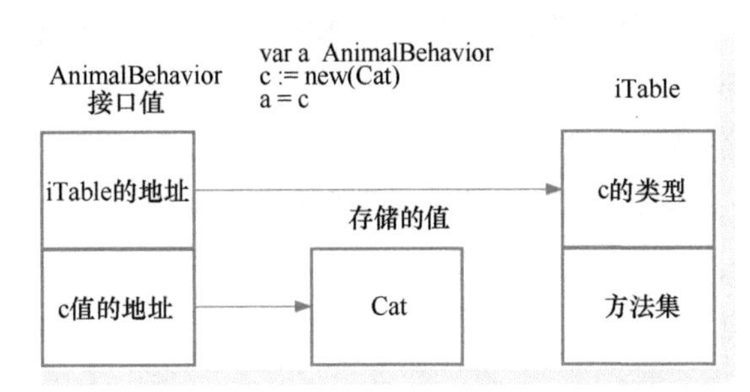

● 图 7.1　Cat 类型值赋值后接口变量的值的内部布局

图 7.2 展示了一个指针赋值给接口之后发生的变化。在这种情况里，类型信息会存储一个指向保存的类型的指针，而接口值第二个字节依旧保存指向实体值的指针。Dog 类型指针赋值后接口变量的值的内部布局如图 7.2 所示。

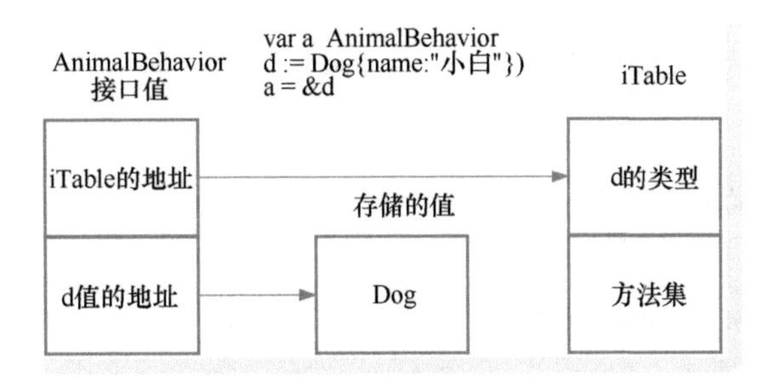

● 图 7.2　Dog 类型指针赋值后接口变量的值的内部布局

实现多态要满足如下三个条件。

- 有包含方法的接口（非空接口）。
- 有结构体实现该接口。
- 将结构体的实例赋值给该接口类型的实例（指针）。

7.3.6 空接口

空接口是接口类型的特殊形式，空接口没有任何方法，因此任何类型都不用实现空接口。从实现的角度看，任何值都满足该接口的需求。空接口类型可以保存任何值，也可以从空接口中取出原值。

```
type eface struct {
    _type * _type
    data  unsafe. Pointer
}
```

这个结构体是 Go 语言中的变量类型的基础，所以空接口可以指定任意变量类型。

_type 可以认为是 Go 语言中所有类型的公共描述，Go 语言中几乎所有的数据结构都可以抽象成_type，是所有类型的表现，可以说是万能类型，data 是指向具体数据的指针。

空接口这样定义：interface {}，也就是包含 0 个 method 的 interface。可以用空接口表示任意数据类型。空接口类型类似于 C# 或 Java 语言中的 Object、C 语言中的 void *、C++中的 std::any。在泛型和模板出现前，空接口是一种非常灵活的数据抽象保存和使用的方法。

空接口常用于以下情形：

- Println 的参数就是空接口。
- 定义一个 map：key 是 string，value 是任意数据类型。
- 定义一个切片，其中存储任意类型的数据。

空接口的使用方法如例 7-19 所示。

例 7-19 空接口

```
1  // 定义一个空接口
2  type A interface {
3  }
4  type Person struct {
5    name string
6    sex string
7  }
8  func showInfo(a A) {
9    fmt.Printf("%T , %v \n", a, a)
10  }
11  func main() {
12    // 将结构体类型赋值给接口
13    var aPer A = Person{"Amy", "female"}
14    // 将字符串赋值给接口
15    var aStr A = "Learn golang with me!"
16    // 将 int 赋值给接口
17    var aInt A = 100
18    // 将 float 赋值给接口
19    var aFlo A = 3.14
```

```
20    showInfo(aPer)
21    showInfo(aStr)
22    showInfo(aInt)
23    showInfo(aFlo)
24  }
```

因为空接口的内部实现保存了对象的类型和指针，所以不能直接将空接口赋值给其他类型。使用空接口保存一个数据的过程会比直接用数据对应类型的变量保存稍慢。因此在开发中，应在需要的地方使用空接口，而不是在所有地方使用空接口。

7.3.7 类型断言

从上一小节的内容可知，一个空接口变量能够包含任何类型的值，但如果想要知道一个空接口变量究竟存储了哪种类型的值，就需要有一种方式来检测它的动态类型。在Go程序执行过程中动态类型可能会发生变化，但是它总是可以分配给接口变量本身的类型。Go语言的类型查询实现语法和接口查询一样，目前常用的有两种方法：

- comma-ok断言。
- switch测试。

使用类型断言来测试在某个时刻varI是否包含类型T的值，具体的语法格式如下所示。

```
v :=varI.(T)      //unchecked type assertion
```

varI必须是一个接口变量，否则编译器会报错。类型断言有可能是无效的，虽然编译器会尽力检查转换是否有效，但是它不可能预见所有的可能性。如果转换在程序运行时失败会导致错误发生。类型断言具体的使用方法如例7-20所示。

例7-20 类型断言

```
1  //定义一个空接口
2  type Element interface{}
3  type Person struct {
4    name string
5    age int
6  }
7  func main() {
8    //创建一个空接口切片
9    list := make([]Element, 3)
10    list[0] = 1        //将int类型数据赋值给第一个空接口切片元素
11    list[1] = "Hello"   //将string类型数据赋值给第二个空接口切片元素
12    //将Person类型数据赋值给第三个空接口切片元素
13    list[2] = Person{"Sam", 28}
14    //通过断言的方式判断数据类型
15    for index, element := range list {
16        if value, ok := element.(int); ok {
17            fmt.Printf("list[%d] 的数据类型为int,值为%d\n", index, value)
18        } else if value, ok := element.(string); ok {
19            fmt.Printf("list[%d] 的数据类型为string,值为%s\n", index, value)
20        } else if value, ok := element.(Person); ok {
21            fmt.Printf("list[%d] 的数据类型为Person, 值为[%s, %d]\n", index, value.name,
value.age)
22        } else {
23            fmt.Printf("list[%d] 的数据类型未知\n", index)
```

```
24        }
25    }
26    // 通过 switch 的方式判断数据类型
27    for index, element := range list {
28        switch value := element.(type) {
29        case int:
30            fmt.Printf("list[%d] 的数据类型为 int,值为 %d \n", index, value)
31        case string:
32            fmt.Printf("list[%d] 的数据类型为 string,值为 %s \n", index, value)
33        case Person:
34            fmt.Printf("list[%d] 的数据类型为 Person, 值为 [%s, %d] \n", index, value.name,
value.age)
35        default:
36            fmt.Printf("list[%d] 的数据类型未知 \n", index)
37        }
38    }
39 }
```

直接使用断言，在没有 ok 的情况下，如果类型不正确就会引起 panic。

7.4 设计模式

软件设计模式是一套被反复使用、多数人知晓、经过分类编目的代码设计经验总结，使用设计模式是为了可重用代码、让代码更容易被他人理解并且保证代码可靠性。在面向对象编程的设计中，既要保证系统的可维护性，又要提高系统的可复用性。可维护性的复用以设计原则为基础。每一个原则都蕴含一些面向对象设计的思想，面向对象设计原则为支持可维护性复用而生，这些原则蕴含在很多设计模式中，它们是从许多设计方案中总结出的指导性原则。软件设计的目标就是高内聚、低耦合。

7.4.1 开闭原则

开闭原则是指一个软件实体（如类、模块和函数）应该对扩展开放，对修改关闭。简单地说就是在修改需求的时候，应该尽量通过扩展来实现变化，而不是通过修改已有代码来实现变化。

假设一个学校有多个课程，其设计如例 7-21 所示。

例 7-21 复杂的设计方法

```
1  // 定义一个教师结构体
2  type Teacher struct {
3  }
4  // 教语文
5  func (this * Teacher) Chinese() {
6    fmt.Println("上语文课")
7  }
8  // 教数学
9  func (this * Teacher) Math() {
10   fmt.Println("上数学课")
11 }
12 // 教英语
13 func (this * Teacher) English() {
14   fmt.Println("上英语课")
15 }
```

```
16 func main() {
17   Teacher := &Teacher{}
18   Teacher.Chinese()
19   Teacher.Math()
20   Teacher.English()
21 }
```

上述代码中，定义了一个 Teacher 结构体，能够教多门课程。如果学校增加其他课程，会导致 Teacher 结构体的方法越来越多，整个模块会越来越臃肿。通常情况下，一个 Teacher 只能教一门课。上述方法使得一个 Teacher 拥有教所有学科的能力。

这样的设计会导致给 Teacher 添加新的课程时，会直接修改原有的 Teacher 代码。随着 Teacher 的方法越来越多，出现问题的概率也就越来越大。因为所有的课程方法都在一个 Teacher 结构体里，所以耦合度太高，Teacher 的职责也不够单一，代码的维护成本随着业务的复杂正比成倍增大。

我们可以通过接口抽象一层出来，制作一个抽象的 Teacher 模块，然后提供一个抽象的方法，根据这个抽象模块分别实现每个课程教学的方法。具体代码如例 7-22 所示。

例 7-22　抽象模块

```
1 // 抽象的教师
2 type AbstractTeacher interface{
3   class()    // 抽象的处理业务接口
4 }
5 // 语文老师
6 type ChineseTeacher struct {
7 }
8 func (this * ChineseTeacher) class() {
9   fmt.Println("上语文课")
10 }
11 // 数学老师
12 type MathTeacher struct {
13 }
14 func (this * MathTeacher) class() {
15   fmt.Println("上数学课")
16 }
17 // 英语老师
18 type EnglishTeacher struct {
19 }
20 func (this * EnglishTeacher) class() {
21   fmt.Println("上英语课")
22 }
23 func Teach(teacher AbstractTeacher) {
24   // 通过接口来向下调用(多态现象)
25   teacher.class()
26 }
27 func main() {
28   // 上语文课
29   Teach(&ChineseTeacher{})
30   // 上数学课
31   Teach(&MathTeacher{})
32   // 上英语课
```

```
33    Teach( &EnglishTeacher{})
34  }
```

上述代码中，给一个 Teacher 添加一门新的课程时，只添加新的结构体并实现接口即可，这就是开闭原则的核心思想。

7.4.2 依赖倒置原则

开发人员在设计软件系统时，通常将模块分为 3 个层次：抽象层、实现层和业务逻辑层。依赖倒置原则（Dependence Inversion Principle）是指程序的设计要依赖于抽象接口，而不依赖于方法的具体实现，这样能够有效降低客户与实现模块间的耦合，如图 7.3 所示。

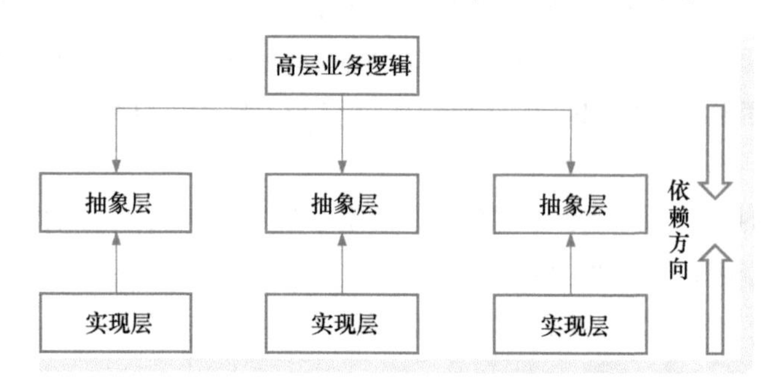

● 图 7.3 依赖倒置

抽象层由接口设计实现，然后根据抽象层去实现每个实现层的模块。每个模块只依赖对象的接口，而和其他模块没关系，依赖关系单一，系统容易扩展和维护。在设计业务逻辑时，只需要参考抽象层的接口即可。抽象层的接口就是业务层可以使用的方法，可以通过多态的方式，利用接口指针来调用具体的实现方法。具体实现如例 7-23 所示。

例 7-23 依赖倒置

```
1  // ------ 抽象层 -----
2  // 上衣
3  type Clothes interface{
4    ShowClothes()
5  }
6  // 裤子
7  type Trousers interface {
8    ShowTrousers()
9  }
10  // 鞋
11  type Shoes interface {
12    ShowShoes()
13  }
14  // 模特
15  type Models struct {
16    clothes Clothes
17    trousers Trousers
18    Shoes Shoes
19  }
20  // 实例化模特
21  func NewModels(clothes Clothes, trousers Trousers, Shoes Shoes) * Models{
```

```
22    return &Models{
23        clothes:clothes,
24        trousers:trousers,
25        Shoes:Shoes,
26    }
27  }
28  func (this * Models) Show() {
29    this.clothes.ShowClothes()
30    this.trousers.ShowTrousers()
31    this.Shoes.ShowShoes()
32  }
33  // 实现层
34  // 上衣
35  type AdidasTShirt struct {
36    Clothes
37  }
38  func (this * AdidasTShirt) ShowClothes() {
39    fmt.Println("穿 A 品牌的 T 恤")
40  }
41  type HermesJacket struct {
42    Clothes
43  }
44  func (this * HermesJacket )ShowClothes() {
45    fmt.Println("穿 H 品牌的夹克")
46  }
47  // 裤子
48  type NikeShorts struct {
49    Trousers
50  }
51  func (this * NikeShorts) ShowTrousers() {
52    fmt.Println("穿 N 品牌的短裤")
53  }
54  type Chanelskirt struct {
55    Trousers
56  }
57  func (this * Chanelskirt ) ShowTrousers() {
58    fmt.Println("穿 C 品牌的裙子")
59  }
60  // 鞋
61  type PumaBoardShoes struct {
62    Shoes
63  }
64  func (this * PumaBoardShoes) ShowShoes() {
65    fmt.Println("穿 P 品牌的板鞋")
66  }
67  type GucciHighHeeledShoes struct {
68    Shoes
69  }
70  func (this * GucciHighHeeledShoes) ShowShoes(){
71    fmt.Println("穿 G 品牌的高跟鞋")
72  }
73  // 业务逻辑层
74  func main() {
75    // 运动系
```

```
76    sport := NewModels(&AdidasTShirt{}, &NikeShorts{}, &PumaBoardShoes{})
77    sport.Show()
78    fmt.Println("-------------")
79    // 时尚系
80    fashion := NewModels(&HermesJacket{}, &Chanelskirt{}, &GucciHighHeeledShoes{})
81    fashion.Show()
82  }
```

由以上代码可以看出，要修改模特穿的衣服，只要在实现层定义新的服装即可，不需要修改其他模块。

7.4.3 单例模式

单例模式是一种常用的软件设计模式。它的核心结构中只包含一个被称为单例类的特殊类。单例模式可以保证系统中一个类只有一个实例而且该实例易于外界访问，从而方便对实例个数进行控制并节约系统资源。如果希望系统中某个类的对象只能存在一个，单例模式是最好的解决方案。单例模式可以分为懒汉式和饿汉式。

1. 懒汉式

懒汉式就是创建对象时比较懒，先不急着创建对象，而是在需要加载配置文件的时候再去创建，如例 7-24 所示。

例 7-24 懒汉式单例

```
1  type config struct {
2  }
3  var cfg * config
4  var oSingle sync.Once
5  func getInstane() * config {
6    oSingle.Do(
7        func() {
8            cfg = new(config)
9        })
10   return cfg
11 }
12 func main (){
13   cfg := getInstane()
14   fmt.Println(cfg)
15 }
```

上述代码使用 Go 语言 sync.Once 结构体的 Do 方法，该方法只在第一次调用时执行，从而保证了线程的安全。

2. 饿汉式

饿汉式就是在系统初始化之前先把对象创建好，需要用的时候直接获取即可，如例 7-25 所示。

例 7-25 饿汉式单例

```
1  type config struct {
2  }
3  // 全局变量
4  var cfg * config = new(config)
5  func NewConfig() * config {
6    return cfg
```

```
7  }
8  func main(){
9    c := NewConfig()
10    fmt.Println(c)
11  }
```

上述代码中定义了一个全局变量指针，当需要使用该指针时，调用 NewConfig( )函数获取该指针即可。

7.4.4 工厂方法模式

工厂方法模式（Factory Method Pattern）可以简称为工厂模式，也可以称作虚拟构造器（Virtual Constructor）模式或者多态工厂（Polymorphic Factory）模式，它属于类创建型模式。在工厂方法模式中，工厂父类负责定义创建产品对象的公共接口，工厂子类则负责生成具体的产品对象，这样做的目的是将产品类的实例化操作延迟到工厂子类中完成，即通过工厂子类来确定究竟应该实例化哪一个具体产品类。

工厂方法模式包含如下角色。

- 抽象工厂（Abstract Factory）角色：工厂方法模式的核心，任何工厂类都必须实现这个接口。
- 具体工厂（Concrete Factory）角色：具体工厂类是抽象工厂的一个实现，负责实例化产品对象。
- 抽象产品（Abstract Product）角色：工厂方法模式所创建的所有对象的父类，它负责描述所有实例所共有的公共接口。
- 具体产品（Concrete Product）角色：工厂方法模式所创建的具体实例对象。

下面通过一个例子演示工厂方法模式的使用，如例 7-26 所示。

例 7-26 工厂方法模式

```
1  // 抽象产品
2  type AbstractFruit interface {
3    Name()
4  }
5  // 具体产品 1
6  type Apple struct {}
7  // 具体产品 2
8  type Banana struct {}
9  // 具体产品 1 的方法实现
10  func (Apple) Name() {
11    fmt.Println("我是苹果")
12  }
13  // 具体产品 2 的方法实现
14  func (Banana) Name() {
15    fmt.Println("我是香蕉")
16  }
17  // 抽象工厂
18  type AbstractFruitFactory interface {
19    ProduceFruits()
20  }
21  // 具体工厂 1
```

```
22  type AppleFactory struct {}
23  // 具体工厂 2
24  type BananaFactory struct {}
25  // 具体工厂 1 的方法实现
26  func (AppleFactory)ProduceFruits() AbstractFruit{
27    apple := new(Apple)
28    return apple
29  }
30  // 具体工厂 2 的方法实现
31  func (BananaFactory)ProduceFruits() AbstractFruit{
32    banana := new(Banana)
33    return banana
34  }
35  func main() {
36    // 创建一个苹果工厂
37    af := new(AppleFactory)
38    // 使用苹果工厂生产水果
39    a:=af.ProduceFruits()
40    // 打印水果的名字
41    a.Name()
42    // 创建一个香蕉工厂
43    bf := new(BananaFactory)
44    // 使用香蕉工厂生产水果
45    b:=bf.ProduceFruits()
46    // 打印水果的名字
47    b.Name()
48  }
```

由输出结果可以看出，使用什么类型的工厂，就会生产出相应类型的水果。

7.4.5 抽象工厂模式

抽象工厂模式（Abstract Factory Pattern）提供一个创建一系列相关或相互依赖对象的接口，而无须指定它们具体的类。抽象工厂模式又称为 Kit 模式，属于对象创建型模式。

在工厂方法模式中，具体工厂负责生产具体的产品，每一个具体工厂对应一种具体产品，工厂方法也具有唯一性。一般情况下，一个具体工厂中只有一个工厂方法。但是有时需要一个工厂可以提供多个产品对象，而不是单一的产品对象。

为了更清晰地理解工厂方法模式，需要先引入两个概念：产品等级结构和产品族。

- 产品等级结构：产品的继承结构，如一个抽象类是笔记本计算机，其子类有联想笔记本、惠普笔记本、戴尔笔记本，则抽象笔记本与具体品牌的笔记本之间构成了一个产品等级结构，抽象笔记本是父类，而具体品牌的笔记本是其子类。
- 产品族：在抽象工厂模式中，产品族是指由同一个工厂生产的位于不同产品等级结构中的一组产品，如华为电器工厂生产的华为手环、华为路由器、华为手机，华为笔记本位于笔记本产品等级结构中，华为手机位于手机产品等级结构中。

当系统所提供的工厂所需生产的具体产品并不是一个简单的对象，而是多个位于不同产品等级结构中属于不同类型的具体产品时，需要使用抽象工厂模式。

抽象工厂模式的示例代码如例 7-27 所示。

例 7-27　抽象工厂模式

```
1  // 抽象父类产品 1,苹果
2  type AbstractApple interface {
3    Name()
4  }
5  // 苹果具体子类产品 1
6  type ThailandApple struct {
7  }
8  func (i ThailandApple) Name(){
9    fmt.Println("泰国苹果")
10 }
11 // 苹果具体子类产品 2
12 type ChinaApple struct {
13 }
14 func (c ChinaApple) Name(){
15   fmt.Println("中国苹果")
16 }
17 // 抽象父类产品 2,香蕉
18 type AbstractBanana interface {
19   Name()
20 }
21 // 香蕉具体子类产品 1
22 type ThailandBanana struct {
23 }
24 func (t ThailandBanana) Name(){
25   fmt.Println("泰国香蕉")
26 }
27 // 香蕉具体子类产品 2
28 type ChinaBanana struct {
29 }
30 func (c ChinaBanana ) Name(){
31   fmt.Println("中国香蕉")
32 }
33 // 抽象父类工厂
34 type AbstractFruitFactory interface {
35   CreateApple()
36   CreateBanana()
37 }
38 // 具体子类工厂 1
39 type ChinaFactory struct{
40 }
41 func(c ChinaFactory) CreateApple()AbstractApple{
42   return new(ChinaApple)
43 }
44 func(c ChinaFactory) CreateBanana()AbstractBanana{
45   return new(ChinaBanana)
46 }
47 // 具体子类工厂 2
48 type ThailandFactory struct{
49 }
50 func(t ThailandFactory) CreateApple()AbstractApple{
51   return new(ThailandApple)
52 }
```

```
53  func(t ThailandFactory) CreateBanana()AbstractBanana{
54    return new(ThailandBanana)
55  }
56  func main() {
57    // 生产中国苹果
58    cfactory := new(ChinaFactory)
59    ap := cfactory.CreateApple()
60    ap.Name()
61    // 生产泰国香蕉
62    tfactory := new(ThailandFactory)
63    tf := tfactory.CreateBanana()
64    tf.Name()
65  }
```

与简单工厂和工厂方法相比，抽象工厂可以生产更多种类的产品，即产品形态更加多样化。不同种类的产品之间完全解耦，添加新产品时对已有产品实现没有任何影响，符合“开放-封闭”原则。

相比工厂方法，抽象工厂模式的继承关系更多，增加了系统的复杂性。添加新产品时，除了新增产品的继承关系外，还需要修改工厂基类和所有子类的逻辑，客户端也需要做相应适配，增加了系统扩展的难度。

7.4.6 外观模式

外观模式为子系统中的一组接口提供了一个一致的界面，外观模式定义了一个高层接口，这个接口使得子系统更加容易使用。外观模式能够将复杂的子类系统抽象到同一个接口进行管理，外界只需要通过此接口与子类系统进行交互，而不必要直接与复杂的子类系统进行交互。其使用方法如例 7-28 所示。

例 7-28 外观模式

```
1  // 数据处理对象
2  type DataHandler struct {
3    encoder * Encoder          // 编码子系统
4    decoder * Decoder          // 解码子系统
5    handler * MainHandler      // 处理子系统
6  }
7  // 数据处理对象的工作方法
8  func (pD * DataHandler) Working() {
9    pD.decoder.Working()
10     pD.handler.Working()
11     pD.encoder.Working()
12  }
13  // 编码结构体
14  type Encoder struct {
15  }
16  // 编码结构体的方法
17  func (pE * Encoder) Working() {
18    fmt.Println("编码")
19  }
20  // 解码结构体
21  type Decoder struct {
22  }
```

```
23  // 解码结构体的方法
24  func (pD * Decoder) Working() {
25    fmt.Println("解码")
26  }
27  // 子系统的任务处理器
28  type MainHandler struct {
29  }
30  // 子系统工作的方法
31  func (pM * MainHandler) Working() {
32    fmt.Println("数据处理子系统,处理数据")
33  }
34  func main() {
35    // 创建一个数据处理器对象
36    worker := &DataHandler{decoder: &Decoder{}, handler: &MainHandler{}, encoder: &Encoder{}}
37    // 处理器对象开始工作
38    worker.Working()
39  }
```

由以上代码可以看出，外观模式能够将一个系统划分为若干个子系统，有利于降低系统的复杂性。

7.4.7　观察者模式

观察者模式（Observer Pattern）指的是定义实例对象之间的一种一对多依赖关系，使得每当一个对象状态发生改变时，其相关依赖对象皆得到通知并被自动更新。观察者模式又叫作发布-订阅（Publish/Subscribe）模式、模型-视图（Model/View）模式、源-监听器（Source/Listener）模式或从属者（Dependents）模式。

观察者模式包含四个角色。

- 抽象目标（Subject）：又称为主题，是被观察的对象。
- 具体目标（Concrete Subject）：抽象目标的子类，通常包含有经常发生改变的数据，当它的状态发生改变时，向其各个观察者发出通知。
- 观察者（Observer）：观察者将对观察目标的改变做出反应。
- 具体观察者（Concrete Observer）：具体观察者中维持一个指向具体目标对象的引用，它用于存储具体观察者的有关状态，这些状态和具体目标的状态保持一致。

观察者模式的代码示例如例 7-29 所示。

例 7-29　观察者模式

```
1  // 事件
2  type Event struct {
3    Data string
4  }
5  // 抽象目标,被观察的对象接口
6  type Subject interface {
7    // 注册观察者
8    Regist(Observer)
9    // 注销观察者
10    Cancel(Observer)
11    // 通知观察者事件
12    Notify(* Event)
```

```
13  }
14  // 抽象观察者,定义一个更新发生事件的标准接口
15  type Observer interface {
16    // 更新事件
17    Update(* Event)
18  }
19  // 实现观察者和对象的接口
20  type ConcreteObserver struct {
21    Id int
22  }
23  // 更新
24  func (co * ConcreteObserver) Update(e * Event) {
25    fmt.Printf("观察者 [%d] recieved msg: %s. \n", co.Id, e.Data)
26  }
27  // 实现被观察者的接口
28  type ConcreteSubject struct {
29    // 一对多,使用 map 存储观察者对象
30    Observers map[Observer]struct{}
31  }
32  // 注册
33  func (cs * ConcreteSubject) Regist(ob Observer) {
34    cs.Observers[ob] = struct{}{}
35  }
36  // 注销
37  func (cs * ConcreteSubject) Cancel(ob Observer) {
38    delete(cs.Observers, ob)
39  }
40  // 通知每个观察者事件
41  func (cs * ConcreteSubject) Notify(e * Event) {
42    for ob, _ := range cs.Observers {
43        ob.Update(e)
44    }
45  }
46  func main() {
47    // 实例化被观察者
48    cs := &ConcreteSubject{
49        Observers: make(map[Observer]struct{}),
50    }
51    // 实例化两个观察者
52    cobserver1 := &ConcreteObserver{1}
53    cobserver2 := &ConcreteObserver{2}
54    // 注册观察者
55    cs.Regist(cobserver1)
56    cs.Regist(cobserver2)
57    // 模拟发生事件
58    for i := 0; i < 5; i++ {
59        e := &Event{fmt.Sprintf("msg [%d]", i)}
60        // 通知观察者
61        cs.Notify(e)
62        time.Sleep(time.Duration(1) * time.Second)
63    }
64  }
```

上述代码中，首先定义了被观察者的接口，创建被观察者的结构体，并实现被观察者接口的所

有方法；然后定义了观察者接口，并创建观察者的结构体，且实现观察者接口的方法。被观察者的结构体嵌入了包含观察者结构体字段的 Map，从而形成一对多的依赖关系，并通过该关系通知观察者接收数据。

7.5 反射

在计算机科学中，反射是指计算机程序在运行时（Run time）可以访问、检测和修改它本身状态或行为的一种能力。反射就相当于程序在运行的时候能够“观察”并且修改自己的行为。

7.5.1 Go 语言的反射

Go 语言提供了一种机制，用于在运行时更新变量和检查它们的值、调用它们的方法，但是在编译时并不知道这些变量的具体类型，这就是 Go 语言的反射机制。

反射是 Go 语言比较重要的特性之一，虽然在大多数的应用和服务中并不常见，但很多框架都依赖 Go 语言的反射机制实现一些动态的功能。Go 语言官方提供了 reflect 包实现反射，能够让 Go 语言程序操作不同类型的对象。

Go 语言的 reflect 包中有两对非常重要的方法和类型，两对方法是 TypeOf 和 ValueOf，两对类型是 Type 和 Value，它们与函数是一一对应的关系，如图 7.4 所示。

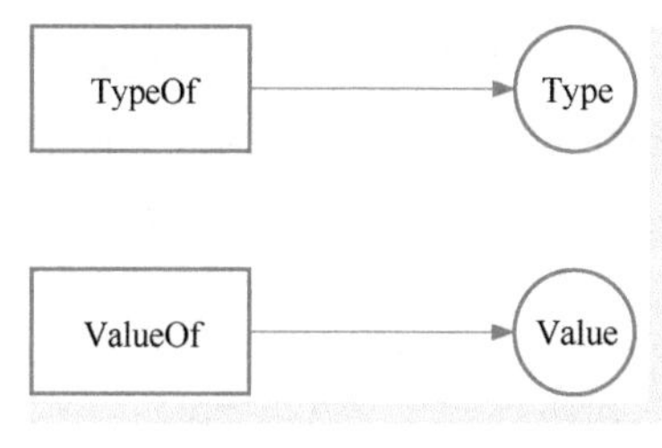

● 图 7.4　反射关系

类型 Type 是 Go 语言 reflect 包中定义的一个接口，其定义可以参考官方源码。Type 类型用来表示一个 Go 语言的类型。不是所有 Go 语言类型的 Type 值都能使用所有方法。具体使用限制参见每个方法的文档。该接口中包含非常多的方法，例如，MethodByName 方法可以获取当前类型对应方法的引用，Implements 方法可以判断当前类型是否实现了某个接口等。

Go 语言 reflect 包中的 Value 的类型是结构体，其源码定义如下所示。

```
type Value struct {
    typ * rtype
    ptr unsafe.Pointer
    flag
}
```

Value 结构体没有任何对外暴露的结构体成员变量，但是却提供了很多读写该结构体中存储的数据的方法。Go 语言 reflect 包中的所有方法基本都是围绕着 Type 和 Value 这两个对外暴露的类型设计的，可以通过 TypeOf 和 ValueOf 方法将一个普通变量转换成 reflect 包中提供的 Type 和 Value，然后使用反射提供的方法对这些类型进行复杂的操作。

7.5.2 反射法则

反射是程序在运行期间检查自身结构的一种方式，是促进元编程的一种很有价值的语言特性。但是它带来的灵活性也是一把双刃剑，过量使用反射会使程序逻辑变得难以理解且运行缓慢。为了帮助大家更好地理解反射的作用，下面介绍 Go 语言反射的三大法则。

1. 第一条法则

反射的第一条法则就是，能够将 Go 语言中的接口类型变量转换成反射对象，TypeOf 和 ValueOf 就是完成这个转换的两个最重要函数，这两个函数就是连接反射类型和其他数据类型的桥梁，如图 7.5 所示。

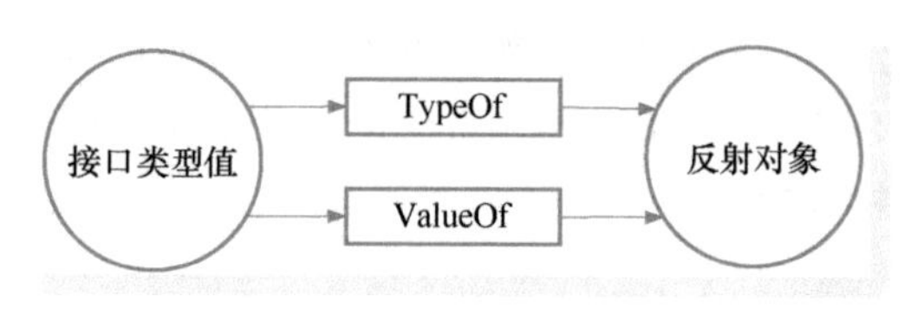

● 图 7.5　接口类型变量转换成反射对象

读者可能会对图 7.5 中的内容产生疑惑，为什么是从接口类型到反射对象？这是因为 TypeOf 和 ValueOf 两个函数的传入参数是 interface{}类型。Go 语言的函数调用都是传值调用，变量会在方法调用前进行类型转换。

2. 第二条法则

Go 语言 reflect 包中的 Interface 方法能够将反射对象还原成接口类型的变量。而通过调用 Interface 方法也只能获得空接口（interface{}）变量，如果想要将其还原成原始类型，还需要经过一次强制的类型转换，使用方法如下所示。

```
v := reflect.ValueOf(1)
v.Interface{}.(int)
```

从数据的值转换到反射对象，需要经过从基本类型到接口类型的转换和从接口类型到反射对象类型的转换。从反射对象转换到数据的原始类型，所有的反射对象也都需要先转换成接口类型，再通过强制类型转换变成数据原始类型，如图 7.6 所示。

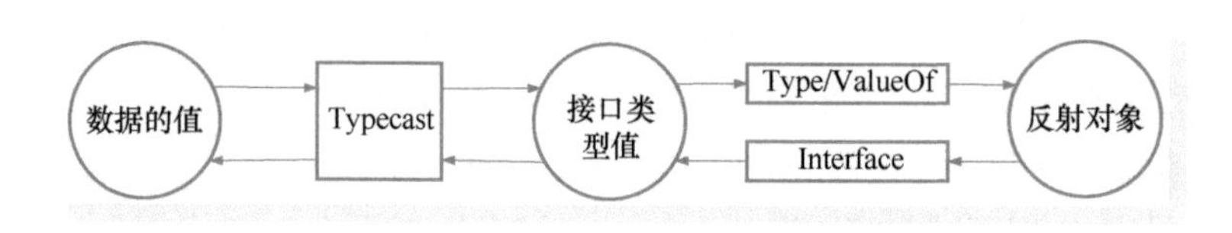

● 图 7.6　数据类型与反射类型的转换

当然，不是所有的变量都需要强制类型转换，如果变量本身就是空接口类型，那么它就不需要经过类型转换。对于其他类型变量而言，类型转换这一过程很多时候都是隐式发生的，只有在需要将反射对象转换回基本类型时才需要做显式的转换操作。

3. 第三条法则

第三条法则与值能否被更改有关，如果想要更新一个 reflect.Value，那么它持有的值一定可以被更新。需要注意的是，Go 语言的函数调用都是传值调用，所以通过 ValueOf 函数获取的反射对象与原始变量没有任何关系，如果直接修改反射对象会导致程序崩溃。

如果想要修改原始，可以通过如下方法。

```
i := 1
v := reflect.ValueOf(&i)
v.Elem().SetInt(10)
```

上述代码中，首先通过 reflect.ValueOf 获取变量指针，然后通过 Elem 方法获取指针指向的变量并调用 SetInt 方法更新变量的值。这种方法与下面这部分代码过程类似。

```
i := 1
v := &i
* v = 10
```

如果不能直接操作 i 变量修改其持有的值，就只能获取 i 变量所在地址并使用 * v 修改所在地址中存储的整数。

反射三法则总结如下。

- 反射可以将“接口类型变量”转换为“反射类型对象”。
- 反射可以将“反射类型对象”转换为“接口类型变量”。
- 如果要修改“反射类型对象”，其值必须是“可写的”（settable）。

理解了这些定律之后，使用反射就非常容易了。虽然反射是一个强大的工具，但是大家在使用反射时务必谨慎。

7.5.3　反射变量的类型和值

可以通过 reflect 包中的 TypeOf 函数获取变量的类型，可以通过 ValueOf 函数获取变量的值，具体使用方法如例 7-30 所示。

例 7-30　获取变量的类型和值

```
1  type Hero struct{
2    name string
3  }
4  func getString(string string) string{
5    return string
6  }
7  func main() {
8    language := "Golang"
9    hero := Hero{"花木兰"}
10   mp := make(map[string]string)
11   mp["weapon"] = "98K"
12   fmt.Println("变量 language 的类型:", reflect.TypeOf(language))
13   fmt.Println("变量 language 的值:", reflect.ValueOf(language))
14   fmt.Println("变量 hero 的类型:", reflect.TypeOf(hero))
15   fmt.Println("变量 hero 的嵌入字段类型:", reflect.TypeOf(hero.name))
16   fmt.Println("变量 hero 的值:", reflect.ValueOf(hero))
17   fmt.Println("变量 mp 的类型:", reflect.TypeOf(mp))
18   fmt.Println("变量 mp 的值:", reflect.ValueOf(mp))
19   fmt.Println("变量 getString 的类型:", reflect.TypeOf(getString))
20  }
```

还可以通过接口值反射该接口值指向的对象的数据类型，具体使用方法如例 7-31 所示。

例 7-31　接口值反射

```
1  type Person struct {
2    Name string
3    age int
4  }
5  type Human interface {
6    SayName()
7    SayAge()
8  }
```

```
9  func (this * Person) SayName() {
10    fmt.Println(this.Name)
11  }
12  func (this * Person) SayAge() {
13    fmt.Println(this.age)
14  }
15  func main(){
16    // 定义接口变量
17    var i Human
18    // 实例化 Person 结构体对象
19    p := &Person{
20        Name: "Pony",
21        age: 44,
22    }
23    // Person 实现了 Human 接口,接口变量 i 就指向 Person 对象 p
24    i = p
25    // 通过反射获取接口 i 的类型和所持有的值
26    t := reflect.TypeOf(i)
27    // 获取 i 所指向的对象的类型
28    structType := t.Elem()
29    // 获取对象类型的名字
30    structName := structType.Name()
31    fmt.Println("接口变量指向的对象类型:",structName)
32  }
```

由输出结果可以看出，通过变量 i 能够获取到对象 p 的数据类型为 Person。

7.5.4 创建新实例

可以使用 New()函数来创建一个新值，New()函数返回一个指针，然后使用 Elem().Set()对其进行修改。可以通过调用 Interface()方法从 reflect.Value 回到普通变量值。具体使用方法如例 7-32 所示。

例 7-32 创建实例

```
1  type Foo struct {
2    A int
3    B string
4  }
5  func main() {
6    greeting := "hello"
7    f := Foo{A: 1, B: "Salutations"}
8    // 向 ValueOf 传值
9    gVal := reflect.ValueOf(greeting)
10    // gVal 是 Value 结构体类型,不是指针,只能读取
11    fmt.Println(gVal.Interface())
12    // 向 ValueOf 传地址
13    gpVal := reflect.ValueOf(&greeting)
14    // gpVal 一个指针,可以通过它修改底层变量
15    gpVal.Elem().SetString("goodbye")
16    fmt.Println(greeting)
17    // 通过 New 创建新的实例
18    fType := reflect.TypeOf(f)
19    fVal := reflect.New(fType)
20    fVal.Elem().Field(0).SetInt(2)
```

```
21    fVal.Elem().Field(1).SetString("Greetings")
22    f2 := fVal.Elem().Interface().(Foo)
23    // 查看新实例 f2 的类型和内容
24    fmt.Printf("%+v, %d, %s \n", f2, f2.A, f2.B)
25  }
```

由以上代码可以看出，只有向 ValueOf 函数传入地址才能改变原始类型的值。通过 New 函数创建实例，也是根据第三条法则来实现的。

7.5.5 创建引用类型的实例

除了生成内置类型和用户定义类型的实例之外，还可以使用反射来生成通常需要 make 函数的实例。可以使用 reflect.MakeSlice、reflect.MakeMap 和 reflect.MakeChan 函数制作 Slice、Map 或 Channel。具体使用方法如例 7-33 所示。

例 7-33 创建引用类型

```
1  func main() {
2    // 创建一个 Slice
3    intSlice := make([]int, 0)
4    // 创建一个 Map
5    mapStringInt := make(map[string]int)
6    // 获取变量的 Type
7    sliceType := reflect.TypeOf(intSlice)
8    mapType := reflect.TypeOf(mapStringInt)
9    // 使用反射创建类型的新实例
10     intSliceReflect := reflect.MakeSlice(sliceType, 0, 0)
11     mapReflect := reflect.MakeMap(mapType)
12     // 将创建的新实例,分配回一个 Slice 变量
13     v := 200
14     rv := reflect.ValueOf(v)
15     intSliceReflect = reflect.Append(intSliceReflect, rv)
16     intSlice2 := intSliceReflect.Interface().([]int)
17     fmt.Println(intSlice2)
18     // 分配 Map 变量
19     k := "Golang"
20     rk := reflect.ValueOf(k)
21     mapReflect.SetMapIndex(rk, rv)
22     mapStringInt2 := mapReflect.Interface().(map[string]int)
23     fmt.Println(mapStringInt2)
24  }
```

由以上代码可以看出，无论使用 reflect.MakeSlice 还是 reflect.MakeMap，都需要提供一个 reflect.Type，然后获取一个 reflect.Value，使用反射对其进行操作，或者将其分配回一个标准变量。

7.5.6 创建函数

使用反射创建函数可以通过 reflect.MakeFunc 函数实现。该函数期望我们要创建的函数的 reflect.Type，以及一个闭包，其输入参数为 [ ]reflect.Value 类型，其返回类型也为 [ ] reflect.Value 类型。具体使用方法如例 7-34 所示。

例 7-34 创建函数

```
1  // 创建 Func 封装，非 reflect.Func 类型会产生 panic
2  func MakeTimedFunction(f interface{}) interface{} {
```

```
3    rf := reflect.TypeOf(f)
4    if rf.Kind() != reflect.Func {
5        panic("非 Reflect.Func 类型")
6    }
7    vf := reflect.ValueOf(f)
8    // makeFunc 的闭包函数表达式类型是固定的
9    wrapperF := reflect.MakeFunc(rf, func(in []reflect.Value) []reflect.Value {
10       start := time.Now()
11       // 如果 v 是一个变量函数,Call 创建一个代表可变参数的切片,复制相应的值
12       out := vf.Call(in)
13       end := time.Now()
14       fmt.Printf("calling % s took % v\n", runtime.FuncForPC(vf.Pointer()).Name(), end.
Sub(start))
15       return out
16     })
17     // 以空接口的方式返回 Value 的原始类型的值
18     return wrapperF.Interface()
19   }
20
21   func timeOne() {
22     fmt.Println("starting")
23     time.Sleep(1 *  time.Second)
24     fmt.Println("ending")
25   }
26
27   func timeTwo(a int) int {
28     fmt.Println("starting")
29     time.Sleep(time.Duration(a) *  time.Second)
30     result := a * 2
31     fmt.Println("ending")
32     return result
33   }
34
35   func main() {
36     timed := MakeTimedFunction(timeOne).(func())
37     fmt.Printf("v",timed)
38     // 通过空接口调用底层函数
39     timed()
40     timedToo := MakeTimedFunction(timeTwo).(func(int) int)
41     // 通过空接口调用底层函数,并打印返回值
42     fmt.Println(timedToo(3))
43   }
```

上述代码中检测任意给定函数的执行时长，可为任何函数在外层包裹一个记录执行时间的函数。

7.6 本章小结

尽管 Go 语言中没有封装、继承、多态这些概念，但同样通过别的方式实现了这些特性。

- 封装：通过方法实现。
- 继承：通过匿名字段实现。
- 多态：通过接口实现。

Go 语言中虽然没有类，但依然有方法，通过显式说明接收者来实现与某个类型的结合，只能为同一个包中的类型定义方法。接收者可以是类型的值或者指针，不允许方法重载，如果使用值或指针来调用方法，编译器会自动完成转换。从某种意义上来说，方法是函数的语法糖，因为 receiver 其实就是方法所接收的第一个参数。如果外部结构体和嵌入结构体存在同名的方法，则优先调用外部结构的方法。类型别名不会拥有底层类型所附带的方法，方法可以调用结构中的非公开字段。

7.7 习题

1. 填空题

(1) ________是指计算机程序在运行时可以访问、检测和修改本身状态或行为的一种能力。

(2) Go 语言可以通过________实现继承，通过________实现多态。

(3) 在 Go 语言中，________是一组方法签名。

(4) 在 Go 语言中，定义接口的关键字是________。

(5) 软件设计的目标就是________内聚，________耦合。

2. 选择题

(1) 下列选项中，不是面向对象的特点是（　　）。

A. 封装　　B. 继承　　C. 多态　　D. 函数

(2) Go 语言中没有隐藏的 this 指针，对这句话的含义描述错误是（　　）。

A. 方法施加的对象显式传递，没有被隐藏起来。

B. Go 语言沿袭了传统面向对象编程中的诸多概念，比如继承、虚函数和构造函数。

C. Go 语言的面向对象表达更直观，对于面向过程只是换了一种语法形式来表达。

D. 方法施加的对象不需要必须是指针，也不用必须叫 this。

(3) 关于函数和方法，下列选项描述正确的是（　　）。

A. 只要接收者不同，方法名就可以相同。

B. 接收者不同，方法名也不可以相同。

C. 函数名可以相同。

D. 函数和方法没有区别。

(4) 关于接口和类的说法，下面说法错误的是（　　）。

A. 一个类只需要实现了接口要求的所有函数，可以说这个类实现了该接口。

B. 实现类的时候，只需要关心自己应该提供哪些方法，不用再纠结接口需要拆得多细才合理。

C. 类实现接口时，需要导入接口所在的包。

D. 接口由使用方按自身需求来定义，使用方无须关心是否有其他模块定义过类似的接口。

(5) 下列选项中，关于接口说法错误的是（　　）。

A. 只要两个接口拥有相同的方法列表（顺序可以不同），它们就是等价的，可以相互赋值。

B. 接口赋值是否可行，要在运行期才能够确定。

C. 接口查询是否成功，要在运行期才能够确定。

D. 如果接口 A 的方法列表是接口 B 的方法列表的子集，接口 B 就可以赋值给接口 A。

3. 简答题

(1) 简述什么是 Duck Typing 编程语言。

(2) 简述空接口的作用。

4. 分析题

下面代码会输出什么，说明原因。

```
1  type People struct {}
2  func(p * People) ShowA() {
3    fmt.Println("People 执行 ShowA")
4    p.ShowB()
5  }
6  func(p * People) ShowB() {
7    fmt.Println("People 执行 ShowB")
8  }
9  type Teacher struct {
10     People
11  }
12  func(t * Teacher) ShowB() {
13    fmt.Println("Teacher 执行 ShowB")
14  }
15  func main() {
16    t := Teacher {}
17    t.ShowA()
18  }
```

第 8 章 编写规范和错误处理

在日常开发中，即使程序员非常小心，也依然会出现各种突发的错误，导致程序无法正常运行。为了保证程序的稳定性、可调试性，同时方便维护者的阅读和理解，并降低维护成本，Go 语言提供了编写规范和错误处理功能。

8.1 编写规范

Go 是一种新语言，尽管它借鉴了现有语言的思想，但它具有非同寻常的特性。想要编写 Go 语言，理解其属性和习惯用法非常重要。

8.1.1 代码风格

良好的代码编写规范能够提高代码的可读性、规范性和统一性，能够让其他开发人员轻松地读懂代码。不同的开发者可能会有不同的编码风格和习惯，但是如果所有开发者都能使用同一种格式来编写代码，开发者就可以将宝贵的时间专注在语言要解决的问题上。

1. gofmt 工具

Golang 的开发团队推出了 gofmt 工具来帮助开发者将代码格式化成统一风格。gofmt 是一个 cli 程序，会优先读取标准输入，如果传入了文件路径，就会格式化这个文件，如果传入一个目录，会格式化目录中所有.go 文件，如果不传参数，会格式化当前目录下的所有.go 文件。Go 中还有一个 go fmt 命令，go fmt 命令是 gofmt 的简单封装。

gofmt 默认不开启简化代码功能，使用-s 参数可以开启简化代码功能。使用 gofmt 工具去除数组、切片、Map 初始化时不必要的类型声明，具体示例如下所示。

如下形式的切片表达式：

```
[]T{T{}, T{}}
```

将被简化为：

```
[]T{{}, {}}
```

去除数组切片操作时不必要的索引指定，具体示例如下。

如下形式的切片表达式：

```
s[a:len(s)]
```

将被简化为：

```
s[a:]
```

去除迭代时非必要的变量赋值，具体示例如下。

如下形式的迭代：

```
for x, _ = range v {...}
```

将被简化为：

```
for x = range v {...}
```

如下形式的迭代：

```
for _ = range v {...}
```

将被简化为：

```
for range v {...}
```

gofmt 命令参数列表见表 8.1。

表 8.1　gofmt 命令参数

参　数	描　述
-d	显示差异而不是重写文件
-e	报告所有错误（不仅仅是不同行的前 10 个错误）
-l	列出格式与 gofmt 不同的文件
-r string	重写规则如（e.g.，'a［b：len(a)］-> a[b:]'）
-s	简化代码
-w	将结果写入源文件，而不是 stdout

使用 gofmt 命令的格式如下所示。

```
usage:gofmt [参数] [路径...]
```

2. 缩进和折行

Go 中的缩进直接使用 gofmt 工具格式化即可。官方推荐一行代码不超过 120 个字符，超过 120 则使用换行展示。如果使用 Goland 开发工具，直接使用快捷键〈Ctrl+Alt+L〉即可。

3. 语句的结尾

Java、C++等语言每行代码需要以分号作为结尾，而 Go 语言换行时不需要使用分号结尾，默认一行就是一条语句。如果开发人员打算将多个语句放在同一行，则必须使用分号进行分隔。

4. 括号和空格

在括号和空格方面，也可以直接使用 gofmt 工具格式化。Go 语言不允许左大括号换行，若换行则会引发语法错误。所有的运算符和操作数之间要留空格，以保持代码的易读性和美观性。正确的使用示例如下所示。

```
if a > 0 {

}
```

错误的使用示例如下所示。

```
if a>0  // a、0 和 > 之间应该空格
{       // 左大括号不可以换行,会报语法错误

}
```

5. 包导入

在需要导入多个包的情况下，Go 中的 import 会自动进行格式化。建议采用的导入包格式如下所示。

```
import (
  "fmt"
  "math"
)
```

如果引入了三种类型的包：标准库包、程序内部包和第三方包，建议采用如下方式进行组织包。

```
import (
    "encoding/json"
    "strings"

    "myproject/models"
    "myproject/controller"
    "myproject/utils"

    "github.com/astaxie/beego"
    "github.com/go-sql-driver/mysql"
)
```

有顺序地引入包，不同的类型采用空格分离，第一是标准库包，第二是程序内部包，第三是第三方包。规范示例如下所示。

```
import "github.com/repo/proj/src/net"
```

在项目中尽量不要使用相对路径引入包，错误的示例如下所示。

```
import "../net"
```

如果引入的是本项目中的其他包，则可以使用相对路径。

8.1.2　注释

Go 语言提供 C 风格的/ * * /块注释和 C ++风格的// 行注释。单行注释是最常见的注释形式，开发者可以在任何地方使用以 // 开头的单行注释；多行注释也叫块注释，均以/ * 开头，并以 * / 结尾，且不可以嵌套使用，多行注释一般用于包的文档描述或注释成块的代码片段。

注释还可以用于禁用大量代码。

1. 包注释

每个包都应该有一个包注释、一个位于 package 子句之前的块注释或行注释。一个包如果包含多个 Go 格式文件，只需要出现在一个 Go 文件中（一般是和包同名的文件）即可。包注释应该包含的基本信息如下所示。

- 包的基本简介（包名、简介）。

- 创建者，格式为“创建人：rtx 名”。
- 创建时间，格式为“创建时间：yyyyMMdd”。

例如，创建一个 util 包，其注释示例如下所示。

```
// util 包，该包包含了项目共用的一些常量，封装了项目中一些共用函数。
// 创建人：Bob
// 创建时间：20191212
```

2. 结构体和接口注释

每个自定义的结构体或接口都应该有注释说明，该注释主要是对结构体做简要介绍，放在结构体定义的前一行，格式为“结构体名，结构体说明”。同时结构体内的每个成员变量都要有说明，该说明放在成员变量的后面（注意对齐），具体的示例如下所示。

```
// 用户结构体,定义用户基本信息
type User struct{
    Name    string    // 用户名
    Sex    string     // 性别
}
```

3. 函数和注释

每个函数或者方法都应该有注释说明，注释应该包括三个方面，具体说明如下所示。

- 简要说明（即格式说明）：以函数名开头，以“，”分隔说明部分。
- 参数列表：每行一个参数，参数名开头，以“，”分隔说明部分。
- 返回值：每行一个返回值。

开发者需要严格按照以上顺序编写，具体的示例如下所示。

```
// Area 是计算圆形面积的方法
// 参数：
//      r：圆的半径
// 返回值：
//      圆形面积,值为 float64 类型
func (c Circle) Area(r float64) float64 {
}
```

对于一些关键位置的代码逻辑，或者局部较为复杂的逻辑，需要有相应的逻辑说明，方便其他开发者阅读该段代码。中英文字符之间严格使用空格分隔，英文和中文标点之间也都要使用空格分隔。

8.1.3 命名

命名是代码规范中非常重要的部分，统一的命名规则能够提高代码的可读性，好的命名仅仅通过命名就可以理解代码的含义。

Go 语言在命名时以字母 a~z、A~Z 或下画线开头，后面跟着零或更多的字母、下画线和数字，不允许使用@、$ 和% 等符号命名。Go 语言是一种区分大小写的编程语言。因此，Manpower 和 manpower 是两个不同的命名。

1. 可见性规则

如果命名（包括常量、变量、类型、函数名、结构字段等）以一个大写字母开头，如 User，那么这种形式的标识符实例就可以被外部包使用（客户端程序需要先导入这个包），这种形式称为导

出（类似于面向对象语言中的关键字 public）。

命名如果以小写字母开头，则对包外是不可见的，但是它们在整个包的内部是可见并且可用的（类似于面向对象语言中的关键字 private）。

2. 包命名

Go 语言要求包（package）的名字和目录保持一致，尽量采取简短且有意义的包名，不能和标准库冲突。包名应该为小写单词，不要使用下画线或者混合大小写。规范的包命名示例如下所示。

```
package demo
 package main
```

3. 文件命名

文件命名同包命名一样，尽量采取简短且有意义的文件名，应该为小写单词，使用下画线分隔各个单词。规范的文件命名示例如下所示。

```
my_test.go
```

4. 结构体命名

Go 语言推荐采用驼峰命名法，首字母根据访问控制原则使用大写或者小写。结构体声明和初始化格式采用多行形式，详情如下所示。

// 多行声明

```
type User struct{
    Username  string
    Email    string
}
```

规范的初始化示例如下所示。

```
// 多行初始化
u := User{
    Username: "astaxie",
    Email:    "astaxie@ gmail.com",
}
```

5. 接口命名

接口命名的规则与结构体类似。单个方法的接口命名以“er”作为后缀（如 Reader、Writer）。具体示例如下所示。

```
type Reader interface {
    Read(p [ ]byte) (n int, err error)
}
```

6. 变量命名

变量名称一般遵循驼峰法，首字母根据访问控制原则大写或者小写。如果变量属于私有变量，且特有名词为首个单词，则使用小写，如 apiClient。其他情况都应当使用该名词原有的写法，如 APIClient、repoID、UserID。例如，UrlArray 就是一个错误示例，应该写成 urlArray 或者 URLArray。

若变量类型为 bool 类型，则名称应以 has、is、can 或 allow 开头，具体示例如下所示。

```
var isExist bool
var hasConflict bool
```

```
var canManage bool
var allowGitHook bool
```

7. 常量命名

Go 语言推荐常量全部由大写字母组成，并使用下画线分隔词。

```
const APP_VER = "1.0"
```

如果是枚举类型的常量，需要先创建相应类型，具体示例如下所示。

```
type Scheme string

const (
    HTTP   Scheme = "http"
    HTTPS Scheme = "https"
)
```

8.2 错误处理

错误是指程序中出现不正常的情况，从而导致程序无法正常执行，如出现了写越界、打开不存在的文件、求负数的平方根等。错误处理是学习任何编程语言都需要考虑的问题。在早期的语言中，错误处理不是语言规范的一部分，通常只作为一种编程范式存在。C 语言中常常返回整数错误码（error）来表示函数处理出错，通常用-1 来表示错误，用 0 表示正确。但自 C++语言问世以来，语言层面上会增加错误处理的支持，比如异常（exception）的概念和 try-catch 关键字的引入。优雅的错误处理规范也是 Go 语言的亮点之一。

8.2.1 error 接口

Go 语言中的 error 内置接口类型是表示错误条件的常规接口，该接口的定义如下所示。

```
type error interface {
    Error() string
}
```

error 本质上是一个接口类型，其中包含一个 Error( )方法，返回值是 string 类型。Go 中的函数支持返回多个值，有一个约定俗成的用法是返回这个函数的结果并伴随一个错误（error）变量。在 Go 语言中处理错误的方式通常是将返回的错误与 nil（空值）进行比较。nil 值表示没有发生错误，而非 nil 值表示出现错误。如果不是 nil，需打印输出错误。具体的使用方式如例 8-1 所示。

例 8-1　打开文件

```
1  func main() {
2    // 打开不存在的文件会出错
3    f, err := os.Open("/abc.txt")
4    if err != nil {
5        fmt.Println(err)
6    } else {
7        fmt.Println(f.Name(), "该文件成功被打开!")
8    }
9  }
```

输出结果如下所示。

```
open /abc.txt: The system cannot find the file specified.
```

在软件开发中，错误处理是非常重要的。Go 语言要求我们明确地处理遇到的错误。而不是像其他语言，如 Java、C++等，使用 try-catch- finally 的形式，这种形式会让代码变得非常混乱，程序员会倾向于将一些常见的错误（如 failing to open a file）也抛到异常里，这会让错误处理更加冗长繁琐且容易出错。

Go 语言作者之一的 Russ Cox 认为，当初选择返回值这种错误处理机制而不是 try-catch，主要是考虑前者适用于大型软件，后者更适合小程序。

为了提高代码的健壮性，对于函数返回的每一个错误，我们都不能忽略。这是因为出错的同时，很有可能会返回一个 nil 对象。如果不对错误进行判断，那么下一行对 nil 对象的操作就会引发程序崩溃。

8.2.2　处理 error 的方式

Go 语言的作者把处理 error 的方式分为三种：Sentinel errors、Error Types 和 Opaque errors。

（1）Sentinel errors

Sentinel errors 中的 Sentinel 是“哨兵”的意思，而 Sentinel errors 表示一条界限，限定一个程序必须停下业务流程去处理这种错误。这些错误通常是已经设定好的，例如，io 包里的 io.EOF 表示“文件结束”错误。这种方式处理起来不是非常灵活，开发人员必须在程序中判断 err 是否与 io.EOF 相等。这使得 error 和使用 error 的包之间建立了依赖关系。如果很多用户自定义的包都定义了错误，那么就需要引入很多包来判断各种错误，容易引发循环引用的问题。因此，应该尽量避免 Sentinel errors，虽然标准库中有一些包这样使用，但是建议不要模仿。

（2）Error Types

Error Types 是指实现了 error 接口的那些类型。它有一个重要的优点，就是类型中除了 error 外，还可以附带其他字段，从而提供额外的信息（如出错的代码行数）。Go 语言标准库中有一个非常好的例子，其定义如下所示。

```
type PathError struct {
  Op  string
  Path string
  Err  error
}
```

PathError 记录一个错误以及导致错误的操作和文件路径。通常情况下，如果使用这种 error 类型，那么外层调用者就需要使用类型断言来判断错误。但是这种方式又不可避免地在定义错误和使用错误的包之间形成了依赖关系。

即使 Error types 比 Sentinel errors 优秀，它也仍然存在引入包依赖的问题。因此，也不推荐使用 Error types。

（3）Opaque errors

Opaque errors 是指“黑盒 errors”，指的是开发人员能够知道错误发生了，但是无法看到内部的处理逻辑。例如下面这段伪代码：

```
func customFunc() error {
  _, err := service.UserDefinedFunc()
```

```
  if err != nil {
     return err
  }
  return nil
}
```

调用完 UserDefinedFunc 后，调用者只需要知道 UserDefinedFunc 是否正常工作即可。我们只需要判断 err 是否为空，如果不为空，就直接返回错误。如果没有错误则正常执行程序，而不需要知道 err 到底发生了什么。这就是处理 Opaque errors 的策略。

当然，在某些情况下，上述处理策略还不足以解决问题。例如，在网络请求中，调用者需要确定返回的错误类型，以确定是否重试。在这种情况下，作者给出了如下方法：

这种处理方案依然不需要去判断错误是什么类型，而是去判断错误是否具有某种行为，或者说实现了某个接口。

8.2.3 自定义错误

通常程序会发生可预知的错误，所以 Go 语言 errors 包对外提供了可供用户自定义的方法，帮助开发人员得到更多的错误信息，errors 包下的 New( )函数返回 error 对象，errors.New( )创建新的错误。

在 Go 语言的 errors.go 源码中，定义了一个结构体名为 errorString，它拥有一个 Error( )的方法，实现了 error 接口，同时该包向外暴露了一个 New( )函数，该函数参数为字符串，通过这个参数创建了 errorString 类型的变量，并返回了它的地址。于是它就创建并返回了一个新的错误。

使用 Errorf( )函数能够为 error 增加更多的信息。fmt 包下的 Errorf( )函数返回 error 对象，fmt 包下的 Errorf( )函数本质上还是调用 errors.New( )。

自定义错误的具体使用方法如例 8-2 所示。

例 8-2　自定义错误

```
1  // 设计一个函数:验证年龄。如果是负数,则返回 error
2  func checkAge(age int) (string, error) {
3    if age < 0 {
4        err := fmt.Errorf("您的年龄输入是:%d, 该数值为负数,有错误!", age)
5        return "", err
6    } else {
7        return fmt.Sprintf("您的年龄输入是:%d ", age), nil
8    }
9  }
10 func main() {
11   // 创建 error 对象的方式 1
12   err1 := errors.New("自己创建的错误!")
13   fmt.Printf("err1 的类型:%T \n", err1)
14   // 创建 error 对象的方式 2
15   err2 := fmt.Errorf("错误的类型%d", 10)
16   fmt.Printf("err2 的类型:%T \n", err2)
17   // error 对象在函数中的使用
18   res , err3 := checkAge(-1)
```

```
19    if err3 != nil {
20        fmt.Println(err3)
21    } else {
22        fmt.Println(res)
23    }
24 }
```

错误也可以用实现了 error 接口的结构体来表示。这种方式可以更加灵活地处理错误。只要实现 Error( ) string 这种格式的结构体，就代表实现了该错误接口，返回值为错误的具体描述。使用结构体类型的方法提供错误的更多信息，具体的实现步骤如下所示。

- 定义一个结构体，表示自定义错误的类型。
- 让自定义错误类型实现 error 接口的方法 ：Error( ) string。
- 定义一个返回 error 的函数。根据程序实际功能而定。

自定义结构体的具体使用方式如例 8-3 所示。

例 8-3　自定义结构体

```
1  // 定义结构体,表示自定义错误的类型
2  type MyError struct {
3    When time.Time
4    What string
5  }
6  // 实现 Error()方法
7  func (e MyError) Error() string {
8    return fmt.Sprintf("%v : %v", e.When, e.What)
9  }
10  // 定义计算矩形面积的函数,返回 error 对象。
11  func getArea(width, length float64) (float64, error) {
12    errorInfo := ""
13    if width < 0 && length < 0 {
14        errorInfo = fmt.Sprintf("长度:%v, 宽度:%v, 均为负数", length, width)
15    } else if length < 0 {
16        errorInfo = fmt.Sprintf("长度:%v, 出现负数", length)
17    } else if width < 0 {
18        errorInfo = fmt.Sprintf("宽度:%v, 出现负数", width)
19    }
20    if errorInfo != "" {
21        return 0, MyError{time.Now(), errorInfo}
22    } else {
23        return width * length, nil
24    }
25  }
26  func main() {
27    area, err := getArea(-4, -5)
28    if err != nil {
29        if err, ok := err.(MyError); ok {
30            fmt.Println(err)
31            return
32        }
33    }
34    fmt.Println("矩形面积为 ", area)
35  }
```

在 main 函数中，先检查 err 是否为 nil。如果它的值不是 nil，则在下一行断言 MyError。然后打印相应的 error 内容并从程序返回。如果没有错误，就打印矩形面积。

8.2.4 引入包

Go 语言的作者建议只处理一次错误。处理错误意味着检查错误值并做出决定。使用标准库的方式对错误进行封装，会改变其类型并使类型断言失败。/pkg/errors 包是 Go 标准库 errors 的替代品。它提供了一些非常有用的操作用于封装和处理错误。

```
go get github.com/pkg/errors/
```

通过/pkg/errors 包的 Wrap 函数可以给一个错误加上一个字符串，将其“包装”成一个新的错误。具体的使用示例如例 8-4 所示。

例 8-4 /pkg/errors 包的使用

```
1  // 定义一个读取文件的函数
2  func ReadFile(path string) ([]byte, error) {
3    // 尝试打开文件,如果出错,则返回一个附加上“open failed”的错误信息
4    f, err := os.Open(path)
5    if err != nil {
6        return nil, errors.Wrap(err, "open failed")
7    }
8    defer f.Close()
9    // 尝试读文件,如果出错,则返回一个附加上“read failed”的错误信息
10    buf, err := ioutil.ReadAll(f)
11    if err != nil {
12        return nil, errors.Wrap(err, "read failed")
13    }
14    return buf, nil
15 }
16 func main() {
17    _, err := ReadFile(filepath.Join("E:/GoPath/go/", "config.txt"))
18    if err != nil {
19        fmt.Println(err)
20        // 获取更多打印信息
21        fmt.Printf("% +v \n", err)
22        os.Exit(1)
23    }
24 }
```

输出结果如下所示。

```
open failed: open E:\GoPath\go\config.txt: The system cannot find the file specified.
open E:\GoPath\go\config.txt: The system cannot find the file specified.
open failed
main.ReadFile
  E:/GoPath/go/src/MyBook/chapter08/04.go:14
main.main
  E:/GoPath/go/src/MyBook/chapter08/04.go:25
runtime.main
  E:/Go/src/runtime/proc.go:200
runtime.goexit
  E:/Go/src/runtime/asm_amd64.s:1337
```

因为没有添加相应配置文件，所以会出现以上错误。Wrap 使用堆栈跟踪返回一个错误注释。/pkg/errors 默认的 flag 是不打印堆栈信息的，因此需要加个'+' flag，例如，logErrorf（"%+v"，err）若只使用%v%s 则无法打印。

8.3 defer

Go 语言中的 defer 是在作用域结束之后执行函数的关键字，它的主要作用是在当前函数或者方法返回之前调用一些用于收尾的函数，如关闭文件描述符、关闭数据库连接以及解锁资源。defer 语句只能出现在函数或方法的内部。

8.3.1 执行顺序

通过 defer 机制，不论函数逻辑多复杂，都能保证在任何执行路径下，资源被释放。释放资源的 defer 应该直接跟在请求资源的语句后。

defer 的使用方式如例 8-5 和例 8-6 所示。

例 8-5 defer 的使用

```
1 func main() {
2   {
3       defer fmt.Println("defer runs")
4       fmt.Println("block ends")
5   }
6   fmt.Println("main ends")
7 }
```

从输出结果可以看出，defer 并不是在退出当前代码块的作用域时执行的，defer 只会在当前函数和方法返回之前被调用。接下来通过一个案例观察 defer 的执行顺序，如例 8-6 所示。

例 8-6 defer 的执行顺序

```
1 func main() {
2   defer fmt.Println("first")
3   {
4       defer fmt.Println("a")
5       defer fmt.Println("b")
6       defer fmt.Println("c")
7   }
8   for i := 0; i < 3; i++ {
9       defer fmt.Println(i)
10   }
11 }
```

由输出结果可以看出，如果一个函数内可以添加多个 defer 语句并且有很多 defer 调用，当函数执行到最后时，这些 defer 语句会按照逆序执行。

8.3.2 值传递

Go 语言中所有的函数调用其实都是值传递的调用，defer 虽然是一个关键字，但是也继承了这个特性。具体的使用示例如例 8-7 所示。

例 8-7 defer 函数的值传递

```
1 func main() {
2   a, b := 1, 2
```

```
3    defer func(x int) { // a 以值传递方式传给 x
4        fmt.Println("defer:", x, b) // b 闭包引用
5    }(a)
6    a += 10
7    b += 10
8    fmt.Println("main:", a, b)
9  }
```

延迟函数的参数在执行延迟语句时被执行，而不是在执行实际的函数调用时执行。因为 defer 调用时会对参数进行拷贝，*a* 以值的方式拷贝给了 *x*，所以 *x* 的值为 1，而闭包中的 *b* 实际上是引用了外部变量 *b*，所以 *b* 的值为 12。如果想要以引用的方式传递参数，还需要传指针。

defer 中返回值的读写操作如例 8-8 所示。

例 8-8　defer 中的返回值

```
1  func doDefer() (rev int) {
2    defer func() {
3        // 闭包,引用外部变量
4        rev++
5    }()
6    return 1
7  }
8  func doDefer1() (rev int) {
9    v := 100
10    defer func() {
11        // 值拷贝
12        v++
13    }()
14    return v
15  }
16  func main() {
17    fmt.Println(doDefer())
18    fmt.Println(doDefer1())
19  }
```

函数返回的过程：先给返回值赋值，然后调用 defer 表达式，最后返回到调用函数中。defer 声明的匿名函数会在 return 之前执行，所以在 doDefer 函数中，相当于发生了如下过程。

```
rev =1
// 执行 defer 方法
rev++
// 然后 return
return
```

在 doDefer1 函数中，defer 函数是对局部变量 v 的操作，与返回的 rev 没有关系，所以结果为 100。defer 表达式可能会在设置函数返回值之后和返回到调用函数之前，修改返回值，使最终的函数返回值与我们想象的不一致。

8.4　异常处理

8.4.1　panic

Go 语言系统会在编译时捕获一些错误，但是某些错误只能在程序运行时检查，如数组访问越

界、空指针引用等情况。这些在运行时检查出的错误会引起 panic 异常。

当 panic 异常发生时，Go 程序会停止运行，并执行在发生 panic 的 goroutine 中的 defer 函数，然后程序退出并输出日志信息。其中，日志信息包括 panic value（引发 panic 的错误信息）和函数调用的堆栈跟踪信息。开发者可以根据日志信息去定位问题。

下面通过数组访问越界的方式观察 panic 的产生，如例 8-9 所示。

例 8-9　数组访问越界产生 panic

```
1  func TestA(x int) {
2    var a [20]int
3    a[x] = 1000 // x 值为 101 时,数组越界
4  }
5  func TestB() {
6    fmt.Println("func TestB()")
7  }
8  func main() {
9    TestA(21)// TestB()发生异常,中断程序
10    TestB()
11  }
```

输出结果如下所示。

```
panic: runtime error: index out of range

goroutine 1 [running]:
main.TestA(...)
  E:/GoPath/go/src/MyBook/chapter08/09.go:5
main.main()
  E:/GoPath/go/src/MyBook/chapter08/09.go:12 +0x12
```

从以上结果可以看出，在 main 函数调用的 TestA 函数中发生了 panic，panic 的 value 显示 index out of range（索引超出范围）。

在程序中直接调用内置的 panic 函数也会发生 panic 异常。

panic 内置函数的定义如下所示。

```
func panic(v interface{})
```

panic 函数的传入参数为 interface{}类型，这就意味着开发者可以传入任何类型的值。

panic 内置函数的使用示例如例 8-10 所示。

例 8-10　panic 内置函数

```
1  func TestA() {
2    panic("func TestA(): panic")
3  }
4  func TestB() {
5    fmt.Println("func TestB()")
6  }
7  func main() {
8    TestA()
9    TestB()
10  }
```

输出结果如下所示。

```
panic:func TestB(): panic

goroutine 1 [running]:
main.TestA(...)
  E:/GoPath/go/src/MyBook/chapter08/10.go:4
main.main()
  E:/GoPath/go/src/MyBook/chapter08/10.go:10 +0x41
```

以上结果已经输出了自定义 panic 的 value，并且程序退出，没有执行 TestB。

8.4.2 recover

recover 英文有恢复和重新获得的意思。在 Go 语言中，recover 能够捕获到 panic 并阻止 panic 传递。recover 让程序恢复，必须在 defer 函数中执行。换言之，recover 仅在延迟函数（defer）中有效。具体的使用示例如例 8-11 所示。

例 8-11 recover 的使用

```
1  func funcA() {
2    defer func() {
3        msg := recover()
4        fmt.Println("funcA 中,获取 recover 的返回值:", msg)
5    }()
6  }
7  func funcB() {
8    defer func() {
9        msg := recover()
10         fmt.Println("funcB 中,获取 recover 的返回值:", msg)
11     }()
12    panic("funcB 发生了 panic")
13  }
14  func main() {
15    funcA()
16    funcB()
17    fmt.Println("main over")
18  }
```

输出结果如下所示。

```
funcA 中,获取 recover 的返回值: <nil>
funcB 中,获取 recover 的返回值: funcB 发生了 panic
main over
```

由以上结果可以看出，程序在正常的执行过程中（没有产生 panic）直接调用 recover 会返回 nil。如果当前的 goroutine 陷入了 panic，调用 recover 可以捕获到 panic 的输入值，并且恢复正常的执行。

不区分异常就去恢复所有的 panic 是不可取的做法。因为在 panic 之后，无法保证包级变量的状态仍然和预期一致。例如，对数据结构的操作没有完成，网络链接没有关闭，没有释放锁等。此外，如果不区分 recover 写日志时产生的 panic，可能会导致漏洞被忽略。

即使集中处理 panic 有助于简化对复杂和不可以预料问题的处理，比如我们无法确保调用者传入的回调函数是安全的，开发者也不应该 recover 其他包以及由他人开发的函数引起的 panic。公有的 API 应该将函数的运行失败作为 error 返回，而不是 panic。

安全的做法是有选择性地进行 recover，只 recover 那些应该被恢复的 panic。在日常开发中，应该尽可能降低这些被 recover 的 panic 所占的比例。为了标识某个 panic 是否应该被恢复，开发人员可以将 panic value 设置成特殊类型。在 recover 时对 panic value 进行检查，如果发现 panic value 是特殊类型，就将这个 panic 作为 errror 处理，如果不是，则按照正常的 panic 进行处理。

通常情况下不应该对 panic 做任何处理，但在某些情况下也可以从异常中恢复，或者在程序崩溃前进行一些操作。例如，当服务器遇到不可预知的严重问题时，在程序产生 panic 前应该将所有的连接关闭；如果不做任何处理，会使得客户端一直处于等待状态。如果服务器还在开发阶段，服务器甚至可以将异常信息反馈到客户端以帮助调试。有些情况下 panic 无法恢复，某些致命错误会导致 Go 在运行时终止程序，如内存不足。

8.4.3 实现原理// 可以删除

panic 和 recover 关键字会在编译期间被 Go 语言编译器转换成 opanic 和 orecover 类型的节点并进一步转换成 gopanic 和 gorecover 两个运行时的函数调用。

1. 数据结构

panic 由一个数据结构表示，每当开发者调用一次 panic 函数，都会创建一个结构体存储相关的信息，具体的结构体定义如下所示。

```
type _panic struct {
    argp      unsafe.Pointer          // 指向 defer 调用时参数的指针
    arg       interface{}             // 调用 panic 时传入的参数
    link      * _panic                // 指向了更早调用的_panic 结构
    recovered bool                    // 表示当前_panic 是否被 recover 恢复
    aborted bool                      // 表示当前的 panic 是否被强行终止
}
```

从_panic 的结构体定义可以推测出，panic 函数可以被连续多次调用，它们之间通过 link 的关联形成一个链表。

2. 崩溃

首先了解一下 panic 函数终止程序的原理，gopanic 函数的具体实现如下所示。

```
func gopanic(e interface{}) {
    // 获取当前 panic 调用所在的 Goroutine
    gp := getg()
    // ...
    // 创建并初始化一个_panic 结构体
    var p _panic
    p.arg = e
    p.link = gp._panic
    gp._panic = (* _panic)(noescape(unsafe.Pointer(&p)))
    for {
        // 从当前 Goroutine 中的链表获取一个_defer 结构体
        d := gp._defer
        if d == nil {
            break
        }

        d._panic = (* _panic)(noescape(unsafe.Pointer(&p)))
```

```
        p.argp = unsafe.Pointer(getargp(0))
        // 调用 reflectcall 执行_defer 的代码
        reflectcall(nil, unsafe.Pointer(d.fn), deferArgs(d), uint32(d.siz), uint32(d.siz))
        p.argp = nil

        d._panic = nil
        d.fn = nil
        // 将下一位的_defer 结构设置到 Goroutine
        gp._defer = d.link

        pc := d.pc
        sp := unsafe.Pointer(d.sp)
        freedefer(d)
        if p.recovered {
            // 省略 recover 相关的代码
        }
    }
    // 调用 fatalpanic 中止整个程序
    fatalpanic(gp._panic)
    * (* int)(nil) = 0
}
```

fatalpanic 函数在中止整个程序之前会打印出全部的 panic 消息以及调用时传入的参数，具体源码如下所示。

```
func fatalpanic(msgs * _panic) {
    pc := getcallerpc()
    sp := getcallersp()
    gp := getg()
    var docrash bool
    systemstack(func() {
        if startpanic_m() && msgs != nil {
            atomic.Xadd(&runningPanicDefers, -1)
            printpanics(msgs)
        }
        docrash = dopanic_m(gp, pc, sp)
    })

    if docrash {
        crash()
    }

    systemstack(func() {
        exit(2)
    })

    * (* int)(nil) = 0 // not reached
}
```

由以上代码可知，fatalpanic 函数在最后会通过 exit 退出当前程序，并返回错误码（2），不同的操作系统实现 exit 函数的方式不同，最终都能够通过 exit 实现程序的退出。

3. 恢复

recover 关键字对应函数 gorecover 的源码实现如下所示。

```
func gorecover(argp uintptr) interface{} {
    p := gp._panic
    if p != nil && ! p.recovered && argp == uintptr(p.argp) {
        p.recovered = true
        return p.arg
    }
    return nil
}
```

gorecover 函数的实现非常简单，就是修改了_panic 结构体的 recovered 字段，当前函数的调用全部发生在 gopanic 期间。gopanic 函数从_defer 结构体中取出了程序计数器 pc 和栈指针 sp，并调用 recovery 方法进行调度，调度之前会准备好 sp、pc 以及函数的返回值。

8.5 内存管理

8.5.1 内存分区

代码经过预处理、编译、汇编、链接 4 步后，会生成一个可执行程序。在 Linux 环境下，可以通过 size 命令查看文件的内存情况，如下所示。

```
[root@ worker]# size demo
text        data      bss       dec          hex       filename
10328433    403200    200736    10932369     a6d091    demo
```

通过以上输出结果可知，程序没有加载到内存之前，可执行程序内部已经分好三段信息，分别为代码区（text）、全局初始化数据区/静态数据区（data）和未初始化数据区（bss）。业界也有一部分人直接将 data 和 bss 合称为静态区或全局区。程序被操作系统加载到内存中之后，其内存结构如图 8.1 所示。

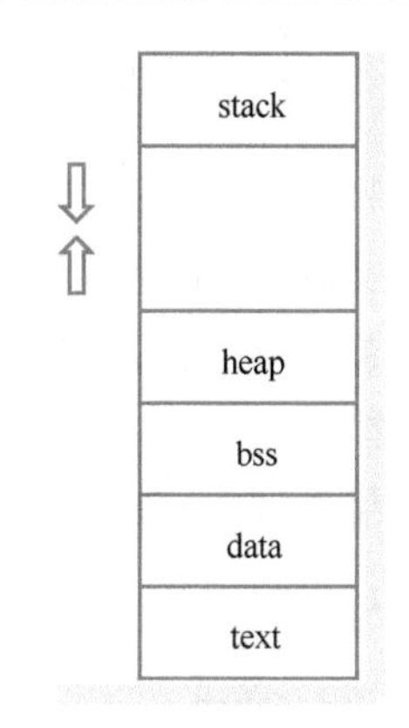

● 图 8.1 内存结构

1. 代码区

代码区（text）用于存放 CPU 执行的机器指令。通常情况下，代码区可共享（其他执行程序可以调用它），使其可共享的目的是确保对于频繁被执行的程序，只需要在内存中有一份代码即可（提高代码复用性）。代码区通常是只读的，使其只读是为了防止程序意外地修改了它的指令。另外，代码区还规划了局部变量的相关信息。

2. 全局初始化数据区/静态数据区

全局初始化数据区/静态数据区（data）区包含了在程序中明确被初始化的全局变量、已经初始化的静态变量（包括全局静态变量和局部静态变量）和常量数据（如字符串常量）。

3. 未初始化数据区

未初始化数据区（bss）存入的是全局未初始化变量和未初始化静态变量。未初始化数据区的数据在程序开始执行之前被内核初始化为 0 或者空（nil）。

程序在加载到内存前，代码区和全局区（data 和 bss）的大小就是固定的，程序运行期间不能改变。运行可执行程序时，系统把程序加载到内存，除了根据可执行程序的信息分出代码区、数据区和未初始化数据区之外，还额外增加了栈区（stack）、堆区（heap）。

4. 栈区

栈（stack）是一种先进后出的内存结构，内存由编译器管理（申请，分配，释放），存放函数的参数值、返回值、局部变量等。在程序运行过程中实时加载和释放，因此，局部变量的生存周期为申请到释放该段栈空间。

5. 堆区

堆（heap）是一个大容器，它的容量要远远大于栈，但没有栈那样先进后出的顺序，用于动态内存分配。堆在内存中位于未初始化数据区和栈区之间。堆内存通常为开发者手动进行管理（申请、分配、释放），所涉及的内存大小不固定，一般会存放较大的对象。另外其分配相对慢，涉及的指令动作也相对较多。

根据语言的不同（如 C 语言、C++语言），一般由程序员分配和释放，若程序员不释放，程序结束时由操作系统回收。Go、Java、Python 等语言都有垃圾回收机制（GC），用来自动释放内存。

6. 代码中的栈和堆

开发者在编写代码时可能会对变量的内存究竟分配在哪里有疑问，内存的分配在 C++中非常明确，局部的非 static 自定义变量分配在栈上，而通过 new 分配的内存在堆上。在 Go 语言中，通过 new 申请的内存未必在堆上，具体分配在哪里由编译器决定。如果编译器考虑到该变量可能会被外部引用，或者申请的内存过大，编译器就会在堆上申请内存，否则都是在栈上申请。

在栈上申请内存的代码示例如下所示。

```
func F() {
    tmp := make([]int, 0, 10)
    ...
}
```

类似于上述代码里面的 tmp 变量，只是函数内部申请的临时变量，并不会作为返回值返回，它就是被编译器申请到栈里面。申请到栈内存的好处是，函数返回时直接释放，不会引起垃圾回收，对性能没有影响。

接下来看一小段关于堆内存的代码，如下所示。

```
func F() []int{
    a := make([]int, 0, 10)
    return a
}
```

上述代码中，编译器会认为变量 *a* 在执行 F()函数之后还会被使用，当函数返回之后并不会将其内存归还，那么它就会被申请到堆上。

申请到堆上的内存才会引起垃圾回收，如果垃圾回收被触发的频率过高，就会导致垃圾回收压力过大，进而影响程序的性能。

接下来再看一段代码，如下所示。

```
func F() {
  a := make([]int, 0, 20)          // 申请空间小,分配到栈上
  b := make([]int, 0, 20000)       // 申请空间过大,分配到堆上
```

```
    c := make([]int, 0, len)          // 动态分配空间,长度不确定,分配到栈上
}
```

像 b 这种即使是临时变量，申请过大也会在堆上面申请。编译器对于变量 c 这种不定长度的申请方式，也会在堆上面申请，即使申请的长度很短。

8.5.2 Go Runtime 内存分配

Go 语言内置的 Runtime 抛弃了传统的内存分配方式，改为自主管理。这样可以自主地实现更好的内存使用模式，比如内存池、预分配等，这样就不会在每次内存分配时都进行系统调用。内存管理一般包含三个不同的组件，分别是用户程序（Mutator）、分配器（Allocator）和收集器（Collector）。堆中的对象由内存分配器分配并由垃圾收集器回收。

Go 语言运行时的内存分配算法主要源自 Google 为 C 语言开发的 TCMalloc（Thread-Caching Malloc）算法。其核心思想就是把内存分为多级管理，从而降低锁的粒度。它将可用的堆内存采用二级分配的方式进行管理。每个线程都会自行维护一个独立的内存池，进行内存分配时优先从该内存池中分配，当内存池不足时才会向全局内存池申请，以避免不同线程对全局内存池的频繁竞争。

1. 基本策略

Go 程序申请内存时，会通过内存分配器申请新的内存。内存分配器会一次性从操作系统申请一大块内存，以减少系统调用次数。内存分配器会将申请的大块内存按照特定的大小预先切分成小块，构成链表。为对象分配内存时，只需从大小合适的链表提取一个小块即可。回收对象内存时，将该小块内存重新归还到原链表，以便复用。如果闲置内存过多，则尝试归还部分内存给操作系统，降低整体的系统开销。

需要注意的是，内存分配器只管理内存块，并不关心具体的对象状态，而且不会主动回收。垃圾回收机制在完成清理操作后，触发内存分配器的回收操作。

2. 内存管理单元

Go 语言程序在启动时，会先向操作系统申请一块内存，切成小块后自己进行管理。申请到的内存块被分配给三个区域，在 X64 上分别占用 512MB、16GB、512GB 大小的内存，如图 8.2 所示。需要注意的是，此时还只是一段虚拟的地址空间，并不会真正地分配内存。

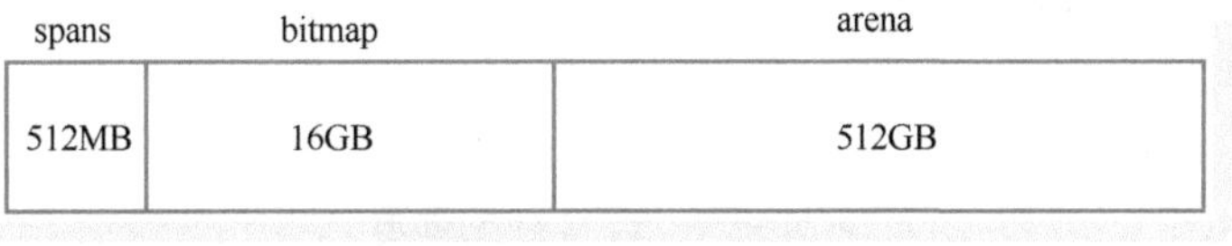

spans	bitmap	arena
512MB	16GB	512GB

● 图 8.2　内存结构

arena 区域就是所谓的堆区，Go 动态分配的内存都是在该区域，它把内存分割成 8KB 大小的页，一些页组合起来称为 mspan。

bitmap 区域标识 arena 区域哪些地址保存了对象，并且用 4bit 标识位表示对象是否包含指针、GC 标记信息。bitmap 中 1B（byte）大小的内存对应 arena 区域中 4 个指针大小（在 64 位系统上，一个指针的大小为 8 B）的内存，所以 bitmap 区域的大小是 512GB/(4 * 8B) = 16GB。

spans 区域存放 mspan 的指针，每个指针对应一页，所以 spans 区域的大小就是 512GB/8KB *

8B=512MB。除以 8KB 是计算 arena 区域的页数，而最后乘以 8 是计算 spans 区域所有指针的大小。

3. 内存管理组件

内存分配由内存分配器完成。分配器由 3 种组件构成，分别为 cache、central 和 heap。

- cache：每个运行期工作线程都会绑定一个 mcache，用来在本地缓存可用的 mspan 资源。mcache 用 Span Classes 作为索引管理多个用于分配的 mspan，它包含所有规格的 mspan。为了加速之后内存回收的速度，数组里一半的 mspan 中分配的对象不包含指针，另一半则包含指针。对于无指针对象的 mspan 在进行垃圾回收时无需进一步扫描它是否引用了其他活跃的对象。mcache 的结构体定义如下所示。

```
type mcache struct {
    alloc [numSpanClasses]* mspan// 以 numSpanClasses 为索引管理多个用于分配的 span
}
```

- central：为所有 cache 提供切分好的后备 span 资源。每个 central 保存一种特定大小的全局 mspan 列表。每个 mcentral 对应一种 mspan，而 mspan 的种类导致它分割的对象大小不同。
- heap：代表 Go 程序持有的所有堆空间，Go 程序使用一个 mheap 的全局对象_mheap 来管理堆内存，需要时向操作系统申请内存。

当 mcentral 没有空闲的 mspan 时，会向 mheap 申请。而 mheap 没有资源时，会向操作系统申请新内存。mheap 主要用于大对象的内存分配，以及管理未切割的 mspan，用于给 mcentral 切割成小对象。

4. 分配流程

mcache 和处理器（Processor，P）是一一对应的关系，这代表着每一个 P 都有一个 mcache 成员。当 Goroutine 申请内存时，首先从其所在的 P 的 mcache 中分配，如果 mcache 没有可用 span，再从 mcentral 中获取，并填充到 mcache 中。整体的内存分配模型如图 8.3 所示。

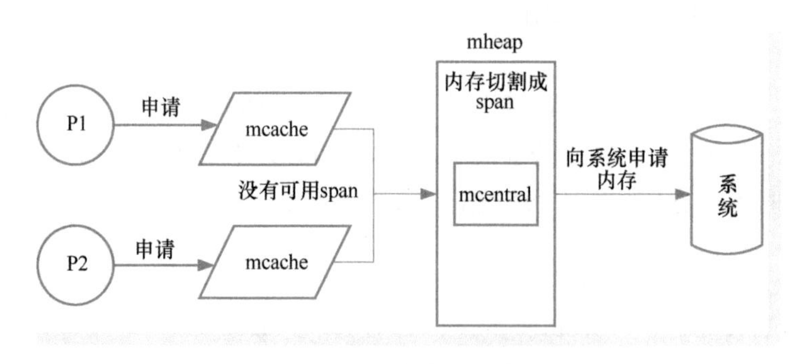

● 图 8.3 内存分配模型

释放内存的流程如下。

首先将标记为可回收的 object 交还给所属的 span.freelist。该 span 被放回 central，可以提供 cache 重新获取。如果 span 已全部回收 object，将其交还给 heap，以便重新分切复用。定期扫描 heap 里闲置的 span，释放其占用的内存。

需要注意的是，上述流程不包含大对象，它直接从堆中分配和释放。

5. 总结

Go 语言的内存分配非常复杂，它会尽量复用内存资源。Go 在程序启动时，会向操作系统申请一大块内存，之后自行管理。Go 内存管理的基本单元是 mspan，它由若干个页组成，每种 mspan 可以分配特定大小的对象（object）。一般小对象通过 mspan 分配内存；大对象则直接由 mheap 分配内存。

8.5.3　逃逸分析

逃逸分析是在编译程序优化理论中的一种确定指针动态范围的方法，具体是指分析在程序的哪些位置能够访问到该指针，其目的是确定一个变量到底要放在堆上还是栈上，具体规则如下所示。

- 变量是否有在其他区域（非局部）被引用。只要有被引用的可能，那么它一定分配到堆上。否则分配到栈上。
- 变量即使没有被外部引用，但如果对象过大，也无法存放在栈区上，依然有可能分配到堆上。

开发者可以理解为，逃逸分析是编译器用于决定变量分配到堆上还是栈上的一种行为。需要注意的是，要在程序的编译阶段确立逃逸，而不是在运行时。

逃逸分析首先能够减少垃圾回收（GC）的压力，栈上的变量随着函数退出后被系统直接回收，不需要 GC 标记后再清除；其次能够减少内存碎片的产生；最后能够减轻分配堆内存的开销，提高程序的运行速度。

总而言之，频繁地申请和分配堆内存需要付出一定的“代价”，会影响应用程序运行的效率，进而影响到整个系统。因此，以“按需分配”的方式，最大限度地利用资源才是正确的处理方法。

1. 指针逃逸

Go 语言可以返回局部变量的指针，这种情况就会发生逃逸，具体代码如例 8-12 所示。

例 8-12　因外部引用而发生逃逸

```
1  type Student struct {
2    Name string
3    Sex string
4    Age int
5}
6  func GetStudent(name ,sex string,age int) * Student {
7    s := new(Student) // 局部变量 s 逃逸到堆
8    s.Name = name
9    s.Sex = sex
10    s.Age = age
11    return s
12  }
13  func main() {
14    GetStudent("Jim", "female",18)
15  }
```

在终端通过如下运行命令查看逃逸分析日志。

```
go build -gcflags=-m
```

输出结果如下所示。

```
.\12.go:8:6: can inline GetStudent
.\12.go:15:6: can inline main
.\12.go:16:12: inlining call to GetStudent
```

```
.\12.go:8:17: leaking param: name
.\12.go:8:23: leaking param: sex
.\12.go:9:10: new(Student) escapes to heap
.\12.go:16:12: main new(Student) does not escape
```

由以上结果可以看出，输出结果显示“escapes to heap”，代表该行内存分配发生了逃逸现象。虽然在 GetStudent 函数内部的 s 是局部变量，但该值通过函数的返回值返回，s 变量本身就是 1 个指针，指向的内存地址不会是栈而是堆，这就是典型的逃逸案例。

2. 栈空间不足逃逸（空间开辟过大）

栈空间不足而产生逃逸的示例如例 8-13 所示。

例 8-13　因栈空间不足而产生逃逸

```
1  func GetSlice() {
2    s := make([]int, 1000, 1000)
3
4    for index, _ := range s {
5        s[index] = index
6    }
7  }
8
9  func GetBigSlice() {
10   s := make([]int, 9000, 9000)
11
12   for index, _ := range s {
13       s[index] = index
14   }
15 }
16
17 func main() {
18   GetSlice()
19   GetBigSlice()
20 }
```

在终端运行如下命令查看逃逸分析日志。

```
go build -gcflags=-m
```

输出结果如下所示。

```
.\13.go:4:11: GetSlice make([]int, 1000, 1000) does not escape
.\13.go:12:11: make([]int, 9000, 9000) escapes to heap
```

例 8-13 中，GetSlice()函数中分配了一个长度为 1000 的切片，没有产生逃逸。当切片长度扩大到 9000 时就会逃逸。实际上当栈空间不足以存放当前对象或无法判断当前切片长度时，会将对象分配到堆中。

3. 动态类型逃逸（不确定长度大小）

很多函数参数为 interface 类型，比如 fmt.Println（a …interface{}），编译期间很难确定其参数的具体类型，也能产生逃逸。详情如例 8-14 所示。

例 8-14　动态类型逃逸

```
1  func main() {
2    s := "string"
```

```
3    fmt.Println(s)
4  }
```

在终端通过如下命令查看逃逸分析日志。

```
go build -gcflags=-m
```

输出结果如下所示。

```
.\14.go:5:6: can inline main
.\14.go:7:13: inlining call to fmt.Println
.\14.go:7:13: s escapes to heap
.\14.go:7:13: io.Writer(os.Stdout) escapes to heap
.\14.go:7:13: main []interface {} literal does not escape
<autogenerated>:1: os.(* File).close .this does not escape
<autogenerated>:1: os.(* File).isdir .this does not escape
```

由以上结果可知，输出结果发生了逃逸。

4. 闭包引用对象逃逸

闭包引用对象逃逸的示例如例 8-15 所示。

例 8-15　闭包引用对象逃逸

```
1  func Fibonacci() func() int {
2    a, b := 0, 1
3    return func() int {
4        a, b = b, a+b
5        return a
6    }
7  }
8  func main() {
9    f := Fibonacci()
10    for i := 0; i < 10; i++ {
11        fmt.Printf("Fibonacci: % d\n", f())
12    }
13  }
```

在终端运行如下命令查看逃逸分析日志。

```
go build -gcflags=-m
```

输出结果如下所示。

```
.\15.go:7:9: can inline Fibonacci.func1
.\15.go:17:13: inlining call to fmt.Printf
.\15.go:7:9: func literal escapes to heap
.\15.go:7:9: func literal escapes to heap
.\15.go:8:10: &b escapes to heap
.\15.go:6:5: moved to heap: b
.\15.go:8:13: &a escapes to heap
.\15.go:6:2: moved to heap: a
.\15.go:17:34: f() escapes to heap
.\15.go:17:13: io.Writer(os.Stdout) escapes to heap
.\15.go:17:13: main []interface {} literal does not escape
<autogenerated>:1: os.(* File).close .this does not escape
<autogenerated>:1: os.(* File).isdir .this does not escape
```

Fibonacci()函数中原本属于局部变量的 *a* 和 *b* 由于闭包的引用，不得不放到堆上，以致产生逃逸。

在实际开发过程中，开发人员应避免盲目使用变量的指针作为函数参数，虽然它会减少复制操作。但其实当参数为变量本身时，复制是在栈上完成的操作，开销远比变量逃逸后动态地在堆上分配内存少得多。

Go 的编译器大多时候在处理逃逸分析问题上都非常优秀，但有时也会处理得比较粗糙，或者完全放弃处理，这就需要在编写代码时多注意这些问题。

在 Go 语言官网上有一个关于变量分配的问题：如何得知变量是分配在栈上还是堆上？

准确地说，开发者并不需要知道。Go 语言中的变量只要被引用就一直会存活，存储在堆上还是栈上由内部实现决定，和具体的语法没有关系。

知道变量的存储位置确实和效率编程有关系。如果可能，Golang 编译器会将函数的局部变量分配到函数栈帧（stack frame）上。然而，如果编译器不能确保变量在函数 return 之后不再被引用，编译器就会将变量分配到堆上。而且，如果一个局部变量非常大，那么它也应该被分配到堆上而不是栈上。

当前情况下，如果一个变量被取地址，那么它就有可能被分配到堆上。然而，还要对这些变量做逃逸分析，如果函数 return 之后，变量不再被引用，则将其分配到栈上。

8.5.4 语法糖

语法糖（Syntactic Sugar）也译为糖衣语法，是由英国计算机科学家彼得·J. 兰达（Peter J. Landin）发明的一个术语，指计算机语言中添加的某种语法，这种语法对语言的功能并没有影响，但是更方便程序员使用。

通常来说使用语法糖能够增加程序的可读性，从而减少程序代码出错的机会。结构体和数组中都含有语法糖，具体的体现如例 8-16 所示。

例 8-16　结构体和数组中的语法糖

```
1  // 定义结构体 Emp
2  type Emp struct {
3    name string
4    age int8
5    sex byte
6  }
7  func main() {
8    // 使用 new()内置函数实例化 struct
9    emp1 := new(Emp)
10    fmt.Printf("emp1: %T , %v , %p \n", emp1, emp1, emp1)
11    (* emp1).name = "David"
12    (* emp1).age = 30
13    (* emp1).sex = 1
14    // 语法糖写法
15    emp1.name = "David2"
16    emp1.age = 31
17    emp1.sex = 1
18    fmt.Println(emp1)
19    fmt.Println("-----------------")
```

```
20    SyntacticSugar()
21  }
22  func SyntacticSugar() {
23    // 数组中的语法糖
24    arr := [4]int{10, 20, 30, 40}
25    arr2 := &arr
26    fmt.Println((* arr2)[len(arr)-1])
27    fmt.Println(arr2[0])
28    // 切片中的语法糖
29    arr3 := []int{100, 200, 300, 400}
30    arr4 := &arr3
31    fmt.Println((* arr4)[len(arr)-1])
32  }
```

语法糖是一种便捷的语法格式，能够为开发人员带来便利，编译器会帮助开发人员做相应的转换。语法糖能够在不降低性能的基础上，提高开发的效率。

8.5.5　垃圾回收

垃圾回收（Garbage Collection，GC）在计算机科学中是一种自动的存储器管理机制。当计算机程序申请的内存不再需要时，就应该将内存释放，还给操作系统。在 C/C++中，这种释放内存的工作需要开发者来做。而一些高级编程语言（如 Java 等）会自动释放这些被程序认为不再需要的内存，这种方式不仅能够有效减少程序员犯错的机会，还能够提高开发效率。

垃圾回收是一个守护线程，它的作用是监控各个对象的状态，识别并且丢弃不再使用的对象来释放和重用资源。

在 Go 语言中，GC 算法的进化如下。

- 在 1.3 以前的版本使用标记-清除（Mark & Sweep）的方式，整个过程都需要 STW（Stop The World）。
- 从 1.3 版本开始，分离了标记和清扫的操作，标记过程 STW，清除过程并发执行。
- 从 1.5 版本开始，在标记过程中使用三色标记法。
- 从 1.8 版本开始，使用混合写屏障（Hybrid Write Barrier）。

经典的 GC 算法有三种：引用计数（Reference Counting）、标记-清除和复制收集（Copy and Collection）。Go 语言中使用的垃圾回收机制是三色标记法配合写屏障（Write Barrier）和辅助 GC（Mutator Assist），三色标记法是标记-清除法的一种增强版本。

1. 标记-清除法

原始的标记清除法分为标记和清除两个步骤。标记时首先进行 STW，即暂停整个程序的所有正在运行的线程，然后将被引用的对象进行标记。清除的过程就是将没有被标记的对象回收，即回收内存资源，然后恢复运行线程。

这样做有个很大的问题，就是要通过 STW 保证 GC 期间标记对象的状态不能变化，整个程序都要暂停，在外部看来程序就会出现卡顿现象。

2. 三色标记法

三色标记法是一种并发标记方法，它是描述追踪式回收器的一种有效的方法。三色标记法将对象分成黑色、灰色、白色 3 种类型，具体描述如下。

- 黑色：对象是根对象，或者该对象与它的子对象都被扫描过。
- 灰色：对象本身已经被扫描，但是该对象的子对象还没有被标记完成。
- 白色：对象未被扫描，当扫描完成所有对象之后，剩下的白色对象为不可达对象，即垃圾对象。

垃圾收集器有 3 个集合，分别为黑色、灰色和白色，分别对应对象的 3 种类型。三色标记法是对标记-清除法的标记阶段的改进，它是一个并发的 GC 算法，其原理如下所示。

1）首先创建三个集合：白、灰、黑。

2）将所有对象放入白色集合中，如图 8.4 所示。

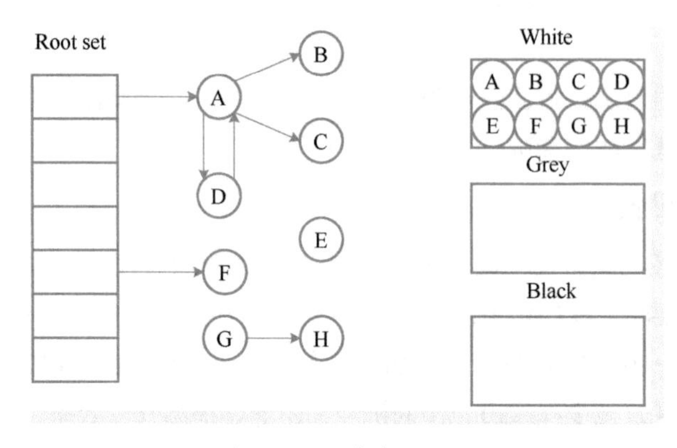

● 图 8.4　三色标记（一）

3）然后从根节点开始遍历所有对象（注意这里并不递归遍历），把遍历到的对象从白色集合放入灰色集合，如图 8.5 所示。

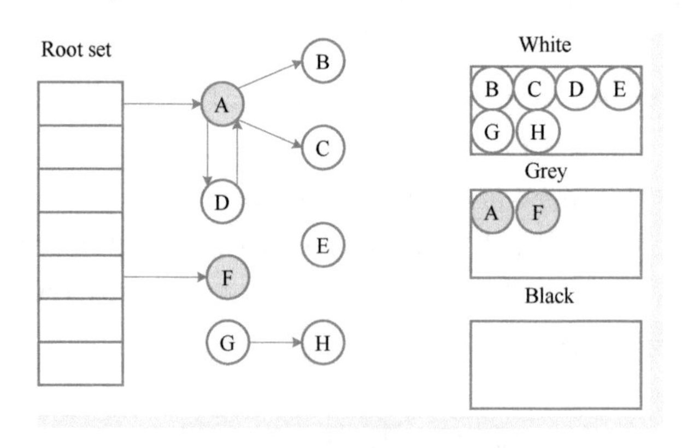

● 图 8.5　三色标记（二）

4）之后遍历灰色集合，将灰色对象引用的对象从白色集合放入灰色集合，之后将此灰色对象放入黑色集合，如图 8.6 所示。

5）重复步骤 4）直到灰色中无任何对象，如图 8.7 所示。

6）通过写屏障（Write Barrier）检测对象有变化，重复以上操作。

7）收集所有白色对象（垃圾）。

三色标记法能够实现“on-the-fly”，即在程序正常运行的情况下完成垃圾收集，并不需要暂停

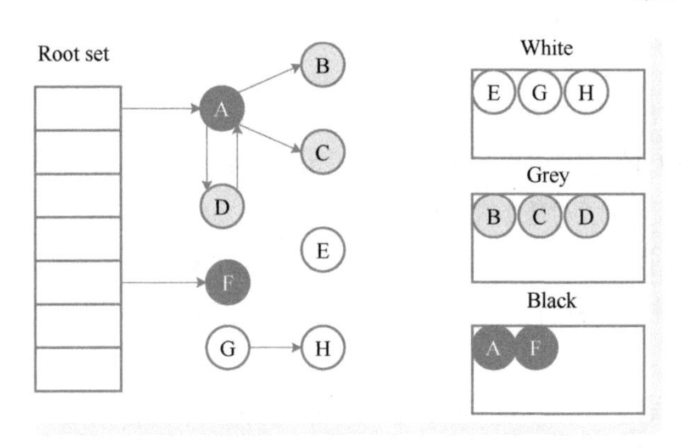

● 图 8.6　三色标记（三）

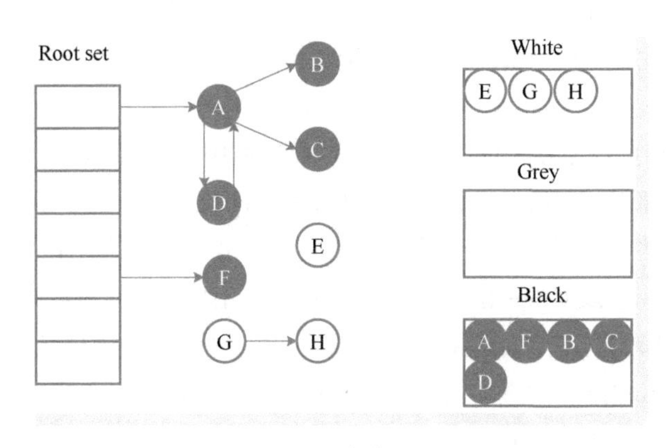

● 图 8.7　三色标记（四）

整个程序。但是使用该方法时，垃圾产生的速度可能会大于垃圾收集的速度，这样就会导致程序中的垃圾越来越多，无法被收集。

3. GC 的工作方式

上面介绍的三色标记算法并没有体现出如何减少 STW 对程序的影响。这是因为 GC 的大部分处理和用户代码并行。GC 期间，用户编写的代码可能会改变某些对象的状态，GC 和用户代码并行的实现方式如下所示。

- Mark Prepare：初始化 GC 任务，包括开启写屏障（Write Barrier）和辅助 GC、统计 root 对象的数量等。该过程会引发 STW。
- GC Drains：扫描所有 root 对象，包括全局指针和 Goroutine 栈上的指针（扫描对应 Goroutine 栈时需要停止该 Goroutine），将其加入标记队列（灰色队列），并循环处理灰色队列的对象，直到灰色队列为空。该过程在后台并行执行。
- Mark Termination：标记工作完成后，重新扫描全局指针和栈。因为标记过程和用户进程并行，所以在标记过程中可能会有新的对象分配和指针赋值，此时需要通过写屏障记录，再通过重新扫描的方式检查一遍。此过程也会发生 STW。
- Sweep：按照标记的结果回收所有白色对象，该过程后台并行执行。
- Sweep Termination：对未清除的对象进行清除，只有上一轮的 GC 的清除工作完成才可以开始新一轮的 GC。

4. 写屏障

写屏障可以保证：和之后的写操作相比，该屏障之前的写操作先被系统其他组件感知。因为 Go 语言支持并行 GC，GC 的扫描和用户编写的代码可以同时运行，这样带来的问题是 GC 扫描的过程中 Go 语言代码有可能改变了对象的依赖树。

每一轮 GC 开始时会初始化一个“屏障”，然后由它记录第一次扫描时各个对象的状态，以便与第二次重新扫描进行对比，引用状态变化的对象会被标记为灰色，以防止丢失，将屏障前后状态未变化对象处理。

Go 语言 1.8 版本以后的 GC 采用混合写屏障（Hybrid Write Barrier）。混合写屏障的优势在于它允许堆栈扫描永久地使堆栈变黑（没有 STW 并且没有写入堆栈的障碍），这完全消除了堆栈重新扫描的需要，从而消除了对堆栈屏障的需求，重新扫描列表。特别是堆栈障碍在整个运行时引入了显著的复杂性，并且干扰了来自外部工具（如 GDB 和基于内核的分析器）的堆栈遍历。

5. 辅助 GC

辅助 GC 是指为了防止内存分配过快，在 GC 执行过程中，如果 Goroutine 需要分配内存，那么这个 Goroutine 会参与一部分 GC 的工作，即帮助 GC 做一部分工作，这个机制叫作 Mutator Assist。

Go 语言的 GC 能够将单词暂停时间分散，程序的执行过程会由“用户代码→大段 GC→用户代码”分散成“用户代码→小段 GC→用户代码→小段 GC→用户代码”。Go 如果发现扫描后回收的速度跟不上分配的速度，那么它依然会将用户代码暂停，用户代码暂停之后也就意味着不会有新的对象出现，同时会把用户线程抢占过来加入到垃圾回收里面，加快垃圾回收的速度。因为新分配对象比回收快，所以这种方式叫作辅助 GC。

6. GC 调优

开发者在编程过程中，应该减少对象的分配，合理重复利用。尽量避免 string 与 [ ]byte 之间的转化，两者发生转换的时候，底层数据结构会进行复制，会导致 GC 效率降低。尽量避免使用“+”连接字符串。Go 里面 String 是最基础的类型，是一个只读类型，针对它的每一个操作都会创建一个新的 string。如果是少量小文本拼接，使用“+”的影响可以忽略不计；如果是大量小文本拼接，则使用 strings.Join；如果是大量大文本拼接，则使用 bytes.Buffer。

7. GC 触发条件

自动垃圾回收的触发条件有两个，分别为内存阈值和定时。

阈值由 gcpercent 变量控制，当新分配的内存与正在使用的内存比例超过 gcprecent 时就会触发。例如，当前的内存使用量为 4MB，下次回收的时机就是当内存分配达到 8MB 时。也就是说，并不是内存分配越多，垃圾回收频率越高。

如果内存分配一直没有达到阈值，GC 就会被定时的时间触发（默认 2min 触发一次），触发一次 GC 保证资源的回收。

即使 Go 拥有自动垃圾回收机制，GC 也不是万能的，优秀的开发人员需要养成手动回收内存的习惯，例如，手动把不再使用的内存释放，把对象置成 nil，也可以适当调用 runtime.GC( )触发 GC。

8.5.6 临时实例池

Go 语言的 GC 机制会影响程序的性能，为了减少 GC，Go 语言提供了 sync.Pool 实例池。sync.Pool 是一种实例重用的机制，可伸缩，且并发安全，其大小仅受限于内存的大小，可以被看作是一个存放可重用对象的值的容器。其设计目的是存放预先分配但是暂时不使用的实例化对象，Go 程序在需要用到这些实例时直接从实例池中获取，而不用频繁地向系统申请和释放内存。任何存放在实例池中的值都可以在任意时刻被删除而不通知。实例池在高负载下可以动态扩容，在不活跃时对象池会收缩。

sync.Pool 的使用方法其实非常简单，如例 8-17 所示。

例 8-17　实例池

```
1  // 初始化实例池
2  var strPool = sync.Pool{
3    New: func() interface{} {
4        return "test str"
5    },
6  }
7  func main() {
8    // 获取实例
9    str := strPool.Get()
10    // 操作实例,这里只是打印数据
11    fmt.Println(str)
12    // 放回实例
13    strPool.Put(str)
14  }
```

由以上代码可以看出，sync.Pool 的操作方法主要为 New、Put、Get。可以通过 New 去创建一个实例池（Pool 结构体），该实例池中只能存放一种类型的数据。Get 方法的作用就是从实例池里获取实例对象。Put 方法的作用是将数据放进实例池，可以通过 Put 方法将使用完的实例放回实例池，也可以将新的同类型数据的实例放进去。

8.6　本章小结

关于 errors，Go 语言的作者最后给出了一些结论，errors 就像对外提供的 API 一样，需要认真对待。将 errors 看成黑盒，判断它的行为，而不是类型。尽量不要使用 sentinel errors。使用第三方的错误包来封装 error（errors.Wrap），使得它更好用。使用 errors.Cause 来获取底层的错误。理解底层的 GC 算法对该系统是否适用于开发者的测试用例非常重要。Go 的 GC 系统尽管存在一些问题，但是表现已经优于大部分同样拥有 GC 系统的其他编程语言。通过 Go 语言团队多年对 GC 的不断改进和优化，GC 的卡顿问题在 1.8 版本基本上可以做到 1ms 以下的 GC 级别。实际上，GC 的低延迟是有代价的，其中最大的代价是吞吐量的下降。由于需要实现并行处理，线程间同步和多余的数据生成复制都会占用实际逻辑业务代码运行的时间。

8.7　习题

1. 填空题

（1）程序被操作系统加载到内存中之后，其内存结构分为________、________、________、________、________。

（2）关键字________于延迟一个函数或者方法。

(3) Go 语言提供了专用于“拦截”运行时 panic 的内建函数是________。

(4) recover 让程序恢复，必须在________函数中执行。

(5) 在 Go 语言中处理错误的方式通常是将返回的错误与________进行比较。

(6) ________是在编译程序优化理论中的一种确定指针动态范围的方法。

2. 选择题

(1) 在 Go 语言中没有出错的情况下返回的 error 的值为（　　）。

A. null　　B. 0　　C. nil　　D. 1

(2) 如果有很多调用 defer，当函数执行到最后时，这些 defer 语句会按照（　　）执行。

A. 顺序　　B. 逆序　　C. 随机顺序　　D. 自定义

(3) panic( ) 会（　　）程序的执行。

A. 延迟　　B. 中断　　C. 恢复　　D. 继承

(4) 关于异常，下列说法错误的是（　　）

A. 在程序开发阶段，坚持速错，让程序异常崩溃

B. 在程序部署后，应恢复异常避免程序终止

C. 对于不应该出现的分支，使用异常处理

D. 一切皆错误，不用进行异常设计

3. 简答题

(1) 自定义错误的实现步骤。

(2) 简述 Go 语言垃圾回收的过程。

(3) 什么情况下会使变量逃逸到堆上?

(4) 常见出发异常的场景有哪些?

4. 编程题

借助 defer 实现字符串“我爱 Go 语言”的倒序排列。

5. 编程题

以下代码会输出什么?

```
1  func calc(index string, a, b int) int {
2    ret := a + b
3    fmt.Println(index, a, b, ret)
4    return ret
5  }
6  func main() {
7    a := 1
8    b := 2
9    defer calc("1", a, calc("10", a, b))
10    a = 0
11    defer calc("2", a, calc("20", a, b))
12    b = 1
13  }
```

第 9 章　文件读写操作

IO，即 input（输入）和 output（输出），也可以理解成读写操作。Go 在 os 包中提供了文件的基本操作，包括通常意义的打开、创建、读写等操作，除此以外为了追求便捷以及性能，Go 还在 io/ioutil 以及 bufio 上提供了其他一些函数供开发者使用。

9.1　文件信息

9.1.1　文件概述

文件是指一组相关数据的有序集合，这个数据集合有一个名称，称为文件集合。文件通常驻留在外部介质（如磁盘等）上，在使用时才调入到内存中。计算机系统以文件为单位来对数据进行管理。

- 文本文件：以 ASCII 码格式存放，一个字节存放一个字符。文本文件的每一个字节存放一个 ASCII 码，代表一个字符。
- 二进制文件：二进制文件把数据以二进制数的格式存放在文件中，其占用存储空间较少。数据按其内存中的存储形式原样存放。

计算机在物理上以二进制的形式存储数据，所以文本文件与二进制文件的区别主要在于逻辑上，而不是物理上。这两者只是在编码层次上有差异。

文件名是由文件路径、文件名主干和文件扩展名组成的唯一标识，以便计算机识别和引用，文件名主干的命名规则遵守标识符的命名规则。扩展名用来表示文件的形式，一般不超过 3 个字母，如 exe（Windows 系统的可执行文件）、go（Go 语言程序文件）、txt（文本文件）等。

人们在使用 Windows 系统时，经常会遇见这样的问题：文件扩展名一改动，就不能正常打开。

而 Linux 不像 Windows 那样依据扩展名调用相应程序。在 Linux 中，带有扩展名的文件，只能代表程序的关联，并不能说明文件可以执行，从这方面来说，Linux 的扩展名没有太大的意义。

可以理解为 Linux 文件本身有一定字节去存储其文件属性，而不是以扩展名的形式告诉操作系统。在 Linux 系统中，文件可以划分为普通文件、目录、字符设备文件、块设备文件、符号链接文件等。

文件路径分为绝对路径和相对路径。绝对路径是指完整地描述文件位置的路径，绝对路径名的指定是从树型目录结构顶部的根目录开始到某个目录或文件的路径，由一系列连续的目录组成，中间用斜线分隔，直到要指定的目录或文件，路径中的最后一个名称即为要指向的目录或文件。Windows 环境下的绝对路径如“E:\GoPath\go\src\MyBook\chapter09\jng.jpg”。Linux 系统中的绝对路径以“/”为起始，如“/home/user1/abc.txt”。

相对路径是指由该文件所在的路径引起的跟其他文件（或文件夹）的路径关系。“.”表示当前目录，“..”表示上一层。以绝对路径“E:/GoPath/go/src/MyBook/chapter09/jng.jpg”为例，如果工程所在路径为“E:/GoPath/go/src/MyBook/”，那么该文件的相对路径就是“./chapter09/jng.jpg”。

9.1.2 FileInfo 接口

文件的信息包括文件名、文件大小、修改权限、修改时间等。

Go 语言系统文件信息接口属性定义如下所示。

```
type FileInfo interface {
     Name() string              // 文件名
     Size() int64               // 常规文件的长度(以字节为单位)
     Mode() FileMode            // 文件模式
     ModTime() time.Time        // 修改时间
     IsDir() bool               // 是否为目录
     Sys() interface{}          // 基础数据源
  }
```

文件信息结构体 fileStat 的定义如下所示。

```
type fileStat struct {
  name          string
  size          int64
  mode          FileMode
  modTime       time.Time
  sys           syscall.Stat_t
}
```

fileStat 结构体的常用方法如下所示。

```
func (fs * fileStat) Name() string { return fs.name }
func (fs * fileStat) IsDir() bool { return fs.Mode().IsDir() }
func (fs * fileStat) Size() int64     { return fs.size }
func (fs * fileStat) Mode() FileMode     { return fs.mode }
func (fs * fileStat) ModTime() time.Time { return fs.modTime }
func (fs * fileStat) Sys() interface{}     { return &fs.sys }
```

由以上代码可知，fileStat 结构体实现了 FileInfo 接口。接下来通过一个案例演示获取文件信息，如例 9-1 所示。

例 9-1　获取文件信息

```
1  func main() {
2    // 绝对路径
3    path := "E:/GoPath/go/src/MyBook/chapter09/jng.jpg"
4    fileInfo, err := os.Stat(path)
5    if err !=nil {
6        fmt.Println("err:", err.Error())
7    } else {
8        fmt.Printf("数据类型是:%T \n", fileInfo)
9        fmt.Println("文件名:",fileInfo.Name())
10         fmt.Println("是否为目录:",fileInfo.IsDir())
11         fmt.Println("文件大小:",fileInfo.Size())
12         fmt.Println("文件权限:",fileInfo.Mode())
```

```
13        fmt.Println("文件最后修改时间:",fileInfo.ModTime())
14    }
15}
```

文件的权限打印出来一共 10 个字符。文件有三种基本权限：读权限 r（read）、写权限 w（write）、执行权限 x（execute）。文件权限说明如图 9.1 所示。

● 图 9.1　权限

对图 9.1 内容的讲解见表 9.1。

表 9.1　权限说明

位　置	含　义
第 1 位	文件类型（d 目录，- 普通文件）
第 2~4 位	所属用户（所有者）权限，用 u（user）表示
第 5~7 位	所属组权限，用 g（group）表示
第 8~10 位	其他用户（其他人）权限，用 o（other）表示

文件的权限还可以用 8 进制表示法，见表 9.2。

表 9.2　文件权限 8 进制表示法

权　限	8 进制代表数字
r	4
w	2
x	1
-	0

例如，“-rwxrwxrwx”权限用 8 进制表示为“0777”。

与路径相关的方法见表 9.3。

表 9.3　路径相关方法

方　法	作　用
filepath.IsAbs()	判断是否是绝对路径
filepath.Rel()	获取相对路径
filepath.Abs()	获取绝对路径
path.Join()	拼接路径

9.2 文件常规操作

9.2.1　创建目录

Go 提供了两种创建目录的方法：os.MKdir() 和 os.MKdirAll()。os.MKdir() 仅创建一层目录，os.MKdirAll() 能够创建多层目录。下面通过一个案例演示创建目录的方法，如例 9-2 所示。

例 9-2 创建目录

```
1 // 创建目录
2 err := os.Mkdir(fileName1, os.ModePerm)
3 // 创建多级目录
4 err = os.MkdirAll(fileName2, os.ModePerm)
```

程序运行之后，用户可以到相应的目录下检查目录是否真正创建成功。

9.2.2 创建文件

在 Go 中使用 Create 方法创建文件，如果文件存在，会被覆盖。Create 使用模式 0666（在 umask 之前）创建命名文件。下面通过一个案例演示创建文件的方法，如例 9-3 所示。

例 9-3 创建文件

```
1 file1, err := os.Create(fileName3)
```

程序运行之后，用户可以到相应的目录下检查文件是否真正创建成功。

9.2.3 打开和关闭文件

打开文件是指让当前的程序和指定的文件建立了一个链接。打开一个文件进行读取可以直接使用 os.Open 方法，该方法的源码如下所示。

```
func Open(name string) (* File, error) {
    return OpenFile(name, O_RDONLY, 0)
}
```

由以上源码可以看出，os.Open 方法的本质是在调用 os.OpenFile 方法，并且权限为 O_RDONLY。os.OpenFile 方法的定义如下所示。

```
func OpenFile(name string, flag int, perm FileMode) (* File, error) {
    testlog.Open(name)
    return openFileNolog(name, flag, perm)
}
```

第 1 个参数 name 表示文件名称。

第 2 个参数 flag 表示文件的打开方式，可同时使用多个，以“|”分割，表示 flag 的关键字说明见表 9.4。

表 9.4 flag 参数解释

关键字	模式
O_RDONLY	只读模式（read-only）
O_WRONLY	只写模式（write-only）
O_RDWR	读写模式（read-write）
O_APPEND:	追加模式（append）
O_CREATE	如果文件不存在就创建（create a new file if none exists.）
O_EXCL	创建文件，且文件必须不存在
O_SYNC	同步 I/O
O_TRUNC	打开时，截断常规可写文件

第 3 个参数 perm 表示文件的权限，创建一个新的文件时，需要指定权限。具体的使用方式如例 9-4 所示。

例 9-4　打开和关闭文件

```
1  func main(){
2      fileName1 := "./test/abc.txt"
3      //打开文件
4      file1, err :=os.Open(fileName1)
5      if err != nil {
6          fmt.Println("err:", err.Error())
7      } else {
8          fmt.Printf("%s 打开成功!%v \n", fileName1, file1)
9      }
10     fileName2 := "./test/abc2.txt"
11     //以读写的方式打开,如果文件不存在就创建
12     file2, err :=os.OpenFile(fileName2, os.O_RDWR |os.O_CREATE, os.ModePerm)
13     if err != nil {
14         fmt.Println("err:", err.Error())
15     } else {
16         fmt.Printf("%s 打开成功!%v \n", fileName2, file2)
17     }
18     file1.Close()
19     file2.Close()
20 }
```

输出结果如下所示。

```
./test/abc.txt 打开成功! &{0xc00008e780}
./test/abc2.txt 打开成功! &{0xc00008ea00}
```

由以上结果可知，文件已经被成功打开。

9.2.4　删除文件

Go 提供了两种删除文件的方法，具体说明见表 9.5。

表 9.5　删除文件

方　法	作　用
os.Remove( )	删除已命名的文件或空目录
os.RemoveAll( )	移除所有的路径和它包含的任何子节点

下面通过一个示例演示删除文件的方法，如例 9-5 所示。

例 9-5　删除文件

```
1  package main
2  import (
3      "fmt"
4      "os"
5  )
6  func main(){
7      fileName := "./test"
8      err :=os.Remove(fileName)
9      if err != nil {
```

```
10          fmt.Println(err)
11      } else {
12          fmt.Printf("%s 删除成功!", fileName)
13      }
14      err =os.RemoveAll(fileName)
15      if err != nil {
16          fmt.Println(err)
17      } else {
18          fmt.Printf("%s 删除成功!", fileName)
19      }
20  }
```

输出结果如下所示。

```
remove ./test: The directory is not empty.
./test 删除成功!
```

由以上输出结果可以看出，通过 os.Remove( ) 方法删除非空目录会失败。

9.3 读写文件

io 包为读写文件提供了基本的接口。由于这些被接口包装的 I/O 原语是由不同的低级操作实现的，因此，在另有声明之前不该假定它们的并行执行是安全的。在 io 包中最重要的是两个接口：Reader 和 Writer。

9.3.1 写入文件

写入文件主要通过 Reader 接口实现，其定义如下所示。

```
type Writer interface {
    Write(p []byte) (n int, err error)
}
```

官方文档对于该接口的说明如下所示。

Write 将 len(p) 个字节从 p 中写入到基本数据流中。它返回从 p 中被写入的字节数 $n(0 \leq n \leq$ len(p))以及任何遇到的引起写入提前停止的错误。若 Write 返回的 $n<$len(p)，它就必须返回一个非 nil 的错误。

所有实现了 Write 方法的类型都实现了 io.Writer 接口。Go 提供的写入方法如下所示。

```
func (f * File) Write(b []byte) (n int, err error) {}
func (f * File) WriteString(s string) (n int, err error) {}
```

Write 向文件中写入 len(b) 字节数据。它返回写入的字节数和可能遇到的任何错误。如果返回值 n! =len(b)，本方法会返回一个非 nil 的错误。WriteString 方法的本质还是调用 Write 方法，只是实现了一次类型转换。

写入文件之前需要打开文件，写入文件后需要关闭文件。具体使用示例如例 9-6 所示。

例 9-6　写入文件

```
1  n, err := file.Write([]byte("abc123"))
2  n, err = file.WriteString("你好!")
```

n 表示写入数据的长度。

9.3.2 读取文件

读取文件主要通过 Reader 接口实现，其定义如下所示。

```
type Reader interface {
    Read(p []byte) (n int, err error)
}
```

官方文档对于该接口的说明如下。

Read 将 len(p) 个字节读取到 p 中。它返回读取的字节数 n（$0 \leqslant n \leqslant$ len(p)）以及任何遇到的错误。即使 Read 返回的 n<len(p)，它也会在调用过程中占用 len(p) 个字节作为暂存空间。若可读取的数据不到 len(p) 个字节，Read 会返回可用数据，而不是等待更多数据。

当 Read 在成功读取 $n > 0$ 个字节后遇到一个错误或 EOF（end-of-file），它会返回读取的字节数。它可能会同时在本次的调用中返回一个 non-nil 错误，或在下一次的调用中返回这个错误（且 n 为 0）。一般情况下，Reader 会返回一个非 0 字节数 n，若 n = len(p) 个字节从输入源的结尾处由 Read 返回，Read 可能返回 err == EOF 或者 err == nil，并且之后的 Read() 都应该返回（n：0，err：EOF）。

调用者在考虑错误之前应当首先处理返回的数据。这样做可以正确地处理在读取一些字节后产生的 I/O 错误，同时允许 EOF 的出现。

Reader 接口中只有一个方法，那么所有需要 io.Reader 的地方，都可以传递实现了 Read() 方法的类型的实例。

Go 中的 os 包提供了读取数据的方法，其定义如下所示。

```
func (f * File) Read(b []byte) (n int, err error) {}
```

Read 方法从 f 中读取最多 len(b) 字节数据并写入 b。它返回读取的字节数和可能遇到的任何错误。文件终止标识是读取 0 个字节且返回值 err 为 io.EOF。

接下来通过一个案例演示读取文件数据，如例 9-7 所示。

例 9-7　读取文件数据

```
1  func main() {
2      fileName := "rwtest.txt"
3      file, err :=os.Open(fileName)
4      if err != nil {
5          fmt.Println("打开文件错误", err.Error())
6      } else {
7          bs := make([]byte, 1024* 8, 1024* 8)
8          n := -1
9          for {
10             n , err = file.Read(bs)
11             if n==0 || err == io.EOF {
12                 fmt.Println("读取文件结束!")
13                 break
14             }
15             fmt.Println(string(bs[:n]))
16         }
```

```
17        }
18        file.Close()
19    }
```

输出结果 如下所示。

```
abc123 你好!
读取文件结束!
```

由以上结果可知，输出的内容为例 9-6 写入的内容。

9.3.3 拷贝文件

拷贝文件的本质就是读取一个文件，然后写入到另一个文件中，可以使用 os 包中的 os.Read( ) 和 os.Write( )。Go 语言标准库还提供了 io.Copy 函数用来拷贝文件，使用方式如例 9-8 所示。

例 9-8　拷贝文件（一）

```
1  func copyFile(srcFile, destFile string)(int64 , error) {
2    f1 , err := os.Open(srcFile)
3    defer f1.Close()
4    f2, err := os.OpenFile(destFile, os.O_RDWR|os.O_CREATE, os.ModePerm)
5    defer f2.Close()
6    return io.Copy(f2 , f1)
7  }
```

上述代码中，通过 io.Copy 方法将 src.txt 文件的内容写入 dest.txt。除了以上两种方式，还可以使用 ioutil 包中的 ioutil.ReadFile( ) 和 ioutil.WriteFile( ) 来实现文件拷贝，具体使用方法如例 9-9 所示。

例 9-9　拷贝文件（二）

```
1  // 读取文件数据
2  data, err :=ioutil.ReadFile(src)
3  // 写入数据
4  err =ioutil.WriteFile(dest , data , os.ModePerm)
```

上述代码中的拷贝方式，实际上就是通过 ioutil.ReadFile( ) 方法读取文件，然后再通过 ioutil.WriteFile( ) 方法写入到另一个文件中。但由于使用一次性读取文件，再一次性写入文件的方式，所以该方法不适用于大文件，容易导致内存溢出。

9.4 缓冲区

9.4.1 缓冲区原理

缓冲区（Buffer）是指在内存中预留指定大小的存储空间，用来对 I/O 的数据做临时存储。多次进行小量的读写操作会影响程序性能。每一次写操作最终都会体现为系统层调用，频繁进行该操作将有可能对 CPU 造成伤害。使用缓冲区能够减少实际物理读写次数，缓冲区在创建时就已经被分配了内存，这块内存区域一直被重用，能够有效减少动态分配和回收内存的次数。

当系统进程发起一次读写操作时，会首先尝试从缓冲区获取数据；只有当缓冲区没有数据时，才会从数据源获取数据更新缓冲，具体流程如图 9.2 所示。

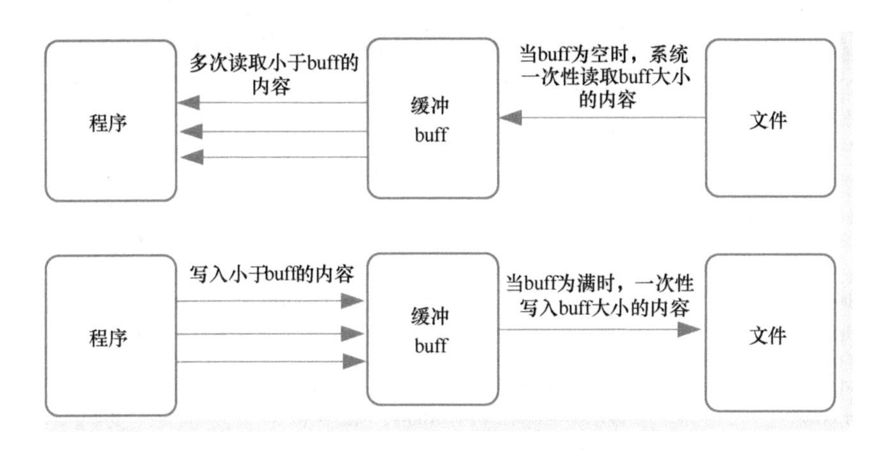

● 图 9.2　缓冲区

Go 的 bufio 包通过对 io 模块的封装，提供了数据缓冲功能，能够一定程度减少大块数据读写带来的开销。实际上在 bufio 各个组件内部都维护了一个缓冲区，数据读写操作都直接通过缓存区进行。当发起一次读写操作时，会首先尝试从缓冲区获取数据；只有当缓冲区没有数据时，才会从数据源获取数据更新缓冲。

9.4.2　bufio.Reader

Go 的 bufio 包中提供了带 buffer（缓冲区）的 IO，创建了 Reader 和 Writer 结构体，封装了 io.Reader 和 io.Writer 对象，实现了 io.Reader 和 io.Writer 接口。

Reader 结构体的定义如下所示。

```
type Reader struct {
buf            []byte      // 缓存
    rd         io.Reader   // 底层的 io.Reader
    r, w        int
    err        error       // 读过程中遇到的错误
    lastByte   int         // 最后一次读到的字节
    lastRuneSizeint        // 最后一次读到的 Rune 的大小
}
```

实例化 bufio.Reader 对象的函数有 NewReader 和 NewReaderSize 两个。NewReader 函数的源码如下所示。

```
func NewReader(rd io.Reader) * Reader {
        // 默认缓存大小:defaultBufSize=4096
        return NewReaderSize(rd, defaultBufSize)
    }
```

从上述源码可以看出，NewReader 函数是调用 NewReaderSize 函数实现的。NewReaderSize 创建一个具有最少为 size 尺寸的缓冲、从 r 读取的 * Reader。如果参数 r 已经是一个具有足够大缓冲的 * Reader 类型值，会返回 r。

bufio.Reader 的常用方法见表 9.6。

表 9.6　bufio.Reader 常用方法

方　法	作　用
func(b * Reader) Read (p [ ]byte) (n int, err error)	读取数据写入 p。本方法返回写入 p 的字节数。本方法一次最多会调用下层 Reader 接口一次 Read 方法，因此返回值 n 可能小于 len(p)。读取到达结尾时，返回值 n 将为 0，err 将为 io.EOF
func(b * Reader) ReadByte( ) (byte, error)	读取并返回一个字节。如果没有可用的数据，会返回错误
func(b * Reader) ReadLine( ) (line [ ]byte, isPrefix bool, err error)	ReadLine 是一个低水平的行数据读取原语。大多数调用者应该使用 ReadBytes ('\ n') 或 ReadString ('\ n') 代替，或者使用 Scanner
func(b * Reader) ReadRune( ) (r rune, size int, err error)	UnreadRune 吐出最近一次 ReadRune 调用读取的 unicode 码值。如果最近一次读取不是调用的 ReadRune，会返回错误
func(b * Reader) ReadString (delim byte) (string, error)	读取直到第一次遇到 delim 字节，返回一个包含已读数据和 delim 字节的字符串。如果该方法在读取到 delim 之前遇到了错误，它会返回在错误之前读取的数据以及错误类型。当且仅当该方法返回的切片不以 delim 结尾时，会返回一个非 nil 的错误
func(b * Reader) Buffered( ) int	返回缓冲中现有的可读取的字节数
func(b * Reader) Reset (r io.Reader)	清空缓冲区，将 b 重设为其下层从 r 读取数据
func(b * Reader) Peek (n int) ([ ]byte, error)	返回输入流的下 n 个字节，而不会移动读取位置。返回的 [ ]byte 只在下一次调用读取操作前合法。若 [ ]byte 长度比 n 小，则会返会错误说明。如果 n 比缓冲尺寸还大，返回的错误将是 ErrBufferFull

上述方法中，最常用的读取数据的方法就是 ReadString，ReadString 方法的源码如下所示。

```
func (b * Reader) ReadString(delim byte) (line string, err error) {
    bytes, err := b.ReadBytes(delim)
    return string(bytes), err
}
```

ReadString 方法调用了 ReadBytes 方法，并将结果的 [ ]byte 转为 string 类型。具体使用方法如例 9-10 所示。

例 9-10　ReadString 方法的使用

```
1  func main() {
2    fileName := "./test.txt"
3    // 打开文件
4    file, _ := os.Open(fileName)
5    // 创建 Reader 对象
6    reader := bufio.NewReader(file)
7    for {
8        // 以空格为分隔符读取
9        str, err := reader.ReadString(' ')
10        fmt.Println(str)
11        if err == io.EOF {
12            fmt.Println("读取完毕!")
13            break
14        }
```

```
15    }
16    file.Close()
17  }
```

上述代码中，先打开文件 test.txt，然后通过 Reader 实例的 ReadString 方法以空格作为分隔符进行读取。

9.4.3　bufio.Writer

Writer 结构体的定义如下所示。

```
type Writer struct {
    err error          // 写过程中遇到的错误
    buf []byte         // 缓存
    n  int             // 当前缓存中的字节数
    wr  io.Writer      // 底层的 io.Writer 对象
}
```

实例化 bufio.Writer 对象的函数有 NewWriter 和 NewWriterSize 两个。NewWriter 函数的源码如下所示。

```
func NewWriter(wr io.Writer) * Writer {
     // 默认缓存大小:defaultBufSize=4096
     return NewWriterSize(wr, defaultBufSize)
  }
```

由以上源码可知，NewWriter 函数是通过调用 NewWriterSize 函数实现的。NewWriterSize 创建一个默认为 defaultBufSize 尺寸的缓冲，写入 w 的 * Writer。如果参数 w 已经是一个具有足够大缓冲的 * Writer 类型值，会返回 w。

bufio.Writer 的常用方法见表 9.7。

表 9.7　bufio. Writer 常用方法

方　法	作　用
func (b * Writer) Write (p [ ]byte) (nn int, err error)	Write 将 p 的内容写入缓冲。返回写入的字节数。如果返回值 nn < len(p)，还会返回一个错误说明原因
func (b * Writer) Reset (w io.Writer)	Reset 丢弃缓冲中的数据，清除任何错误，将 b 重设为将其输出写入 w
func (b * Writer) Flush( ) error	Flush 方法将缓冲中的数据写入下层的 io.Writer 接口
func (b * Writer) WriteByte (c byte) error	写入一个字节
func (b * Writer) WriteRune (r rune) (size int, err error)	写入一个字符
func (b * Writer) WriteString (s string) (int, error)	写入一个字符串。返回写入的字节数。如果返回值 nn < len(s)，还会返回一个错误说明原因

Write 方法的使用示例如例 9-11 所示。

例 9-11　Write 方法的使用

```
1  func main() {
2      testWriter()
3  }
```

```
4  func testWriter() {
5      readFileName := "./test.txt"
6      //打开文件
7      readFile, _ := os.Open(readFileName)
8      //创建读缓冲区
9      reader :=bufio.NewReader(readFile)
10     writeFileName  := "./WriterTest.txt"
11     //打开文件
12     writeFile, _ := os.OpenFile(writeFileName, os.O_WRONLY |os.O_CREATE, os.ModePerm)
13     //创建写缓冲区
14     writer :=bufio.NewWriter(writeFile)
15     for {
16         //将读取到的数据写入到另一个文件中
17         bs, err := reader.ReadBytes('   ' )
18         writer.Write(bs)
19         writer.Flush()
20         if err == io.EOF {
21             fmt.Println("文件读取完毕!")
22             break
23         }
24     }
25     readFile.Close()
26     writeFile.Close()
27 }
```

上述代码中，将 test.txt 文件的内容写入到 WriterTest.txt 文件中。读者可以查看两个文件的内容是否一致。

9.4.4 Scanner 类型和方法

Go 语言在 1.1 版本中添加了一个新类型——Scanner，以便开发者能够更容易地处理按行读取输入序列等简单的任务。Scanner 可以通过 splitFunc 将输入数据拆分为多个 token，然后依次进行读取。和 Reader 类似，Scanner 需要绑定到某个 io.Reader 上，通过 NewScannner 进行创建，默认方法见表 9. 8。

表 9. 8　默认方法

方　法	作　用
func (s *Scanner) Scan() bool	获取当前位置的 token（该 token 可以通过 Bytes 或 Text 方法获得），并让 Scanner 的扫描位置移动到下一个 token
func (s *Scanner) Bytes() []byte	返回最近一次 Scan 调用生成的 token。底层数组指向的数据可能会被下一次 Scan 的调用重写
func (s *Scanner) Text() string	返回最近一次 Scan 调用生成的 token，会申请创建一个字符串保存 token 并返回该字符串

bufio 模块提供了几个默认 splitFunc，能够满足大部分场景的需求，见表 9. 9。

表 9. 9　默认 splitFunc

方　法	作　用
ScanBytes	按照 byte 进行拆分
ScanLines	按照行（“\n”）进行拆分

（续）

方　法	作　用
ScanRunes	按照 utf-8 字符进行拆分
ScanWords	按照单词（“”）进行拆分

通过 Scanner 的 Split 方法，可以为 Scanner 指定 splitFunc。使用方法如下所示。

```
scanner.split(bufio.ScanWords)
```

具体使用示例如例 9-12 所示。

例 9-12　Scanner 类型的使用

```
1  func main() {
2      //创建 Reader 对象并传入要分割的字符串
3      reader :=bufio.NewReader(strings.NewReader("New wine in old bottles"),)
4      //创建 Scanner 对象
5      scanner :=bufio.NewScanner(reader)
6      //指定分割方法,按照空格进行拆分
7      scanner.Split(bufio.ScanWords)
8      //循环读取
9      for scanner.Scan() {
10     fmt.Println(scanner.Text())
11         if scanner.Text() == "q!" {
12             break
13         }
14     }
15 }
```

输出结果如下所示。

```
New
wine
in
old
bottles
```

9.5 JSON

JSON（JavaScript Object Notation）是一种轻量级的数据交换格式。JSON 的语法简洁，层次结构清晰，是理想的前后端交互的数据格式。JSON 易于阅读和编写，同时也易于机器解析和生成，能够有效提升网络传输效率。

9.5.1　语法规则

JSON 数据的书写格式是键（名称）/值对。键/值对包括字段名称（在双引号中），后面写一个冒号，然后是值。

JSON 值可以是字符串（在双引号中）、数组（在中括号中）、对象（在大括号中）、数字（整数或浮点数）、逻辑值（true 或 false）和 null。这些结构可以嵌套。

字符串是由双引号包围的任意数量 Unicode 字符的集合，使用反斜线转义。一个字符即一个单独的字符串，与 C 或者 Java 的字符串非常相似。

数组是值（value）的有序集合。一个数组以“[”（左中括号）开始，以“]”（右中括号）结束。值之间使用“,”（逗号）分隔。

对象是一个无序的“‘名称/值’对”集合。一个对象以“{”（左括号）开始，以“}”（右括号）结束。每个“名称”后跟一个“:”（冒号）；“‘名称/值’对”之间使用“,”（逗号）分隔。

JSON 可以通过对象和数组来表示各种复杂的结构。

定义一个 JSON 格式数据的代码如下所示。

```
{
    "code":"0",
    "msg":"显示用户信息成功",
    "result":[
        {
            "userid":"UsunHalaDong",
            "uname":"golang",
            "email" :"123456789@ hotmail.com"
        }
    [
}
```

它具有 3 个属性：code、msg、result。其中 code 和 msg 的值都是字符串，result 的值是一个对象数组。result 包含了一个对象，该对象具有 userid、uname、email 这 3 个属性。

9.5.2 编码和解码

在 Go 中，可以使用 json.Marshal( ) 函数对一组数据进行 JSON 格式的编码。json.Marshal( ) 函数的声明如下所示。

```
func Marshal(v interface{}) ([]byte, error)
```

Marshal 函数只有在转换成功的时候才会返回数据，在转换的过程中需要注意如下几点。

- JSON 对象只支持 string 作为 key，所以要编码一个 map，那么必须是 map[string]T 这种类型（T 表示任意类型）。
- Channel、complex 和 function 不能被编码成 JSON。
- 指针在编码时会输出指针指向的内容，而空指针会输出空值。

Go 还提供了一个格式化输出的函数，具体声明如下所示。

```
func MarshalIndent(v interface{}, prefix, indent string) ([]byte, error)
```

在 Go 中，可以使用 json.Unmarshal( ) 函数将 JSON 格式的文本解码为 Go 里面预期的数据结构。其声明如下所示。

```
func Unmarshal(data []byte, v interface{}) error
```

该函数的第一个参数是输入，即 JSON 格式的文本（比特序列）；第二个参数表示目标输出容器，用于存放解码后的值。

在解码过程中，json 包会将 JSON 类型转换为 Go 类型，转换规则如下所示。

```
JSON boolean -> bool
JSON number -> float64 JSON string -> string JSON 数组 -> []interface{} JSON
object -> map null -> nil
```

9.5.3　JSON 与 map 的转换

JSON 和 map 的数据格式都是键/值对的形式，Go 语言支持二者之间的转换，具体操作示例如例 9-13 所示。

例 9-13　JSON 和 map 之间的转换

```
1  func JsonToMap() {
2    // 定义一个 json 类型字符串
3    jsonStr := `
4        {
5                "name": "jack",
6                "age": 22
7        }
8        `
9    // 定义一个 map
10    var m map[string]interface{}
11    err := json.Unmarshal([]byte(jsonStr), &m)
12    if err != nil {
13        fmt.Println(err)
14    }
15    fmt.Println(m)
16 }
17 func MapToJson() {
18    // 定义一个 map 变量并初始化
19    m := map[string][]string{
20        "姓名": {"樱木"},
21        "爱好": {"打篮球", "打架"},
22    }
23    // 将 map 解析成 json 格式
24    if data, err := json.Marshal(m); err == nil {
25        fmt.Printf("%s\n", data)
26    }
27    fmt.Println("格式化输出:")
28    // 将 map 解析成方便阅读的 json 格式
29    if data, err := json.MarshalIndent(m, "", " "); err == nil {
30        fmt.Printf("%s\n", data)
31    }
32 }
33 func main() {
34    JsonToMap()
35    MapToJson()
36 }
```

由以上代码可以看出，MarshalIndent 与 Marshal 相似，只是通过缩进和换行对输出进行格式化处理。

9.5.4　JSON 与结构体的转换

JSON 可以转换成结构体。同编码一样，json 包是通过反射机制来实现解码的，因此结构体必须导出所转换的字段，未导出的字段不会被 json 包解析，另外，解析时不区分大小写。

JSON 与结构体之间转换的使用示例如例 9-14 所示。

例 9-14　JSON 与结构体的转换

```
1  // 定义结构体
2  type DebugInfo struct {
3    Level string
4    Msg string
5    author string // 未导出字段不会被 json 解析
6  }
7
8  func JsonToStructDemo() {
9    // 定义 json 格式字符串
10    data := `[{"level":"debug","msg":"File Not Found","author":"Cynhard"},` +
11        `{"level":"","msg":"Logic error","author":"Gopher"}]`
12    var dbgInfos []DebugInfo
13    // 将字符串解析成结构体切片
14    json.Unmarshal([]byte(data), &dbgInfos)
15    fmt.Println(dbgInfos)
16  }
17  func StructToJsonDemo() {
18    // 定义一个结构体切片并初始化
19    dbgInfs := []DebugInfo{
20        DebugInfo{"debug", `File: "test.txt" Not Found`, "Cynhard"},
21        DebugInfo{"", "Logic error", "Gopher"},
22    }
23    // 将结构体解析成 json 格式
24    if data, err := json.Marshal(dbgInfs); err == nil {
25        fmt.Printf("%s\n", data)
26    }
27  }
28
29  func main() {
30    JsonToStructDemo()
31    StructToJsonDemo()
32  }
```

9.5.5　结构体字段标签

json 包在解析结构体时，如果遇到 key 为 JSON 的字段标签，则会按照一定规则解析该标签：第一个出现的是字段在 JSON 串中使用的名字，之后为其他选项，例如，omitempty 指定空值字段不出现在 JSON 中。如果整个 value 为“-”，则不解析该字段。解码时依然支持结构体字段标签，规则和编码时相同。

通过结构体标签解析 JSON 的使用方法如例 9-15 所示。

例 9-15　JSON 字段标签

```
1  // 可通过结构体标签改变编码后 json 字符串的键名
2  type User struct {
3    Name      string   `json:"_name"`
4    Age       int      `json:"_age"`
5    Sex       uint     `json:"-"` // 不解析
6    Address string // 不改变 key 标签
7  }
```

```
8
9  func StructToJson() {
10     var user = User{
11         Name: "Pony",
12         Age: 44,
13         Sex: 1,
14         Address: "Beijing",
15     }
16     arr, _ := json.Marshal(user)
17     fmt.Println(string(arr))
18 }
19
20 func JsonToStruct() {
21     var users []User
22     str := `[{"_name":"Pony","_age":44,"_sex":1,"_address":"BeiJing"}]`
23     json.Unmarshal([]byte(str), &users)
24     fmt.Println(users)
25 }
26
27 func main() {
28     StructToJson()
29     JsonToStruct()
30 }
```

针对 JSON 的输出，在定义 struct tag 的时候需要注意以下几点。

- 字段的 tag 是“-”，那么这个字段不会输出到 JSON。
- tag 中带有自定义名称，那么这个自定义名称会出现在 JSON 的字段名中。
- tag 中如果带有“omitempty”选项，那么该字段值为空时，就不会输出到 JSON 串中。
- 如果字段类型是 bool、string、int、int64 等，而 tag 中带有“,string”选项，那么这个字段在输出到 JSON 的时候会把该字段对应的值转换成 JSON 字符串。

9.5.6　匿名字段

json 包在解析匿名字段时，会将匿名字段的字段当成该结构体的字段处理，和解码类似，在解码 JSON 时，如果找不到字段，则查找字段的字段，具体使用方法如例 9-16 所示。

例 9-16　匿名字段

```
1  type Point struct{ X, Y int }
2  type Circle struct {
3    Point
4    Radius int
5  }
6  func JSONToStrut() {
7    // 解析匿名字段
8    if data, err := json.Marshal(Circle{Point{50, 50}, 25}); err == nil {
9       fmt.Printf("%s \n", data)
10   }
11 }
12 func StructToJSON() {
13   // 定义 json 格式字符串
14   data := `{"X":80,"Y":80,"Radius":40}`
15   var c Circle
```

```
16    // 将字符串解析为匿名字段
17    json.Unmarshal([]byte(data), &c)
18    fmt.Println(c)
19  }
20  func main(){
21    JSONToStrut()
22    StructToJSON()
23  }
```

上述代码主要演示了包含匿名字段的结构体与 JSON 格式字符串的互相转化。

9.6 本章小结

本章主要讲述了文件操作和 I/O 操作。缓冲区不仅仅用在文件的读写，在网络通信中也起到了很大的作用。在使用 I/O 操作时，bufio 包提供了带 buffer 的方式读取 I/O 流，在文件读取操作上，能够提高一定的效率。bufio 中的结构体并没有从底层实现 Read 与 Write 方法，只是限定了最小读取量，该最小量就是 bufio.Reader 初始化长度。JSON 的编码和解码在日常开发中经常会用到，对于开发者而言是必须掌握的技巧。

9.7 习题

1. 填空题

(1) 计算机系统是以________为单位来对数据进行管理的。

(2) 一个文件要有一个由________、________和________组成的唯一标识。

(3) 文件有三种基本权限:________、________、________。

(4) 在 Go 语言中，________实现了带缓冲的 I/O 操作，达到高效 io 读写。

(5) 在 Go 语言中，os.Create( )方法的作用是________。

2. 选择题

(1) 下列扩展名中，表示文本文档的是（　　）。

A. go　　B. c　　C. java　　D. txt

(2) 下列选项中，表示可读权限的是（　　）。

A. r　　B. w　　C. e　　D. -

(3) -rwxrw-r-- 权限用 8 进制表示为（　　）。

A. 0777　　B. 0765　　C. 0766　　D. 0764

(4) 下列选项中，对于 filepath.IsAbs( )的作用描述正确的是（　　）。

A. 判断是否是绝对路径　　B. 获取绝对路径

C. 获取相对路径　　D. 拼接路径

(5) 关于 os.Create( )，对第二个参数关键字 O_RDWR 的作用描述正确的是（　　）。

A. 以只读方式打开文件　　B. 以只写方式打开文件

C. 以读写方式打开文件　　D. 以追加方式打开文件

3. 简答题

(1) 缓冲区有什么作用?

(2) 谈谈对 JSON 的理解。

第10章 网络编程

网络对人们来说是个既熟悉又陌生的概念，它萦绕在每个人的身边，却看不见也摸不着。网络拉近了人们的距离，“千里传音”已经成为现实，它似乎有着无穷的力量，试图将整个世界编织在一起。网络是前端与后端传输消息的媒介，人们在PC或移动端与他人通信都离不开网络。本章将介绍网络编程的相关知识。

10.1 套接字

套接字（Socket）编程主要是面向二层（IP）和三层（TCP、UDP）的协议，应用程序通常通过套接字与其他主机的应用程序进行通信。服务器通过IP和端口能够确认客户端与哪个进程请求连接，但是同一个进程还要面临多个客户端进程连接（并发）的问题，而套接字正是解决这个问题的关键。应用层和传输层可以通过Socket接口区分来自不同进程的通信，从而实现数据传输的并发服务。

常用的套接字类型有两种：流式套接字（SOCK_STREAM）和数据报式套接字（SOCK_DGRAM）。流式套接字是一种面向连接的套接字，针对面向连接的TCP服务应用；数据报式套接字是一种无连接的套接字，对应于无连接的UDP服务应用。

10.1.1 实现步骤

套接字之间的连接过程分为三个步骤：服务器监听、客户端请求、连接确认。Go语言中与套接字编程相关的API都在net包中。Go语言使用Dial函数连接服务器，使用Listen函数监听，使用Accept函数接受连接。

1. Conn接口

Conn是Go Socket编程中最常用的接口类型，保存在net.go文件里。TCP和UDP的套接字编程分别实现了该接口。源码定义如下所示。

```
type Conn interface {
        Read(b []byte) (n int, err error)
        Write(b []byte) (n int, err error)
        Close() error
        LocalAddr() Addr
        RemoteAddr() Addr
        SetDeadline(t time.Time) error
        SetReadDeadline(t time.Time) error
        SetWriteDeadline(t time.Time) error
}
```

此接口类型是客户端和服务器端交互的通道，包含两个主要的函数，如下所示。

```
unc (c * conn) Read(b []byte) (int, error) // 读数据
func (c * conn) Write(b []byte) (int, error) // 写数据
```

2. Dial 函数

在 dial.go 文件里的 Dial 函数用于连接服务器，其定义如下所示。

```
func Dial(network, address string) (Conn, error)
```

参数 network 用于指定网络类型，目前支持的值有 tcp、tcp4 (IPv4-only)、tcp6 (IPv6-only)、udp、udp4(IPv4-only)、udp6(IPv6-only)、ip、ip4(IPv4-only) 和 ip6(IPv6-only) 等。

参数 address 指定要连接的地址，格式为 host：port。对于 IPv6，因为地址中已经有冒号了，所以需要用中括号将 IP 括起来，比如 [:: 1]：80。如果省略掉 host，比如 "：80"，就认为是本地系统。

3. Listen 函数

Listen 函数用于创建监听，其定义如下所示。

```
func Listen(network, address string) (Listener, error)
```

参数 network 表示网络类型，指定面向流的网络，目前可选值为 tcp、tcp4、tcp6、unix、unixpacket。参数 address 指定监听本地哪些网络接口，格式为 host：port。若省略 host，表示监听所有本地地址。

4. Accept 函数

Listener 接口定义了普通的面向流的监听器，Accept 函数包含在其中，定义如下所示。

```
type Listener interface {
  Accept() (Conn, error)
  Close() error
  Addr() Addr
}
```

不同的 Goroutine 可以并发调用同一个监听器的方法。

10.1.2 TCP 套接字

Go 中的 TCP 套接字连接过程如图 10.1 所示。

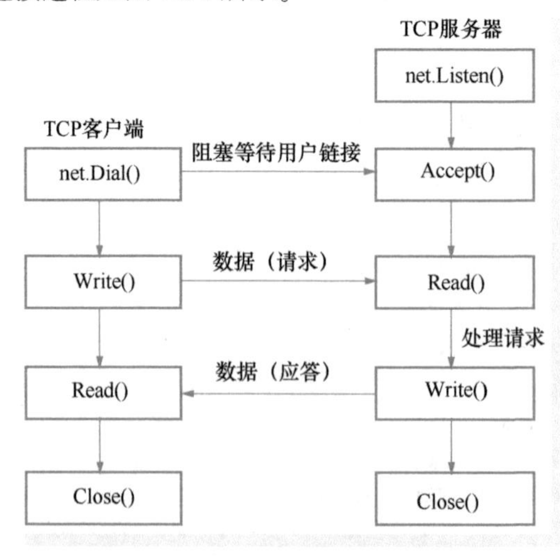

● 图 10.1 TCP 套接字的连接过程

服务器的示例代码如例 10-1 所示。

例 10-1　TCP 套接字服务器

```
1  func main() {
2    // 创建监听套接字,监听本地 8080 端口
3    listenner, err := net.Listen("tcp", "127.0.0.1:8080")
4    if err != nil {
5       log.Fatal(err)
6    }
7    // 关闭监听套接字
8    defer listenner.Close()
9    // 创建通信连接套接字,阻塞等待客户端连接
10    conn, err := listenner.Accept()
11    if err != nil {
12       log.Println(err)
13    }
14    // 此函数结束时,关闭连接套接字
15    defer conn.Close()
16    // conn.RemoteAddr().String():连接客服端的网络地址
17    ipAddr := conn.RemoteAddr().String()
18    fmt.Println(ipAddr, "连接成功。")
19    recvMsg := make([]byte, 1024) // 缓冲区,用于接收客户端发送的数据
20    for {
21       // 阻塞等待用户发送的数据
22       n, err := conn.Read(recvMsg) // n 代码接收数据的长度
23       if err != nil {
24          fmt.Println(err)
25          return
26       }
27       // 截取有效数据
28       result := recvMsg[:n]
29       fmt.Printf("接收到数据来自[%s]:%s\n", ipAddr, string(result))
30       // 若对方发送"exit",则退出此链接
31       if "exit" == string(result) {
32          fmt.Println(ipAddr, "退出连接")
33          return
34       }
35       // 把接收到的数据返回给客户端
36       conn.Write([]byte(string(result)))
37    }
38 }
```

在 TCP 通信中，需要创建两个套接字，第一个套接字只负责监听客户端的连接，当有客户端连接时，创建第二个套接字负责与客户端进行通信。客户端的示例代码如例 10-2 所示。

例 10-2　TCP 套接字客户端

```
1  func main() {
2    // 客户端主动连接服务器
3    conn, err := net.Dial("tcp", "127.0.0.1:8080")
4    if err != nil {
5       log.Fatal(err) // log.Fatal()会产生 panic
6       return
7    }
```

```
8    defer conn.Close()
9    sendMsg := make([]byte, 1024)
10    for {
11        fmt.Printf("请输入发送的内容:")
12        fmt.Scan(&sendMsg)
13        fmt.Printf("发送的内容:%s \n", string(sendMsg))
14        // 写数据
15        conn.Write(sendMsg)
16        // 阻塞等待服务器回复的数据
17        n, err := conn.Read(sendMsg)
18        if err != nil {
19            fmt.Println(err)
20            return
21        }
22        // 切片截取,只截取有效数据
23        result := sendMsg[:n]
24        fmt.Printf("接收到数据:% s \n", string(result))
25    }
26 }
```

上述代码中，创建一个套接字去连接服务器，通过 Write 方法向服务器写入数据，通过 Read 方法读取服务器返回的数据。

10.1.3 UDP 套接字

UDP 的套接字比较简单，没有建立连接的过程，客户端直接向服务器监听的端口发送数据。服务器的示例代码如例 10-3 所示。

例 10-3 UDP 套接字服务器

```
1  func checkError(err error){
2    if err != nil {
3        fmt.Println("Error: %s", err.Error())
4        os.Exit(1)
5    }
6  }
7  func recvUDPMsg(conn * net.UDPConn){
8    var buf [1024]byte
9    defer conn.Close()
10    n, raddr, err := conn.ReadFromUDP(buf[0:])
11    if err != nil {
12        return
13    }
14    fmt.Println("RecvMessage: ", string(buf[0:n]))
15    _, err = conn.WriteToUDP([]byte("SendMessage"), raddr)
16    checkError(err)
17  }
18  func main() {
19    // 创建监听地址
20    udpAddr, err := net.ResolveUDPAddr("udp", "localhost:5500")
21    checkError(err)
22    // 创建监听套接字
23    conn, err := net.ListenUDP("udp", udpAddr)
24    if err != nil {
25        log.Println(err)
```

```
26    }
27    // 处理接收数据
28    recvUDPMsg(conn)
29    checkError(err)
30  }
```

上述代码中，先通过 net.ResolveUDPAddr 创建监听地址，net.ListenUDP 创建监听链接，然后通过 conn.ReadFromUDP 和 conn.WriteToUDP 收发 UDP 报文，客户端的代码示例如例 10-4 所示。

例 10-4　UDP 套接字客户端

```
1  func main() {
2    // 发起连接
3    conn, err := net.Dial("udp", "127.0.0.1:5500")
4    defer conn.Close()
5    if err != nil {
6        os.Exit(1)
7    }
8    // 发送数据
9    conn.Write([]byte("SendMessage"))
10    msg := make([] byte,1024)
11    // 读取数据
12    n,err :=conn.Read(msg)
13    fmt.Println("RecvMessage:", string(msg[:n]))
14  }
```

上述代码中，先通过 net.Dial 建立发送报文的套接字，然后使用 conn.Write 和 conn.Read 收发数据。

10.2 Web 编程

Go 语言标准库内置了 net/http 包，涵盖了 HTTP 客户端和服务端具体的实现。内置的 net/http 包提供了最简洁的 HTTP 客户端实现，无需借助第三方网络通信库就可以直接使用 HTTP 中用得最多的 GET 和 POST 方式请求数据。实现 HTTP 客户端就是客户端通过网络访问向服务端发送请求，然后从服务端获得响应信息，并将相应信息输出到客户端的过程。

10.2.1　理解路由

在 Web 开发中，路由是指根据 URL 分配到对应的控制器和处理方法。

URL（Uniform/Universal Resource Locator，统一资源定位符）用来表示网上的资源和访问方法，也就是用户在浏览器中输入的网址，但是有些隐藏的部分用户看不到。互联网上的每个文件都有一个唯一的 URL，它包含的信息指出文件的位置以及浏览器应该怎么处理它。

基本 URL 包含模式（或称协议）、服务器名称（或 IP）、路径和文件名，如“协议：// 授权/路径/文件名”。具体说明如下所示。

- 协议部分，如“http:”。
- 域名，如“www.baidu.com”，也可以使用 IP 作为域名使用。
- 端口部分，如“：8080”（非必须），默认为 80。
- 虚拟目录部分，如“/news/”，从域名后的第一个“/”开始到最后一个“/”为止（非必需）。

- 文件名部分，如“index.html”。可以为从域名后的最后一个“/”开始到“?”为止；如果没有“?”，则是从域名后的最后一个“/”开始到“#”为止，是文件部分；如果没有“?”和“#”，那么从域名后的最后一个“/”开始到结束，都是文件名部分。
- 锚部分，如“name”，从“#”开始到最后，都是锚部分。
- 参数部分，如“ID=5&name=lucy&age=18”，从“?”开始到“#”为止之间的部分为参数部分，又称搜索部分、查询部分。参数允许有多个，参数与参数之间用“&”作为分隔符。

URI（Uniform Resource Identifier，统一资源标识符）是一个用于标识某一互联网资源名称的字符串。该种标识允许用户对任何资源（包括本地和互联网）通过特定的协议进行交互操作。URI 由包括确定语法和相关协议的方案所定义。URI 的规范如下。

- 首选小写字母。
- 尽量使用“-”分隔，提高可读性，避免使用“_”。
- 结尾不应该包含“/”，“/”用来指示层级关系。
- 使用“?”表示资源的层级关系。
- URI 中的名词表示资源集合，使用复数形式。
- 逗号“,”或分号“;”可以用来表示同级资源的关系。

建议读者在开发过程中尽量避免层级过深的 URI。

URL 是一种 URI，它标识一个互联网资源，并指定对其进行操作或获取该资源的方法，可能通过对主要访问手段的描述，也可能通过网络“位置”进行标识。

10.2.2 交互流程

理解 HTTP 构建的网络应用需要关注客户端和服务器，所谓的 HTTP 服务器，主要作用在于服务器如何接受客户端的请求（Request），并向客户端返回响应（Response）。

服务器在接收请求的过程中，最重要的就是路由（Router）处理，即实现一个多路转接器（Multiplexer）。在 Go 语言中既可以使用内置的 mutilplexer-DefaultServeMux 实现路由处理，也可以自定义路由处理。Multiplexer 路由的目的就是找到处理函数（handler，首字母小写表示处理函数或对象），后者处理对应的请求，同时构建响应信息。

交互流程总结如下：

Client→Request→Multiplexer(router)→handler→Response→Client。

客户端发送请求到服务器，服务器接收请求后，分配路由，然后再选择相应的 handler 处理请求，最后将相应信息返回给客户端。

理解 Go 语言中的 HTTP 服务、Multiplexer 和 handler 非常重要。Go 语言中的 Multiplexer 基于 ServerMux 结构，同时也实现了 Handler 接口（只有表示接口时，Handler 首字母大写）。

- handler 函数：具有 func(w http.ResponseWriter, r *http.Requests) 签名的函数。
- handler 处理器（函数）：经过 HanderFunc 结构包装的 handler 函数，它实现了 ServeHTTP 接口方法的函数。调用 handler 处理器的 ServeHTTP 方法即调用 handler 函数本身。
- handler 对象：实现了 Hander 接口 ServeHTTP 方法的结构。

handler 函数和 handler 对象的差别在于，一个是函数，另一个是结构体，它们都实现了 serve-HTTP 方法，很多情况下，它们是类似的，如图 10.2 所示。

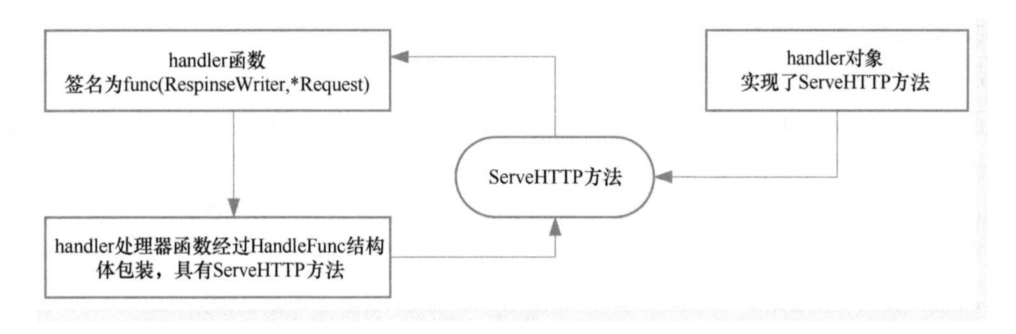

● 图 10.2　处理过程

http 包的关键类型为 Handler 接口、ServeMux 接口、HandlerFunc 函数和 Server 方法。

1. Handler 接口

Go 语言中的 HTTP 服务基于 handler 对象处理客户端发送过来的请求。Handler 接口在源码中的定义如下所示。

```
type Handler interface {
    ServeHTTP(ResponseWriter, * Request)   // 路由具体实现
}
```

由以上源码可知，任何实现了 ServeHTTP 方法的结构体都可以称为 handler 对象。ServeMux 会使用 handler 并调用其 ServeHTTP 方法处理请求及返回响应信息。所有请求的处理器、路由 ServeMux 都满足该接口。

2. ServeMux 接口

ServeMux 扮演的角色是 Multiplexer，它负责将每一个接收到的请求的 URL 与一个注册模式的列表进行匹配，并调用和 URL 最匹配的模式的处理器。它内部用一个 map 来保存所有处理器 handler，如图 10.3 所示。

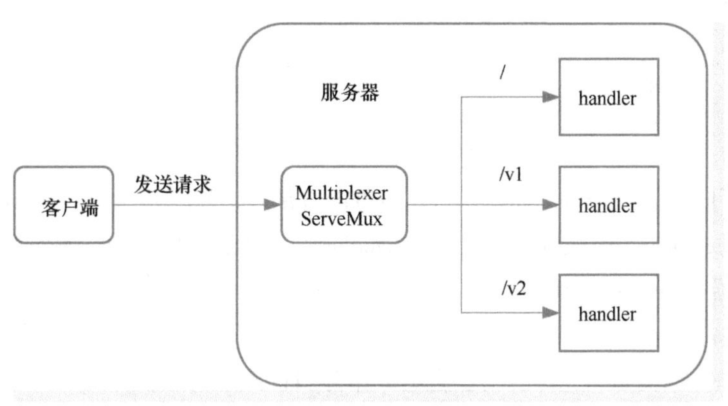

● 图 10.3　路由

图 10.3 中，为 3 个路径注册了 handler，分别为“/”　“/v1”和“/v2”。因此，用户访问 http:// hostname/v1 时，Multiplexer 会调用图 10.3 中对应的第二个 handler，当用户访问 http:// hostname/v2 时，Multiplexer 会调用图 10.3 中对应的第三个 handler，当不是这两个路径时，将调用第一个绑定在“/”上的 handler。

需要注意的是，handler 绑定的路径有无尾随的“/”意义是不同的。带上“/”表示该路径以及该路径下的子路径都会调用注册在该路径上的 handler。

实际上，当注册 handler 的路径带上“/”时，如果发起此路径的请求，会通过 301 重定向的方式自动补齐该尾随“/”，让浏览器发起第二次请求。例如，注册 handler 的路径为“/v1/”，当发起 http:// hostname/v1 的请求时，会自动补齐为 http:// hostname/v1/，然后浏览器自动发起第二次请求。

ServeMux 的源码定义如下所示。

```
type ServeMux struct {
    mu sync.RWMutex  // 锁,由于请求涉及并发处理,因此这里需要一个锁机制
    m  map[string]muxEntry  // 路由规则,一个 string 对应一个 mux 实体,这里的 string 就是注册的路由表
达式
    hosts bool // 是否在任意的规则中带有 host 信息
}
```

ServeMux 结构中最重要的字段为 m，m 是 map 类型的数据，其中 key 是一些 URL 模式，value 则是 muxEntry 结构体，muxEntry 结构体里存储了具体的 URL 模式和 handler，其源码如下所示。

```
type muxEntry struct {
    h          Handler     // 该路由表达式对应的 handler
    pattern    string      // 匹配字符串
}
```

ServeMux 也实现了 ServeHTTP 接口，这意味着 ServeMux 也是一个 handler，其源码如下所示。

```
func (mux * ServeMux) ServeHTTP(w ResponseWriter, r * Request) {
    if r.RequestURI == "* " {
        if r.ProtoAtLeast(1, 1) {
            w.Header().Set("Connection", "close")
        }
        w.WriteHeader(StatusBadRequest)
        return
    }
    h, _ := mux.Handler(r)
    h.ServeHTTP(w, r)
}
```

由以上源码可以看出，ServeMux 的 ServeHTTP 方法不是直接用来处理 request（请求）和 respone（响应）的，而是用来找到路由注册的 handler 的，然后间接调用它所保存的 muxEntry 中保存的 handler 处理器的 ServeHTTP( ) 方法。

3. HandlerFunc 函数

HandlerFunc 是函数类型，允许使用普通函数作为 HTTP 处理程序。HandlerFunc 函数的源码如下所示。

```
type HandlerFunc func(ResponseWriter, * Request)

// ServeHTTP calls f(w, r).
func (f HandlerFunc) ServeHTTP(w ResponseWriter, r * Request) {
  f(w, r)
}
```

自行定义的处理函数转换为 Handler 类型就是 HandlerFunc 调用之后的结果，该类型默认实现了 ServeHTTP 接口，即如果调用了 HandlerFunc(f)，那么 f 就会被强制转换成 HandlerFunc 类型，这样 f 就拥有了 ServeHTTP 方法。

4. Server 结构体

注册好路由之后，启动 Web 服务还需要开启服务器监听。ListenAndServe 监听 TCP 网络地址，然后调用服务处理程序处理请求传入连接。其源码定义如下所示。

```
func ListenAndServe(addr string, handler Handler) error {
  server := &Server{Addr: addr, Handler: handler}
  return server.ListenAndServe()
}

func (srv Server) ListenAndServe() error {
    addr := srv.Addr
    if addr == "" {
        addr = ":http"
    }
    ln, err := net.Listen("tcp", addr)
    if err != nil {
        return err
    }
    return srv.Serve(tcpKeepAliveListener{ln.(net.TCPListener)})
}
```

从以上源码可以看出，ListenAndServe 创建了一个 server 对象，并调用 server 对象的 ListenAndServe 方法。Server 结构体的部分字段如下所示。

```
type Server struct {
    Addr            string          // 监听 TCP 地址
    Handler         Handler         // 调用的处理程序
    // TLSConfig 可选地提供一个 TLS 配置供 ServeTLS 和 ListenAndServeTLS 使用
    TLSConfig * tls.Config
    // ReadTimeout 是读取整个请求(包括请求体)的最大持续时间
    ReadTimeout time.Duration
    // ReadHeaderTimeout 是允许读取请求标头的时间
    ReadHeaderTimeout time.Duration
    // WriteTimeout 是为响应的写操作计时之前的最大持续时间
    WriteTimeout time.Duration
    // IdleTimeout 是启用 keepl -alive 时等待下一个请求的最大时间
    IdleTimeout time.Duration
    // MaxHeaderBytes 控制服务器将读取解析请求标头的键和值(包括请求行)的最大字节数
    MaxHeaderBytes int
    // TLSNextProto 可以选择指定一个函数,当发生 NPN/ALPN 协议升级时接管所提供的 TLS 连接的所有权
    TLSNextProto map[string]func(* Server, * tls.Conn, Handler)
    // ConnState 指定一个可选的回调函数,当客户端连接改变状态时调用该函数
    ConnState func(net.Conn, ConnState)
    // ErrorLog 为接收连接的错误、处理程序的意外行为和底层文件系统错误指定一个可选的日志程序
    ErrorLog * log.Logger
}
```

server 结构存储了服务器处理请求常见的字段。其中 Handler 字段也保留 Handler 接口。如果 Server 接口没有提供 Handler 结构对象，那么会使用 DefaultServeMux 做 Multiplexer。

Server 的 ListenAndServer 方法会初始化监听地址 Addr，同时调用 Listen 方法设置监听。最后将监听的 TCP 对象传入 Serve 方法，其源码如下所示。

```
func (srv * Server) Serve(l net.Listener) error {
    defer l.Close()
    ...

    baseCtx := context.Background()
    ctx := context.WithValue(baseCtx, ServerContextKey, srv)
    ctx = context.WithValue(ctx, LocalAddrContextKey, l.Addr())
    for {
        rw, e := l.Accept()
        ...
        c := srv.newConn(rw)
        c.setState(c.rwc, StateNew) // before Serve can return
        go c.serve(ctx)
    }
}
```

5. 流程总结

首先调用 http.HandleFunc，在调用过程中，按顺序做了如下步骤。

1）调用 DefaultServeMux 的 HandleFunc 方法。

2）调用 DefaultServeMux 的 Handler 方法。

3）向 DefaultServeMux 的 map[string]muxEntry 中增加对应的处理函数和路由规则。

其次调用 http.ListenAndServe（"：8080"，nil），nil 表示使用默认路由器，在调用过程中，执行如下步骤。

1）实例化 Server 结构体对象。

2）调用 Server 的 ListenAndServe()方法。

3）调用 net.Listen（" tcp"，addr）监听端口。

4）启动一个 for 循环，在循环体中 Accept 请求。

5）对每个请求实例化一个 Conn，并且开启一个 Goroutine 为这个请求进行服务 go c.serve()。

6）读取每个请求的内容 w，err ：= c.readRequest()。

7）判断 handler 是否为空，如果没有设置 handler（这里就没有设置 handler），handler 就设置为 DefaultServeMux。

8）调用 handler 的 ServeHTTP。在这个例子中，下面就进入到 DefaultServeMux.ServeHttp。

9）根据 request 选择 handler，并进入到这个 handler 的 ServeHTTP mux.handler(r).ServeHTTP(w,r)。

10）选择 handler，其步骤如下所示。

① 判断是否有路由能满足这个 request（循环遍历 ServeMux 的 muxEntry）。

② 如果有路由满足，调用这个路由 handler 的 ServeHTTP。

③ 如果没有路由满足，调用 NotFoundHandler 的 ServeHTTP。

10.2.3 Web 服务器

从上一小节的内容可知，创建一个 HTTP 服务，主要有两个过程：首先需要注册路由，即提供

URL 模式和 handler 函数的映射；其次就是实例化一个 server 对象，并开启对客户端的监听。

1. 简单服务器

下面实现一个简单的服务器，代码如例 10-5 所示。

例 10-5　简单服务器

```
1 func IndexHandler(w http.ResponseWriter, r * http.Request) {
2   fmt.Fprintln(w, "hello world")
3 }
4
5 func main() {
6   http.HandleFunc("/", IndexHandler)
7   http.ListenAndServe("localhost:8000", nil)
8 }
```

通过浏览器访问 http:// localhost：8000/，结果如图 10.4 所示。

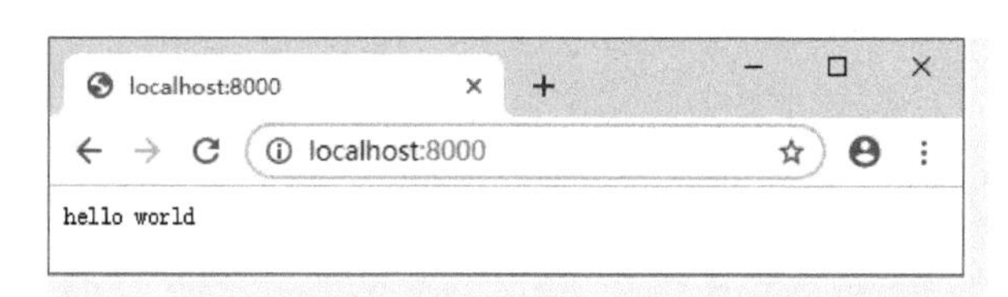

● 图 10.4　处理过程

由图 10.4 可以看出，当客户端访问 http:// localhost：8000/时，服务器会响应 hello world。http.ListenAndServer( )函数用来启动 Web 服务，绑定并监听端口。其中第一个参数为监听地址，第二个参数表示提供文件访问服务的 HTTP 处理器 handler。

2. 静态资源访问

支持静态文件访问的 Web 服务也可称为静态文件服务，可以通过 http.FileServer( )来实现。http.FileServer( )的返回值类型也是 Handler 类型，也就是可以提供文件访问服务的 HTTP 处理器。

FileServer( )的参数是 FileSystem 接口，可使用 http.Dir( )来指定服务端文件所在的路径。如果该路径中包含 index.html 文件，则会优先显示 html 文件，否则会显示文件目录。具体的使用方法如例 10-6 所示。

例 10-6　静态资源访问

```
1 func httpserver() {
2   // 设定路由和访问资源的路径
3   http.Handle("/", http.FileServer(http.Dir("E:/GoPath/go/src/MyBook/chapter10")))
4   err := http.ListenAndServe(":8080", nil)
5   if err != nil {
6       log.Fatal("ListenAndServe: ", err)
7   }
8 }
```

通过浏览器访问 http:// localhost：8080/，结果如图 10.5 所示。图中显示了资源目录下的文件和目录，编写一个简单的 html 文件并命名为 index.html，放在该目录下，index.html 文件内容如下所示。

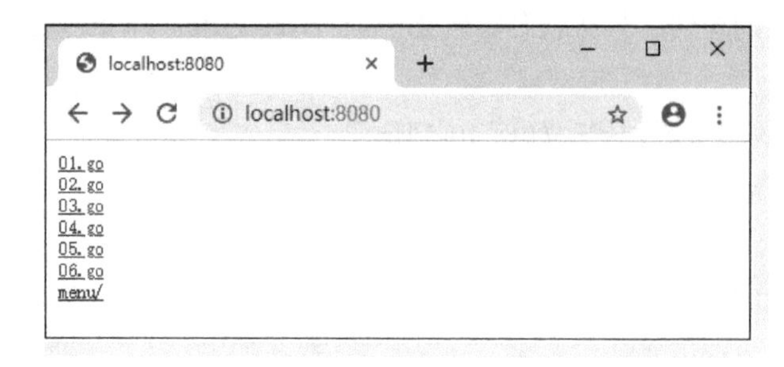

● 图 10.5　静态资源访问（一）

```
<! DOCTYPE html>
<html>
<head>
<meta charset="utf-8">
<title>Go 语言学习</title>
</head>
<body>
    <h1>Go 语言学习</h1>
    <p>HTTP 服务器</p>
</body>
</html>
```

再次通过浏览器访问 http:// localhost：8080/，结果如图 10.6 所示。

● 图 10.6　静态资源访问（二）

由以上结果可以看出，如果该路径中包含 index.html 文件，则会显示 html 文件。

3. 路由处理

注册网络访问的路由主要通过 http.HandleFunc( )函数实现。因为采用的是默认的路由分发任务方式，所以称之为默认的多路由分发服务。该函数在源码中的定义如下所示。

```
func HandleFunc(pattern string, handler func(ResponseWriter, * Request)) {
    DefaultServeMux.HandleFunc(pattern, handler)
}
```

HandleFunc( )函数的第一个参数是请求路径的匹配模式，第二个参数是一个函数类型，表示该请求需要处理的任务。

因为 HandleFunc( )的第二个参数是 Handler 接口的 ServeHTTP( )方法，所以第二个参数就是实现了 Handler 接口的 handler 实例。

ServeHTTP( )方法有两个参数：第一个参数是 ResponseWriter 类型，其中包含了服务器端给客户端的响应数据。服务器端往 ResponseWriter 写入了什么内容，浏览器的网页源码就是什么内容；第二个参数是一个 * Request 指针，其中包含了客户端发送给服务器端的请求信息（包含路径、浏览器类型等）。

通过 http.HandleFunc( )注册网络路由时，http.ListenAndServer( )的第二个参数通常为 nil，这意味着服务端采用默认的 http.DefalutServeMux 进行分发处理。DefaultServeMux 是 ServeMux 的一个实例。http 包提供了 NewServeMux 方法来创建 ServeMux 实例，默认创建一个 DefaultServeMux。

当一个请求发送到服务器时，处理方法的跟踪如下所示。

```
mux.ServerHTTP->mux.Handler->mux.handler->mux.match
```

处理路由的具体使用方法如例 10-7 所示。

例 10-7　路由处理

```
1  func main() {
2    // 规则 1
3    http.HandleFunc("/", func(w http.ResponseWriter, r * http.Request) {
4        w.Write([]byte("hello world"))
5    })
6    // 规则 2
7    http.HandleFunc("/v1/", func(w http.ResponseWriter, r * http.Request) {
8        w.Write([]byte("pattern path: /v1/ "))
9    })
10    // 规则 3
11    http.HandleFunc("/v1/user", func(w http.ResponseWriter, r * http.Request) {
12        w.Write([]byte("pattern path: /v1/user"))
13    })
14    log.Fatal(http.ListenAndServe(":8080", nil))
15 }
```

为了方便调试，可以使用一些调试工具模拟前端发送请求，如 Postman 等。

访问 http:// localhost：8080/，响应结果如下所示。

```
hello world
```

访问 http:// localhost：8080/v1/，响应结果如下所示。

```
pattern path: /v1/
```

访问 http:// localhost：8080/ v1/user，响应结果如下所示。

```
pattern path: /v1/user
```

Go 没有为 REST 提供直接支持，但是因为 RESTful 是基于 HTTP 协议实现的，所以可以利用 net/http 包来自己实现。

Go 标准库并没有封装直接向客户端响应 JSON 数据的方法，读者可以使用 encoding/json 包的 Encoder 结构体，将 JSON 数据写入响应数据流。

为了提高开发效率，也可以使用一些 Web 框架，如 Gin、Iris、Beego、Echo 等，这些框架基本都提供了 REST API，以及多种响应格式的 API。

10.2.4 客户端

实现 HTTP 客户端就是客户端通过网络访问，向服务端发送请求，然后从服务端获得响应信息，并将相应信息输出到客户端的过程。实现客户端访问有多种方式，具体如下所示。

1. 发送 GET 请求

首先创建一个 client 客户端对象，其次创建一个 request 请求对象，最后使用 client 客户端发送 request 请求。具体使用方法如例 10-8 所示。

例 10-8 发送 GET 请求

```
1  func main() {
2    // 创建一个客户端
3    client := http.Client{}
4    // 创建一个请求
5    request, err := http.NewRequest("GET", "https:// www.baidu.com/", nil)
6    // 第二种方法
7    // response, err := http.Get("http:// www.baidu.com")
8    CheckErr(err)
9    response, err := client.Do(request)
10     /*
11     // 第三种方法
12     client.Get()
13     client.Get("https:// www.toutiao.com/search/suggest/initial_page")
14     * /
15     CheckErr(err)
16     // 设置请求标头
17     request.Header.Set("Accept-Lanauage", "zh-cn")
18     defer response.Body.Close()
19     // 查看响应状态码
20     fmt.Printf("响应状态码: %v \n", response.StatusCode)
21     fmt.Printf("响应状态: %v \n", response.Status)
22     fmt.Println("响应头部:", response.Header)
23     fmt.Println("响应体:", response.Body)
24     // 定义切片缓冲区,存读到的内容
25     buf := make([]byte, 4096)
26     var result string
27     // 获取服务器发送的数据包内容
28     for {
29         // 读取 body 中的内容。
30         n, err := response.Body.Read(buf)
31         if n == 0 {
32             fmt.Println("响应体信息读取结束!")
33             break
34         }
35         if err != nil && err != io.EOF {
36             fmt.Println("响应体信息读取错误:", err)
37             return
38         }
39         // 累加读到的数据内容
40         result += string(buf[:n])
41     }
42     // 打印从 body 中读到的所有内容
```

```
43   fmt.Println("result = ", result)
44 }
```

上述代码中，通过 http 包发送一个简单的 GET 请求，可以使用 http.NewRequest ( )方法、client. Get( )方法和 http.Get( )方法。

2. 发送 POST 请求

这种方法总共两个步骤，首先创建一个 client 客户端对象，然后使用 client 客户端调用 Get( )方法，具体使用方式如例 10-9 所示。

例 10-9　发送 POST 请求

```
1 func CheckErr(err error) {
2   defer func() {
3      if ins, ok := recover().(error); ok {
4         fmt.Println("程序出现异常:", ins.Error())
5      }
6   }()
7   if err != nil {
8      panic(err)
9   }
10}
11func main() {
12    // 构建参数
13    data := url.Values{
14       "theCityName": {"重庆"},
15    }
16    // 参数转化成 body
17    reader := strings.NewReader(data.Encode())
18    // 发起 post 请求 MIME 格式
19    response, err := http.Post("http:// www.webxml.com.cn/WebServices/WeatherWebService.
asmx/getWeatherbyCityName",
20       "application/x-www-form-urlencoded", reader)
21    /*
22    // 创建一个客户端
23    client := http.Client{}
24    // 发送请求的第二种方式
25    request, err := http.NewRequest("POST", "https:// www.baidu.com/", reader)
26    // 发送请求的第三种方式
27    response, err := client .Post ("https:// www.baidu. com/","application/x-www-form-
urlencoded", reader)
28    response, err := client .PostForm("https:// www.baidu.com/", reader)
29     * /
30    CheckErr(err)
31    fmt.Printf("响应状态码: % v\n", response.StatusCode)
32    if response.StatusCode == 200 {
33       // 操作响应数据
34       defer response.Body.Close()
35       fmt.Println("网络请求成功")
36       CheckErr(err)
37    } else {
38       fmt.Println("请求失败", response.Status)
39    }
40 }
```

上述代码中，通过 http 包发送一个简单的 POST 请求，可以使用 http.NewRequest（）方法、client.Post( )方法和 http.Post( )方法。

10.3 模板

模板就是在写动态页面时不变的部分，服务端程序渲染可变部分生成动态网页。Go 语言的 html/template 包提供了丰富的模板语言，主要用于 Web 应用程序。Go 语言模板最大的好处就是数据的自动转义。在显示浏览器之前，没有必要担心那些作为 Go 语言解析 HTML 模板的 XSS 攻击或避开所有输入。模板的渲染技术本质上基本相同，都是字串模板和结构化数据的结合，将定义好的模板应用于结构化的数据，使用注解语法引用数据结构中的元素（如结构体中的特定字段，map 中的 key）并显示它们的值。

10.3.1 变量

在 Go 语言模板中，变量通过 {{.}} 来访问，其中 {{.}} 称为管道和 root。在模板文件内，{{.}} 代表了当前变量，即在非循环体内，{{.}} 就代表了传入的那个变量。模板中使用 {{/* comment */}} 来进行注释。

在 Go 语言渲染模板时，可以在模板文件中读取变量内的值并渲染到模板里。模板有两个常用的传入类型：一种是 struct，在模板内可以读取该 struct 的内容；另一种是 map[string]interface{}，在模板内可以使用 key 来进行渲染。

struct 类型的使用方法如例 10-10 所示。

例 10-10 通过 struct 类型渲染

```
1  // 定义一个结构体
2  type User struct {
3    UserId int
4    Username string
5    Age uint
6    Sex string
7  }
8  func main() {
9    // 创建一个新模板并解析模板定义
10    tmp := template.Must(template.ParseFiles("E:/GoPath/go/src/MyBook/chapter10/10.html"))
11    http.HandleFunc("/10", func(w http.ResponseWriter, r * http.Request) {
12        // 实例化结构体
13        user := User{1, "梅超风" , 44 , "女"}
14        // 将解析后的模板应用于指定的数据对象,并响应
15        tmp.Execute(w, user)
16    })
17    // 监听端口
18    err := http.ListenAndServe(":8080", nil)
19    if err != nil {
20        log.Fatal("ListenAndServe: ", err)
21    }
22  }
```

模板文件 10.html 的内容如下所示。

```
<html>
<head>
    <title>Go 模板</title>
</head>
<body>
  {{.}}
<br/>
  {{.Username}}{{.UserId}}{{.Sex}}{{.Age}}
</body>
</html>
```

通过浏览器访问 http:// localhost：8080/10，结果如图 10.7 所示。

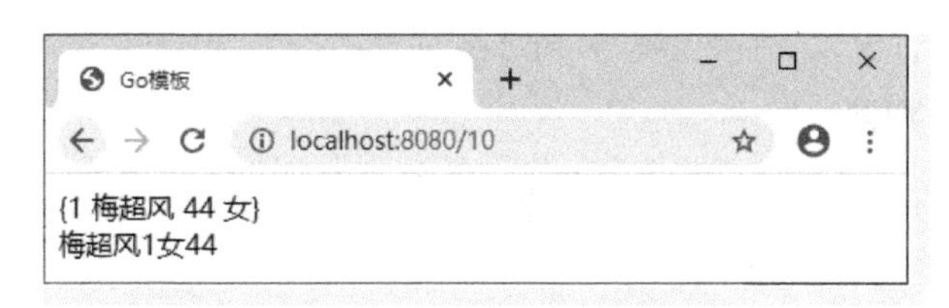

● 图 10.7　访问结果

map 类型的使用方法如例 10-11 所示。

例 10-11　通过 map 类型渲染

```
1  func main() {
2    // 创建一个新模板并解析模板定义
3    tmp := template.Must(template.ParseFiles("E:/GoPath/go/src/MyBook/chapter10/11.html"))
4    http.HandleFunc("/11", func(w http.ResponseWriter, r * http.Request) {
5        // 实例化 map
6        locals := make(map[string]interface{})
7        locals["username"] = "Pony"
8        locals["age"] = 44
9        // 将解析后的模板应用于指定的数据对象,并响应
10        tmp.Execute(w, locals)
11    })
12    // 监听端口
13    err := http.ListenAndServe(":8080", nil)
14    if err != nil {
15        log.Fatal("ListenAndServe: ", err)
16    }
17  }
```

模板文件 11.html 的内容如下所示。

```
<html>
<head>
    <title>Go 模板</title>
</head>
<body>
  {{.}}<br/>
  {{.username}}<br/>{{.age}}<br/>
</body>
</html>
```

通过浏览器访问 http:// localhost：8080/11，结果如图 10.8 所示。

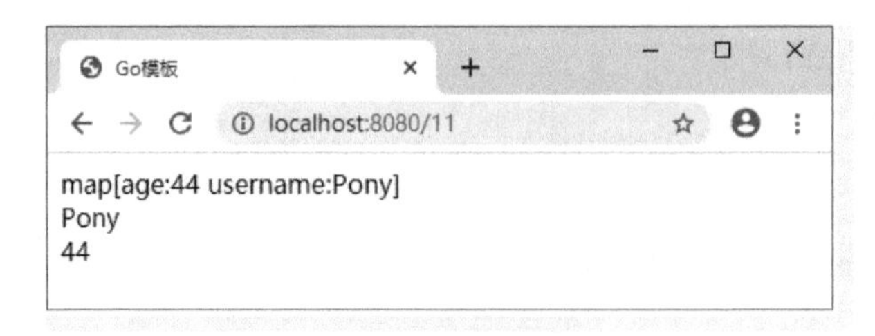

● 图 10.8 访问结果

由图 10.8 可以看出，模板内容可以在页面正常显示。

10.3.2 逻辑判断

模板支持 if 语句条件判断，支持最简单的 bool 类型和字符串类型的判断，定义如下所示。

```
{{if .condition}}
{{end}}
```

当.condition 是 bool 类型时，值为 true 表示执行。当.condition 是 string 类型时，值为非空时表示执行。模板同样支持 else，else if 嵌套，其定义如下所示。

```
{{if .condition1}}
{{else if .contition2}}
{{end}}
```

Go 语言的模板提供了一些内置的模板函数来执行逻辑判断，下面列举目前常用的一些内置模板函数，见表 10.1。

表 10.1 内置模板函数

函数语法	函数作用
{{if not .condition}} {{end}}	not 非
{{if and .condition1 .condition2}} {{end}}	and 与
{{if or .condition1 .condition2}} {{end}}	or 或
{{if eq .var1 .var2}} {{end}}	eq 等于
{{if ne .var1 .var2}} {{end}}	ne 不等于
{{if lt .var1 .var2}} {{end}}	lt 小于
{{if le .var1 .var2}} {{end}}	le 小于等于

（续）

函数语法	函数作用
{{if gt .var1 .var2}} {{end}}	gt 大于
{{if ge .var1 .var2}} {{end}}	ge 大于等于

逻辑判断的使用方法如例 10-12 所示。

例 10-12　模板的逻辑判断

```
1  func main() {
2    // 创建一个新模板并解析模板定义
3    tmp := template.Must(template.ParseFiles("E:/GoPath/go/src/MyBook/chapter10/12.html"))
4    http.HandleFunc("/12", func(w http.ResponseWriter, r * http.Request) {
5        // 实例化 map
6        names := make(map[string]interface{})
7        names["name1"] = "98K"
8        names["name2"] = "AK47"
9        // 将解析后的模板应用于指定的数据对象,并响应
10        tmp.Execute(w, names)
11     })
12     // 监听端口
13     err := http.ListenAndServe(":8080", nil)
14     if err != nil {
15         log.Fatal("ListenAndServe: ", err)
16     }
17  }
```

模板文件 12.html 的内容如下所示。

```
<html>
<head>
    <title>Go 模板</title>
</head>
<body>
  {{if eq .name1 .name2}}
    OK:名称一致
  {{else if ne .name1 .name2}}
    Err:名称不一致
  {{end}}
</body>
</html>
```

通过浏览器访问 http:// localhost：8080/12，结果如图 10.9 所示。

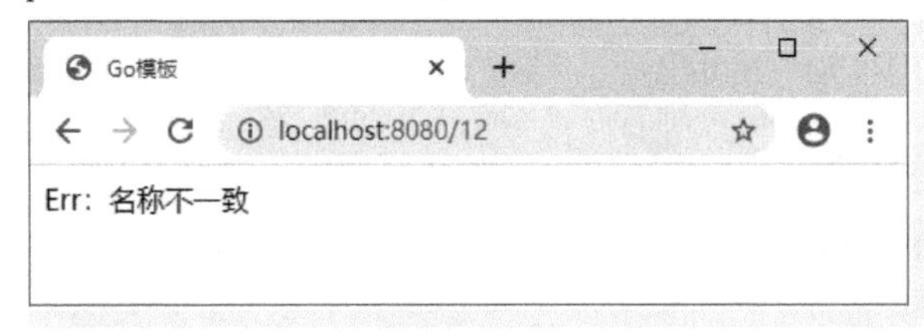

● 图 10.9　访问结果

由图 10.9 可以看出，页面输出的内容是经过逻辑判断后的结果。

10.3.3 遍历

Go 语言模板支持使用 range 循环来遍历 map、slice 中的内容，语法格式如下所示。

```
{{range $index, $value := .slice}}
{{end}}
```

在这个 range 循环内，通过 $ index 和 $ value 来遍历数据。还有一种遍历方式，语法格式如下所示。

```
{{range .slice}}
{{end}}
```

这种方式无法访问到 $ index 和 $ key 的值，需要通过 {{.}} 来访问对应的 $ value。那么在这种情况下，在循环体内外部变量需要使用 {{$.}} 来访问。

遍历模板的使用方法如例 10-13 所示。

例 10-13　遍历模板

```
1  type Item struct {
2    Name string
3    Price int
4  }
5  type Data struct {
6    Name string
7    Items []Item
8  }
9  func main() {
10     // 创建一个新模板并解析模板定义
11     tmp := template.Must(template.ParseFiles("E:/GoPath/go/src/MyBook/chapter10/13.html"))
12     http.HandleFunc("/13", func(w http.ResponseWriter, r * http.Request) {
13         // 实例化结构体
14         weapen1 := Item{"AK47",2000}
15         weapen2 := Item{"火麒麟",8888}
16         weapen3 := Item{"黑武士",8888}
17         data := Data{"武器",[]Item{weapen1 , weapen2, weapen3 }}
18         // 将解析后的模板应用于指定的数据对象,并响应
19         tmp.Execute(w, data)
20     })
21     // 监听端口
22     err := http.ListenAndServe(":8080", nil)
23     if err != nil {
24         log.Fatal("ListenAndServe: ", err)
25     }
26  }
```

模板文件 13.html 的内容如下所示。

```
<html>
<head>
    <title>Go 模板</title>
</head>
<body>
```

```
    {{range .Items}}
    <div class="item">
      <h3 class="name">{{.Name}}</h3>
      <span class="price"> ${{.Price}}</span>
    </div>
    {{end}}
  </body>
  </html>
```

通过浏览器访问 http:// localhost：8080/13，结果如图 10.10 所示。

● 图 10.10　访问结果

由图 10.10 可以看出，页面输出了遍历的所有数据。

10.3.4　嵌套

在编写模板时，经常需要将公用的模板进行整合，比如每一个页面都有导航栏和页脚，通常的做法是将其编写为一个单独的模块，让所有的页面进行导入，这样就不必重复编写了。

任何网页都有一个主模板，然后可以在主模板内嵌入子模板来实现模块共享。模板嵌套的使用方法如例 10-14 所示。

例 10-14　模板嵌套

```
1  package main
2
3  import (
4      "net/http"
5      "log"
6      "html/template"
7  )
8
9  func main() {
10       //嵌套模板
11       tmp := template.Must(template.ParseFiles("E:/GoPath/go/src/MyBook/chapter10/14.html","
E:/GoPath/go/src/MyBook/chapter10/header.html"))
12       http.HandleFunc("/14", func(w http.ResponseWriter, r * http.Request) {
13         //实例化 map
```

```
14          data := make(map[string]interface{})
15          data["五虎 1"] = "赵云"
16          data["五虎 2"] = "马超"
17          data["五虎 3"] = "关羽"
18          data["五虎 4"] = "张飞"
19          data["五虎 5"] = "黄忠"
20          // 将解析后的模板应用于指定的数据对象,并响应
21          tmp.Execute(w, data)
22      })
23      // 监听端口
24      err := http.ListenAndServe(":8080", nil)
25      if err != nil {
26          log.Fatal("ListenAndServe: ", err)
27      }
28 }
```

模板文件 14.html 的内容如下所示。

```
<html>
{{template "header.html"}}
<body>
  {{range $key, $value := .}}
  <h3 class="name">{{ $value}}</h3>
  {{end}}
</body>
</html>
```

嵌套模板文件 header.html 的内容如下所示。

```
<head>
<meta charset="utf-8">
<title>模板嵌套</title>
</head>
```

通过浏览器访问 http:// localhost: 8080/14，结果如图 10. 11 所示。

● 图 10. 11　访问结果

由图 10. 11 的左上角可以看出，嵌套模板的内容可以正常显示。上述案例中，还演示了使用模板遍历 map 的方法。

10.4 RPC 应用

RPC（Remote Procedure Call，远程过程调用）是一种通过网络从远程计算机程序上请求服务，而不需要了解底层网络细节的应用程序通信协议。RPC 协议可以构建在 TCP、UDP 或 HTTP 上。开发者可以在客户端程序上直接调用服务端程序上的方法，且无需额外为此调用过程编写网络通信相关代码，使得开发网络分布式程序在内的应用程序更加容易。

10.4.1　内置 RPC

RPC 采用客户端-服务端的工作模式。当执行一个远程过程调用时，客户端程序首先发送一个带有参数的调用信息到服务端，然后等待服务端响应。在服务端，服务进程保持睡眠状态直到客户端的调用信息到达。当一个调用信息到达时，服务端获得进程参数，计算出结果，并向客户端发送应答信息。然后等待下一个调用。一个 RPC 的核心功能主要由如下 5 个部分组成。

- 客户端（Client）：服务调用方。
- 客户端存根（Client Stub）：存放服务端地址信息，将客户端的请求参数数据信息打包成网络消息，再通过网络传输发送给服务端。
- 服务端存根（Server Stub）：接收客户端发送过来的请求消息并进行解包，然后再调用本地服务进行处理。
- 服务端（Server）：服务的真正提供者。
- 网络服务（Network Service）：传输协议，可以是 TCP 或 HTTP。

RPC 的调用过程如图 10.12 所示。

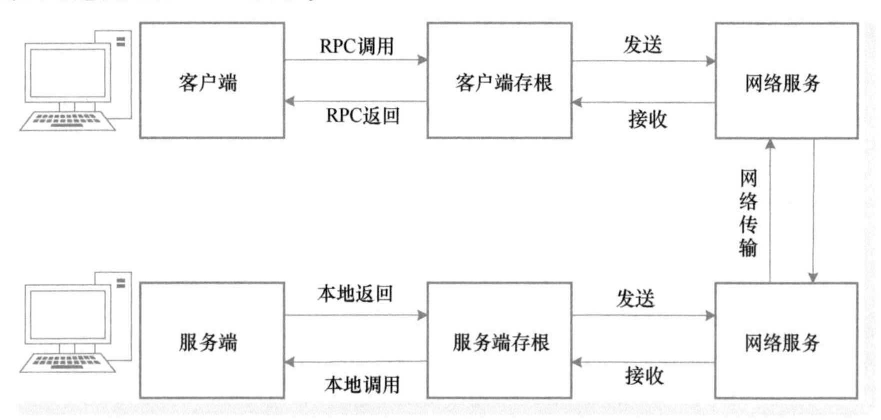

● 图 10.12　RPC 调用过程

Go 语言内置标准库提供的 net/rpc 包提供了 RPC 协议相关方法。net/rpc 包允许 RPC 客户端程序通过网络或者其他 IO 连接调用一个远程对象的公开方法。在 RPC 服务端，可将一个对象注册为可访问的服务，之后该对象的公开方法就能够以远程的方式提供访问。

编写一个简单的 RPC 通信案例，服务端代码如例 10-15 所示。

例 10-15　RPC 服务端

```
1  type User struct {
2    ID   int
```

```
3    Name string
4  }
5  // RPC 方法
6  func (u * User) GetUser(id int, user * User) error {
7    userMap := map[int]User{
8        1: {ID: 1, Name: "frank"},
9        2: {ID: 2, Name: "lucy"},
10     }
11     if userInfo, ok := userMap[id]; ok {
12         * user = userInfo }
13     return nil
14   }
15   func main() {
16     // 在 RPC 上注册结构体对象以及相应的方法
17     _ = rpc.Register(new(User))
18     // 注册 HTTP 处理程序
19     rpc.HandleHTTP()
20     // 设置监听端口
21     listener, _ := net.Listen("tcp", ":8081")
22     // 启动 HTTP 服务
23     _ = http.Serve(listener, nil)
24   }
```

上述代码中定义一个可导出的 User 类型和一个符合 RPC 方法定义要求的 GetUser 方法，然后启动了一个 HTTP 服务器。其中 GetUser 方法必须满足 Go 语言的 RPC 规则：方法只能有两个可序列化的参数，其中第二个参数是指针类型，并且返回一个 error 类型，同时必须是公开的方法。

客户端的代码如例 10-16 所示。

例 10-16　RPC 客户端

```
1  type User struct {
2    ID int
3    Name string
4  }
5  func main(){
6    // 呼叫服务端
7    client, _ := rpc.DialHTTP("tcp", ":8081")
8    id := 1
9    var user User
10    // 使用 Call 方法远程调用
11    _ = client.Call("User.GetUser", id, &user)
12    // 打印调用结果
13    fmt.Println(user)
14    id = 2
15    // 异步调用
16    userCall := client.Go("User.GetUser", id, &user, nil)
17    // 接收调用结果
18    replyCall := <-userCall.Done
19    if replyCall != nil {
20        fmt.Println(user)
21    }
22  }
```

在客户端的代码中可以看到具有“User.GetUser”方法的服务“User”。要调用服务端的方法，客户端要先拨号连接服务器端，然后客户端可以进行远程调用，也可以使用 Go 方法来进行异步调用。

10.4.2 Protobuf

Protobuf 是一种平台无关、语言无关、可扩展且轻便高效的序列化数据结构的协议，可以用于网络通信和数据存储。Protobuf 支持很多语言，如 C++、C#、Dart、Go、Java、Python 和 Rust 等。

序列化（Serialization Marshalling）的过程是指将数据结构或者对象的状态转换成可以存储或者传输的格式。反向操作就是反序列化（Deserialization Unmarshalling）的过程。

protoc 是 Protobuf 的编译器，结合插件将.proto 文件编译成开发者需要的编程语言代码。

在 Linux 环境下安装 protoc，首先要下载安装文件，执行命令如下所示。

```
wget https:// github. com/protocolbuffers/protobuf/releases/download/v3. 14. 0/protobuf-all-3.14.0.zip
```

v3.14.0 表示版本，读者可以在 GitHub 上查看最新的版本。解压缩，执行命令如下所示。

```
unzip protobuf-all-3.13.0.zip
```

到安装目录下编译，具体步骤如下所示。

```
cd protobuf-all-3.13.0
./configure
make
make install
```

注意：安装过程中，可能会提示需要依赖库，可以根据错误提示安装依赖库。

在 Windows 环境下，先去 GitHub 上下载安装包。将安装包下载到本地之后，解压到一个全英文的路径中。配置环境变量之后即可使用。

Go 语言代码生成插件是 protoc-gen-go，在 Linux 和 Windows 环境下都可以执行命令安装。

```
go get -ugithub.com/golang/protobuf/protoc-gen-go
```

生成的 protoc-gen-go 可执行文件在 GoPath 的 bin 目录中。

编写一个 proto 文件，如例 10-17 所示。

例 10-17 proto 文件

```
1  syntax = "proto3";
2  // 定义发送的消息
3  message SearchRequest {
4    string name = 1;
5    int32 age = 2;
6    int32 height = 3;
7    repeated string hobby = 4;
8  }
```

第 1 行指定 Protobuf 的版本，这里是以 proto3 格式定义，还可以指定为 proto2。如果没有指定，默认以 proto2 格式定义。

上述代码定义了一个 message 类型：SearchRequest，它包含 4 个字段，即 name、age、height 和 hobby。在消息中承载的数据分别对应于每一个字段。其中每个字段都有一个名字和一种类型。它会被 Protoc 编译成不同的编程语言的相应对象，如 Java 中的 class、Go 中的 struct 等。后面的数字表示编号，并不是该字段具体的值。定义为 repeated 的字段表示复数类型，会被编译成 Go 中的切片。具体的类型对应关系可以参考官方文档。

到该文件的目录下编译 .proto 文件。执行命令如下所示。

```
protoc --go_out=.* .proto
```

“--go_out”表示编译文件的存放目录；“*.proto”表示目标编译文件；“*”星号代表文件名的通配符。命令执行完毕后会生成一个.pb.go 文件。

proto 文件中的字段定义被转换成了结构体，并添加了 JSON 标签。还生成了一些序列化和获取结构体字段的方法。在 Go 中，使用 proto 库的 Marshal 函数来序列化 protocol buffer 数据。指向消息的结构体的指针实现了 proto.Message 接口。调用 proto.Marshal 会返回以其有线格式编码的 protocol buffer。

使用 Go 语言的代码测试编码效果，如例 10-18 所示。

例 10-18　protobuf 编码和解码

```
1  func main() {
2    //初始化结构体对象
3    t := &test.SearchRequest {
4       Name:"xdd",
5       Age:28,
6       Height:180,
7       Hobby: []string{"唱","跳","RAP","篮球"},
8    }
9    //打印结构体信息
10    fmt.Println("编码前",t)
11    //proto 编码
12    data,err := proto.Marshal(t)
13    if err != nil{
14       fmt.Println("编码失败")
15    }
16    //编码后打印
17    fmt.Println("编码后",data)
18    //初始化一个新的结构体对象,用于存储解码后的值
19    newtest := &test.SearchRequest{}
20    //proto 的解码
21    err = proto.Unmarshal(data,newtest)
22    if err != nil{
23       fmt.Println("解码失败")
24    }
25    //解码后的打印信息
26    fmt.Println("解码后",newtest)
27    //转换成字符串
28    fmt.Println(newtest.String())
29    fmt.Println("名字:",newtest.Name)
30  }
```

上述代码中，实例化了 test 包下的 SearchRequest 结构体，该结构体定义在 protoc 编译生成的 test.pb.go 文件中，该结构体具有编码和解码的方法，读者可以到工程目录下查看相关源码。

10.4.3 gRPC

gRPC是一个高性能、开源、通用的RPC框架。基于HTTP/2协议标准设计开发，默认采用Protocol Buffers数据序列化协议Protocol Buffers基本语法，支持多种开发语言。gRPC提供了一种简单的方法来精确地定义服务，并且为客户端和服务端自动生成可靠的功能库。与许多RPC系统一样，gRPC围绕定义服务的思想，指定可通过其参数和返回类型远程调用的方法。

安装Go语言的gRPC插件，执行命令如下所示。

```
go install google.golang.org/grpc/cmd/protoc-gen-go-grpc
```

安装插件以后可以在protoc中使用“--go-grpc_out”命令参数生成相应的go文件。

gRPC应用的开发流程如下所示。

- 编写.proto文件。
- 使用protoc编译.proto文件，生成.go文件。
- 编写服务器端代码。
- 编写客户端代码。

gRPC可以定义四种服务方法：一元RPC、服务端流式RPC、客户端流式RPC、双向流式RPC。

1. 一元RPC

一元RPC是最简单的RPC类型，客户端向服务器发送单个请求并获得单个响应，就像普通函数调用一样，如下所示。

```
rpc RPCFunc (HelloRequest) returns (HelloResponse)
```

客户端调用存根方法后，会通知服务器已使用该调用的客户端元数据、方法名称和指定的期限（如果适用）来调用RPC。服务器可以立即发送自己的初始元数据，或者等待客户端的请求消息。服务器收到客户的请求消息后，它将完成创建和填充响应所必需的一切工作，然后将响应连同状态详细信息以及可选尾随元数据一起返回。

创建一个proto文件，其内容如例10-19所示。

例10-19 v1.proto

```
1  syntax = "proto3";
2  package proto;
3  option cc_generic_services = true;
4  // 定义请求结构体
5  message HelloRequest{
6      string name = 1;
7  }
8  // 定义响应结构体
9  message HelloResponse{
10     string message = 1;
11 }
12 // 定义服务
13 service Hello{
14     rpc SayHello(HelloRequest)returns(HelloResponse){}
15 }
```

在工作目录下编译该文件，生成go文件，执行命令如下所示。

```
protoc --go_out=. --go-grpc_out=. * .proto
```

执行成功之后会在目录下生成两个文件：v1.pd.proto 和 v1_grpc.pd.go。v1_grpc.pd.go 文件内生成了服务方法，生成了 gRPC 客户端和服务器端的接口，生成了 UnimplementedHelloServer 结构体和 HelloServer 接口，UnimplementedHelloServer 结构体实现了 HelloServer 中的所有方法。HelloServer 中包含两个方法，SayHello 方法是开发人员要实现的业务逻辑，而 mustEmbedUnimplementedHelloServer( ) 方法，官方给出的注释是为了向前兼容。

服务器的代码如例 10-20 所示。

例 10-20　一元 RPC 服务端

```
1  // 定义一个 helloServer 并实现约定的接口
2  type helloService struct{
3    pb.UnimplementedHelloServer
4  }
5
6  func (h helloService) SayHello(ctx context.Context, in * pb.HelloRequest) (* pb.HelloRe-
sponse, error) {
7    resp := new(pb.HelloResponse)
8    resp.Message = "hello" + in.Name + "."
9    return resp, nil
10  }
11  var HelloServer = &helloService{}
12  func main() {
13   listen, err := net.Listen("tcp", Address)
14   if err != nil {
15       fmt.Printf("failed to listen:% v", err)
16   }
17   // 实现 gRPC Server
18   s := grpc.NewServer()
19   // 注册 helloServer 为客户端提供服务
20   pb.RegisterHelloServer(s, HelloServer) // 内部调用了 s.RegisterServer()
21   fmt.Println("Listen on" + Address)
22   s.Serve(listen)
23  }
```

上述代码中定义了 helloService 结构体，并内嵌了 UnimplementedHelloServer 结构体指针。helloService 结构体重写了 SayHello 方法，在系统调用时优先执行。如果没实现 SayHello 方法，那么客户端在调用时则会调用 v1_grpc.pd.go 文件中的 SayHello 方法。最后使用 TCP 监听的模式。

客户端的代码如例 10-21 所示。

例 10-21　一元 RPC 客户端

```
1  func main(){
2   // 建立链接
3   conn, err := grpc.Dial(Address , grpc.WithInsecure())
4   if err != nil {
5       log.Fatal("did not connect", err)
6   }
7   defer conn.Close()
8   helloClient := pb.NewHelloClient(conn)
9   // 设定请求超时时间 3s
```

```
10    ctx, cancel := context.WithTimeout(context.Background(), time.Second* 3)
11    // 发送终止信号
12    defer cancel()
13    // 远程调用方法,并传入参数
14    helloResponse, err := helloClient.SayHello(ctx, &pb.HelloRequest{
15        Name: "jack",
16    })
17    // 打印远程调用的返回结果
18    if err == nil{
19        log.Printf("say hello success: %s", helloResponse.Message)
20    }else{
21        log.Printf("say hello failed: %s", err.Error())
22    }
23 }
```

上述代码中，首先通过拨号与服务器创建一个连接，传入 grpc.WithInsecure( )表示不使用证书，然后远程调用服务器的方法需要传入 Context 和请求结构体对象，最后打印调用结果。

2. 流式 RPC

一元 RPC 只能满足简单的业务场景，在生产环境中几乎很少用到。在生产环境中使用一元 RPC 可能会出现如下问题。

- 数据包过大造成的瞬时压力。
- 接收数据包时，需要所有数据包都接收成功且正确后，才能够回调响应。

流式 RPC 适合大规模数据包场景。

（1）服务端流式 RPC

客户端在其中向服务器发送请求，并获取流以读取回一系列消息。客户端从返回的流中读取，直到没有更多消息为止。gRPC 保证单个 RPC 调用中的消息顺序。服务端流式 RPC 语法格式如下所示。

```
rpc RPCFunc (HelloRequest) returns (stream HelloResponse)
```

服务端流式 RPC 与一元 RPC 类似，不同之处在于服务端响应客户端的请求返回消息流。发送所有消息后，服务端的状态详细信息和可选尾随元数据将发送到客户端，这样就完成了服务端的处理。客户端收到所有服务端的消息后即表示调用完成。

（2）客户端流式 RPC

客户端在其中编写一系列消息，然后再次使用提供的流将它们发送到服务端。客户端写完消息后，它将等待服务端读取消息并返回响应。gRPC 再次保证了在单个 RPC 调用中的消息顺序。客户端流式 RPC 的语法格式如下所示。

```
rpc RPCFunc(stream HelloRequest) returns (HelloResponse)
```

客户端流式 RPC 与一元 RPC 相似，不同之处在于客户端将消息流发送到服务端而不是单个消息。服务端以一条消息（以及其状态详细信息和可选的尾随元数据）作为响应，通常（但不一定）是在它收到所有客户端的消息之后。

（3）双向流式 RPC

双方都使用读写流发送一系列消息。这两个流是独立运行的，因此客户端和服务端可以按照自己喜欢的顺序进行读写。例如，服务端可以在写响应之前等待接收所有客户端消息，或者可以先读

取消息再写入消息或其他一些读写组合。每个流中的消息顺序都会保留。双向流式 RPC 的语法格式如下所示。

```
rpc BidiHello(stream HelloRequest) returns (stream HelloResponse)
```

在双向流式 RPC 中，调用由客户端调用方法启动，服务端接收客户端元数据、方法名称和期限。服务端可以选择发回其初始元数据，也可以等待客户端开始流式传输消息。

创建一个 proto 文件，具体代码如例 10-22 所示。

例 10-22　v2.proto

```
1  syntax = "proto3";
2  // 定义包名
3  package streampb;
4  // 指定 go 的包路径及包名
5  option go_package = ".;streampb";
6  // 定义消息结构体
7  message StreamPerson{
8    string name = 1;
9    int32 age = 2;
10    repeated string hobby = 3;
11  }
12  // 定义请求结构体
13  message StreamRequest{
14    string msg = 1;
15    StreamPerson sp = 2;
16  }
17  // 定义响应结构体
18  message StreamResponse{
19    string repmsg = 1;
20    StreamPerson sp = 2;
21  }
22  // 定义 RPC 服务接口
23  service SteamService {
24    // 客户端流式 RPC
25    rpc SignUP(stream StreamRequest) returns (StreamResponse){}
26    // 服务端流式 RPC
27    rpc List(StreamRequest) returns (stream StreamResponse) {}
28    // 双向流式 RPC
29    rpc Delete(stream StreamRequest) returns (stream StreamResponse) {}
30  }
```

在工作目录下编译该文件，生成相应的 pb.go 和 gprc.pb.go 文件。编写服务器代码，如例 10-23 所示。

例 10-23　流式 RPC（服务端）

```
1  // 定义一个结构体,实现约定的接口
2  type testStreamService struct{
3     spb.UnimplementedSteamServiceServer
4  }
5  // 定义一个 map,用来存储前端发送过来的数据
6  var people = map[int]* spb.StreamPerson{}
7  var index int = 0
```

```
8 // 重写约定 StreamService 接口中的方法,覆盖 grpc.pd.go 文件中的方法
9 // 客户端流式 RPC
10 func (t testStreamService) SignUP(sctx spb.SteamService_SignUPServer) error{
11     // 将传入参数注册到数据库中,这里通过 map 模拟
12     fmt.Println("执行 SignUP 方法------")
13     for{
14         // 读取接收信息
15         r, err := sctx.Recv()
16         // 当遇到 io.EOF,说明字节流已经关闭,返回响应信息
17         if err == io.EOF{
18             // 填充响应信息
19             resp := &spb.StreamResponse{
20                 Repmsg:"注册成功",
21                 Sp:&spb.StreamPerson{// 随意填充的数据,也可以为 nil
22                     Name:"cc",
23                     Age: 12,
24                     Hobby: []string{"1", "2"},
25                 },
26             }
27             // 返回响应信息
28             return sctx.SendAndClose(resp)
29         }
30         // 如果读取过程中产生错误,则返回错误信息
31         if err != nil{
32             return err
33         }
34         // 没有遇到 io.EOF,说明正常读取数据,执行业务流程
35         // 为了方便演示,将数据存储到 map 中,在实际工作场景中应将数据存储到数据库中
36         index++
37         people[index]=r.GetSp()
38         // 如果没有产生错误,打印接收到的消息
39         log.Printf("客户端流式 RPC,接收消息:%s, %d, %s", r.Sp.Name,r.Sp.Age,r.Sp.Hobby)
40         log.Printf("数据库中的信息,%s,%d,%s",people[index].Name,people[index].Age,peo-
ple[index].Hobby)
41     }
42 }
43 // 显示数据列表,服务端流式 RPC
44 func (t testStreamService) List(sreq * spb.StreamRequest, slist spb.SteamService_List-
Server) error{
45     // 将传入参数注册到数据库中,这里通过 map 模拟
46     fmt.Println("执行 list 方法------")
47     for k, v := range people {
48         log.Println("编号", k, "名字", v.Name)
49         err := slist.Send(&spb.StreamResponse{
50             Sp: &spb.StreamPerson{
51                 Name:v.Name,
52                 Age: v.Age,
53                 Hobby: v.Hobby,
54             },
55         })
56         if err != nil {
57             return err
58         }
59     }
```

```
60      return nil
61  }
62
63  // 删除某个数据,并将删除后的列表返回,双向流式 RPC
64  func (t testStreamService) Delete(sctx spb.SteamService_DeleteServer) error{
65      // 执行删除操作
66      fmt.Println("执行 Delete 方法")
67      // 先读取接收信息
68      for{
69          req, err := sctx.Recv()
70          if err == io.EOF{
71              // 当字节流关闭时,退出接收数据的循环
72              break
73          }
74          if err != nil{
75              return err
76          }
77          // 根据接收的信息,删除 map 中的元素
78          key, _ := strconv.Atoi(req.GetMsg())
79          delete(people, key)
80      }
81      // 删除元素之后,将 map 中的消息返回给客户端
82      for k, v := range people {
83          log.Println("编号", k, "名字", v.Name)
84          err := sctx.Send(&spb.StreamResponse{
85              Sp: &spb.StreamPerson{
86                  Name:v.Name,
87                  Age: v.Age,
88                  Hobby: v.Hobby,
89              },
90          })
91          if err != nil {
92              return err
93          }
94      }
95      return nil
96  }
97  var TestStreamService = &testStreamService{}
98  func main(){
99      // 设置监听地址
100      listen, err := net.Listen("tcp", Address)
101      if err != nil {
102          fmt.Printf("failed to listen:%v", err)
103      }
104      // 实现 gRPC Server
105      s := grpc.NewServer()
106      // 注册服务
107      spb.RegisterSteamServiceServer(s, TestStreamService)
108      fmt.Println("Listen on" + Address)
109      // 监听服务
110      s.Serve(listen)
111  }
```

上述代码中创建了 3 个 RPC 服务，分别为客户端流式 RPC（SigUp）、服务端流式 RPC（List）、

双向流式 RPC（Delete）。SigUp 方法主要模拟用户注册功能，接收前端发送过来的数据，并保存到 map 中，在实际工作中要将数据库保存到数据库中。List 方法主要是返回给客户端已经注册的用户数据。Delete 方法的功能是删除已经注册的数据，并将剩下的数据返回给客户端。客户端的代码如例 10-24 所示。

例 10-24　流式 RPC（客户端）

```
1  // 注册请求
2  func printSignUPResponse(client spb.SteamServiceClient,req * spb.StreamRequest)error{
3      // 设定请求超时时间 3s
4      ctx, cancel := context.WithTimeout(context.Background(), time.Second* 3)
5      // 发送终止信号
6      defer cancel()
7      // 接收客户端流对象
8      stream, err:= client.SignUP(ctx)
9      if err != nil{
10         return err
11     }
12     // 使用客户端流对象发送请求消息
13     err = stream.Send(req)
14     if err != nil{
15         return err
16     }
17     // 接收响应信息
18     resp, err := stream.CloseAndRecv()
19     if err != nil {
20         return err
21     }
22     log.Printf("Response Msg: %s", resp.Repmsg)
23     return nil
24 }
25 // 获取数据列表请求
26 func printList(client spb.SteamServiceClient, req * spb.StreamRequest )error{
27     // 设定请求超时时间 3s
28     ctx, cancel := context.WithTimeout(context.Background(), time.Second* 3)
29     // 发送终止信号
30     defer cancel()
31     // 执行方法
32     stream, err := client.List(ctx, req)
33     if err != nil {
34         return err
35     }
36     for {
37         resp, err := stream.Recv()
38         if err == io.EOF {
39             break
40         }
41         if err != nil {
42             return err
43         }
44         log.Printf("resp: %s, %d, %s", resp.Sp.Name,resp.Sp.Age,resp.Sp.Hobby)
45     }
46     return nil
```

```
47  }
48  func printDelete(client spb.SteamServiceClient, req * spb.StreamRequest )error{
49      // 设定请求超时时间
50      ctx, cancel := context.WithTimeout(context.Background(), time.Second* 20)
51      // 发送终止信号
52      defer cancel()
53      // 执行方法
54      stream, err := client.Delete(ctx)
55      if err != nil {
56          return err
57      }
58      // 发送信息
59      err = stream.Send(req)
60      if err != nil {
61          return err
62      }
63      // 关闭发送数据流
64      stream.CloseSend()
65      // 接收信息
66      for {
67          resp, err := stream.Recv()
68          if err == io.EOF {
69              break
70          }
71          if err != nil {
72              return err
73          }
74          log.Printf("resp: %s, %d, %s", resp.Sp.Name,resp.Sp.Age,resp.Sp.Hobby)
75      }
76      return nil
77  }
78  func main(){
79      // 建立链接
80      conn, err := grpc.Dial(Address , grpc.WithInsecure())
81      if err != nil {
82          log.Fatal("did not connect", err)
83      }
84      defer conn.Close()
85      client := spb.NewSteamServiceClient(conn)
86      // 创建请求数据
87      req1 := &spb.StreamRequest{
88          Msg:"请求注册",
89          Sp:&spb.StreamPerson{
90              Name:"cc",
91              Age: 25,
92              Hobby: []string{"唱","跳舞","篮球"},
93          },
94      }
95      // 创建请求数据
96      req2 := &spb.StreamRequest{
97          Msg:"请求注册",
98          Sp:&spb.StreamPerson{
99              Name:"yy",
100              Age: 50,
```

```
101                 Hobby: []string{"爬山","攀岩","游泳"},
102             },
103         }
104         // 创建请求数据
105         req3 := &spb.StreamRequest{
106             Msg:"请求注册",
107             Sp:&spb.StreamPerson{
108                 Name:"dd",
109                 Age: 30,
110                 Hobby: []string{"喝酒","写作","脱口秀"},
111             },
112         }
113         // 创建请求数据
114         req4 := &spb.StreamRequest{
115             Msg:"请求注册",
116             Sp:&spb.StreamPerson{
117                 Name:"xz",
118                 Age: 39,
119                 Hobby: []string{"街舞","综艺","极限运动"},
120             },
121         }
122         fmt.Println("注册请求---------")
123         // 注册
124         err = printSignUPResponse(client, req1)
125         if err != nil{
126             log.Fatal("注册失败", err)
127         }
128         err = printSignUPResponse(client, req2)
129         if err != nil{
130             log.Fatal("注册失败", err)
131         }
132         err = printSignUPResponse(client, req3)
133         if err != nil{
134             log.Fatal("注册失败", err)
135         }
136         err = printSignUPResponse(client, req4)
137         if err != nil{
138             log.Fatal("注册失败", err)
139         }
140         time.Sleep(1)
141         // 获取已注册信息列表
142         fmt.Println("获取列表请求---------")
143         err = printList(client, req1)
144         if err != nil{
145             log.Fatal("获取列表失败", err)
146         }
147         // 创建请求数据,将想要删除的 key 放在 Msg 中
148         time.Sleep(1)
149         // 获取已注册信息列表
150         fmt.Println("注销请求---------")
151         req5 := &spb.StreamRequest{
152             Msg:"1",
153         }
154         // 注销,并返回注销后的列表
```

```
155       err = printDelete(client, req5)
156       if err != nil{
157           log.Fatal("注销失败", err)
158       }
159   }
```

上述代码主要是根据 RPC 接口，分别向三个 RPC 服务发送数据，然后将接收到的数据打印出来。先运行服务器代码，再运行客户端代码。

10.4.4 自签证书

采用明文传输存在被窃听的风险。为了防止数据被第三方窃听和篡改，需要对数据进行加密。HTTPS 承载于 TLS 或 SSL。HTTPS（Hypertext Transfer Protocol Secure，安全超文本传输协议）比 HTTP 更加安全，能够有效防止网络嗅探和中间人攻击。

HTTPS 主要分为两个阶段：TLS 握手阶段和数据通信阶段。TLS 握手阶段就是协商对称加密密钥的非对称加密阶段；数据通信阶段就是使用对称加密进行数据通信的阶段。

HTTPS 共有两套非对称加密：一套用于 TLS 握手，一套用于数字证书签名认证。

这两者的区别：前者是服务器端（如果是双向验证的话，客户端也会有一套非对称加密公私钥）产生的。私钥在服务端上；后者是 CA 机构产生的，私钥在 CA 机构。CA 是负责签发证书、认证证书、管理已颁发证书的机关。

为了方便测试，可以自己制作证书，自行对证书签名。自制证书需要安装 OpenSSL。在官方网站下载安装包，然后按照如下步骤进行安装。

```
# tar -xzf openssl-1.0.2f.tar.gz
# cd openssl-1.0.2f
# mkdir /usr/local/openssl
# ./config --prefix=/usr/local/openssl
# make
# make install
```

为了使用方便，以及以后版本更新方便，可以创建软连接，执行命令如下所示。

```
ln -s /usr/local/openssl/bin/openssl /usr/bin/openssl
```

使用 RSA 算法生成数字证书的私钥，执行命令如下所示。

```
openssl genrsa -out ca.key 2048
```

根据私钥生成数字证书的公钥，执行命令如下所示。

```
openssl req -new -x509 -days 3650 -key ca.key -out ca.pem
```

输出结果如下所示。

```
You are about to be asked to enter information that will be incorporated
into your certificate request.
What you are about to enter is what is called a Distinguished Name or a DN.
There are quite a few fields but you can leave some blank
For some fields there will be a default value,
If you enter '.', the field will be left blank.
-----
Country Name (2 letter code) [XX]:CN
```

```
State or Province Name (full name) []:Beijing
Locality Name (eg, city) [Default City]:Beijing
Organization Name (eg, company) [Default Company Ltd]:XX
Organizational Unit Name (eg, section) []:GJ
Common Name (eg, your name or your server's hostname) []:xdd
Email Address []:
```

上述输出中，需要填写证书信息，如国家、省份、公司、服务域名等，用来表示CA的权威性。

1. 使用CA根证书对服务端证书签名

初始化服务端私钥，执行命令如下所示。

```
openssl genpkey -algorithm RSA -out server.key
```

CSR是Certificate Signing Request的英文缩写，即证书请求文件，也就是证书申请者在申请数字证书时由加密服务提供者在生成私钥的同时也生成证书请求文件，证书申请者只要把CSR文件提交给证书颁发机构，证书颁发机构使用其根证书私钥签名就生成了证书公钥文件，也就是颁发给用户的证书。

根据私钥生成csr请求文件。

```
openssl req -new -nodes -key server.key -out server.csr -days 3650 -subj
"/C=cn/OU=custer/O=custer/CN=localhost" -config ./openssl.cnf -extensions v3_req
```

使用CA根证书私钥对服务端的证书请求文件签名，执行命令如下所示。

```
[root@ localhost openssl]# openssl x509 -req -days 3650 -in server.csr -out server.pem -CA ca.
pem -CAkey ca.key -CAcreateserial -extfile ./openssl.cnf -extensions v3_req
```

2. 使用CA根证书对客户端证书签名

生成客户端私钥，执行命令如下所示。

```
openssl genpkey -algorithm RSA -out client.key
```

生成客户端的证书请求文件。

```
openssl req -new -nodes -key client.key -out client.csr -days 3650 -subj
"/C=cn/OU=custer/O=custer/CN=localhost" -config ./openssl.cnf -extensions v3_req
```

CA根证书对客户端证书进行签名。

```
openssl x509 -req -days 3650 -in client.csr -out client.pem -CA ca.pem -CAkey ca.key -CAcreate-
serial -extfile ./openssl.cnf -extensions v3_req
```

至此，证书已经制作完成，将生成证书相关的文件都复制到工程目录的cert目录下。

3. 代码实现

编写proto文件，如例10-25所示。

例10-25 v3.proto

```
1  syntax = "proto3";
2  //指定go的包路径及包名
3  option go_package=".;streampb";
4  //定义请求结构体
```

```
5  message HelloRequest {
6      string name = 1;
7      string message = 2;
8  }
9  // 定义响应结构体
10 message HelloResponse{
11     string name = 1;
12     string message = 2;
13 }
14 // 定义 RPC 服务
15 service HelloService{
16     rpc Hello(stream HelloRequest)returns(stream HelloResponse){}
17 }
```

编译 proto 文件，生成对应的 pb.go 和 grpc.pb.go 文件。编写服务端代码如例 10-26 所示。

例 10-26　带证书的服务端 RPC

```
1  // 定义一个结构体并实现约定的接口
2  type hService struct{
3      pb.UnimplementedHelloServiceServer
4  }
5  func (h hService )Hello(ctx pb.HelloService_HelloServer)error {
6      for {
7          // 接收消息
8          req, err := ctx.Recv()
9          if err == io.EOF {
10             return nil
11         }
12         if err != nil {
13             return err
14         }
15         log.Println(req.GetName(), "来报:", req.GetMessage())
16         // 发送消息
17         err = ctx.Send(&pb.HelloResponse{
18             Name:"将军",
19             Message:"全军出击",
20         })
21         if err != nil {
22             return err
23         }
24     }
25 }
26 func main() {
27     // 从文件中读取自签证书密钥对
28     cert, _ := tls.LoadX509KeyPair("server.pem", "server.key")
29     // 创建证书池
30     certPool := x509.NewCertPool()
31     // 读取根证书文件内容
32     ca, _ := ioutil.ReadFile("ca.pem")
33     // 解析 PEM 编码证书的内容,并保存到证书池中,证书池里保存了经过 CA 根证书签名的证书
34     certPool.AppendCertsFromPEM(ca)
35     // 根据配置,创建运输凭证
36     creds := credentials.NewTLS(&tls.Config{
37         Certificates: []tls.Certificate{cert},
```

```
38            ClientAuth: tls.RequireAndVerifyClientCert, // 请求并验证客户端证书
39            ClientCAs: certPool,
40        })
41        // 设置监听端口
42        listen, err := net.Listen("tcp", Address)
43        if err != nil {
44            log.Fatalf("net.Listen err: %v", err)
45        }
46        fmt.Println("Listen on:" + Address)
47        // 实现 gRPC Server
48        server := grpc.NewServer(grpc.Creds(creds))
49        // 注册服务
50        pb.RegisterHelloServiceServer(server, &hService{})
51        // 启动服务
52        server.Serve(listen)
53 }
```

上述代码中采用双向流式 RPC。使用 TLS 通信对数据加密，x509.NewCertPool( )会创建一个新的、空的证书池。certPool.AppendCertsFromPEM( )会尝试解析所传入的 PEM 编码的证书。如果解析成功会将其加到 CertPool 中，便于后面使用 credentials.NewTLS 构建基于 TLS 的 TransportCredentials 选项。Config 结构用于配置 TLS 客户端或服务端，其中 ClientCAs：设置根证书的集合，校验方式使用 ClientAuth 中设定的模式。

客户端的代码如例 10-27 所示。

例 10-27　带证书的客户端 RPC

```
1  func SayHello(client pb.HelloServiceClient,req * pb.HelloRequest )error{
2      // 设定请求超时时间
3      ctx, cancel := context.WithTimeout(context.Background(), time.Second* 20)
4      defer cancel()
5      // 执行方法,将 context 传入
6      stream, err := client.Hello(ctx)
7      if err != nil {
8          return err
9      }
10     // 发送五次消息
11     for i:=0; i<5; i++{
12         // 发送信息
13         err = stream.Send(req)
14         if err != nil {
15             return err
16         }
17     }
18     // 关闭发送数据流
19     err = stream.CloseSend()
20     if err != nil {
21         return err
22     }
23     for{
24         resp, err := stream.Recv()
25         if err == io.EOF{
26             return nil
27         }
```

```
28          if err != nil{
29              return err
30          }
31          log.Println(resp.GetName()," 回应:",resp.GetMessage())
32      }
33  }
34  func main() {
35      // 读取自签证书密钥对
36      cert, _ := tls.LoadX509KeyPair("client.pem", "client.key")
37      // 初始化证书池
38      certPool := x509.NewCertPool()
39      // 读取根证书内容
40      ca, _ := ioutil.ReadFile("ca.pem")
41      // 将 CA 根证书内容添加到证书池中
42      certPool.AppendCertsFromPEM(ca)
43      //      // 根据配置创建运输凭证,如果服务器能在证书链中找到根证书,说明证书确实由 CA 签发,即可验证
对方身份
44      creds := credentials.NewTLS(&tls.Config{
45          Certificates: []tls.Certificate{cert},
46          ServerName: "localhost",// 服务域名,在制作证书时已经添加
47          RootCAs: certPool,
48      })
49      // 以 TLS 的方式进行拨号连接
50      conn, err := grpc.Dial(Address, grpc.WithTransportCredentials(creds))
51      if err != nil {
52          log.Fatalf("grpc.Dial err: %v", err)
53      }
54      // 延迟关闭连接
55      defer conn.Close()
56      client := pb.NewHelloServiceClient(conn)
57      req := &pb.HelloRequest{
58          Name: "士兵",
59          Message:"敌军来袭!",
60      }
61      err = SayHello(client, req)
62      if err != nil {
63          log.Fatalf("client hello err: %v", err)
64      }
65  }
```

客户端代码与服务端差别不大，不同点在于当客户端请求服务端时，客户端会使用根证书和服务端名称去校验服务端。校验的简单流程如下所示。

1）客户端通过请求得到服务端的证书。

2）使用 CA 认证的根证书对 Server 端的证书进行可靠性、有效性等校验。

3）校验 ServerName 是否可用、有效。

在设置 tls.RequireAndVerifyClientCert 模式的情况下，服务端也会使用 CA 认证的根证书对客户端的证书进行可靠性、有效性等校验。也就是两边都会进行校验，极大地保证了服务的安全性。

10.4.5 拦截器和认证

拦截器主要完成请求参数的解析，将页面表单参数赋值给栈中的相应属性，执行功能检验、程序异常调试等工作。

拦截器的功能就像是个过滤器，把不需要的内容给过滤掉。拦截器可以抽象出一部分代码来完善原来的行为，同时可以减轻代码冗余，提高重用率。拦截器类似于 HTTP 应用的中间件，能够让用户在真正调用 RPC 方法前，进行身份认证、日志记录、限流、异常捕获、参数校验等通用操作。

gRPC 中提供了两种拦截器：一元拦截器（grpc.UnaryInterceptor）和流拦截器（grpc.StreamInterceptor）。

1. 一元 RPC 实现认证

编写 proto 文件，具体代码如例 10-28 所示。

例 10-28 v4.proto

```
1  syntax = "proto3";
2  // 定义包名
3  package pbv4;
4  // 指定 go 的包路径及包名
5  option go_package=".;streampb";
6  // 定义请求结构体
7  message ChatRequest{
8      string name = 1;
9      int32 age = 2;
10      string weapon = 3;
11      string speak = 4;
12  }
13  // 定义响应结构体
14  message ChatResponse{
15      string name = 1;
16      int32 age = 2;
17      string weapon = 3;
18      string speak = 4;
19  }
20  // 定义一元 RPC 服务
21  service ChatService{
22      rpc Chat(ChatRequest)returns(ChatResponse){}
23  }
```

编写服务器代码，如例 10-29 所示。

例 10-29 带有一元拦截器的服务端 RPC

```
1  // 定义一个结构体并实现约定的接口
2  type cService struct {
3      pb.UnimplementedChatServiceServer
4  }
5  func (c cService) Chat(ctx context.Context, req * pb.ChatRequest) (* pb.ChatResponse, er-
ror){
6      // 打印请求信息
7      fmt.Println(req.GetAge(),"岁的", req.GetName(), "手里拿着:", req.GetWeapon(),"说:",
req.GetSpeak())
8      // 创建响应结构体对象
9      resp := new(pb.ChatResponse)
10      resp = &pb.ChatResponse{
11          Name:"花木兰",
12          Age: 20,
13          Weapon: "重剑",
```

```
14          Speak:"姐来展示高端操作",
15      }
16      // 返回响应信息
17      return resp, nil
18  }
19
20  // 获取日志的拦截器
21  func LoggingInterceptor(ctx context.Context, req interface{}, info * grpc.UnaryServerIn-
fo, handler grpc.UnaryHandler) (interface{}, error) {
22      // 正式调用方法之前,打印请求数据,此时可以修改打印数据
23      fmt.Printf("gRPC method: %s, %v \n", info.FullMethod, req)
24      // 在拦截器中修改数据
25      if reqParam, ok := req.(* pb.ChatRequest); ok {
26          reqParam.Speak = "我是肥环呀"
27      }
28      // RPC 方法本身 (客户端此次实际要调用的函数),也就是执行了 Chat 方法
29      resp, err := handler(ctx, req)
30      // 打印日志,请求方法和请求数据类型
31      log.Printf("gRPC method: %s, %v", info.FullMethod, resp)
32      return resp, err
33  }
34  // auth 验证 Token
35  func auth(ctx context.Context) error {
36      // 获取流入数据 context 中的元数据
37      md, ok := metadata.FromIncomingContext(ctx)
38      fmt.Println(md, ok)
39      if ok == false {
40          return grpc.Errorf(codes.Unauthenticated, "无 Token 认证信息")
41      }
42      // 定义接收 Token 的数据类型
43      var (
44          appID string
45          appSecret string
46      )
47      // 获取 token map 中的值
48      if value, ok := md["app_id"]; ok {
49          appID = value[0]
50      }
51      if value, ok := md["app_secret"]; ok {
52          appSecret = value[0]
53      }
54      // 验证 Token
55      if appID != "9527" || appSecret != "天王盖地虎" {
56          return grpc.Errorf(codes.Unauthenticated, "Token 认证信息无效: appid=%s, appkey=%s",
appID, appSecret)
57      }
58      return nil
59  }
60  // 认证操作的拦截器
61  func AuthInterceptor(ctx context.Context, req interface{}, info * grpc.UnaryServerInfo,
handler grpc.UnaryHandler) (resp interface{}, err error) {
62      err = auth(ctx)
63      if err != nil {
64          return
```

```
65         }
66         // 继续处理请求
67         return handler(ctx, req)
68     }
69     func main() {
70         // 从文件中读取自签证书密钥对,省略部分代码。与前面案例相同
71         // 实现注册服务的参数
72         opts := []grpc.ServerOption{
73             grpc.Creds(creds),
74             // 增加拦截器中间件
75             grpc_middleware.WithUnaryServerChain(
76                 AuthInterceptor,
77                 LoggingInterceptor,
78             ),
79         }
80         // 实现 gRPC 服务
81         server := grpc.NewServer(opts...)
82         // 注册服务
83         pb.RegisterChatServiceServer(server, &cService{})
84         lis, err := net.Listen("tcp", Address )
85         if err != nil {
86             log.Fatalf("net.Listen err: %v", err)
87         }
88         fmt.Println("Listen on:" + Address)
89         // 启动监听
90         server.Serve(lis)
91     }
```

上述代码中，以自签证书和 TLS 的方式启动服务。其中定义了两个拦截器，AuthInterceptor 实现 Token 认证，LoggingInterceptor 实现日志打印，并且在内部修改了请求数据。gRPC 本身只能设置一个拦截器，采用开源组件 go-grpc-middleware 实现多个拦截器。metadata 包定义了 gRPC 所支持的元数据结构，包中方法可以对元数据进行获取和处理。credentials 包实现了 gRPC 所支持的各种认证凭据，封装了客户端对服务端进行身份验证所需要的状态，并做出断言。codes 包定义了 gRPC 使用的标准错误码，可通用。

客户端的代码实现如例 10-30 所示。

例 10-30　客户端 RPC

```
1   // 自定义认证结构体
2   type Token struct{
3       AppID     string
4       AppSecret string
5   }
6   // 实现认证请求方法
7   func (t Token) GetRequestMetadata(ctx context.Context, uri ...string) (map[string]string,
error) {
8       // 组建认证数据
9       return map[string]string{"app_id": t.AppID, "app_secret": t.AppSecret}, nil
10  }
11  // 是否需要基于 TLS 认证进行安全传输
12  func (c Token) RequireTransportSecurity() bool {
13      if OpenTLS {
```

```
14          return true
15      }
16      return false
17  }
18  func main() {
19      // 读取自签证书密钥对
20      // 省略获取证书部分的代码
21      var opts []grpc.DialOption
22      opts = append(opts, grpc.WithTransportCredentials(creds))
23      token := Token{
24          AppID:      "9527",
25          AppSecret:  "天王盖地虎",
26      }
27      opts = append(opts, grpc.WithPerRPCCredentials(&token))
28      // 以 TLS 的方式进行拨号连接
29      conn, err := grpc.Dial(Address, opts...)
30      if err != nil {
31          log.Fatalf("grpc.Dial err: %v", err)
32      }
33      // 延迟关闭连接
34      defer conn.Close()
35      client := pb.NewChatServiceClient(conn)
36      req := &pb.ChatRequest{
37          Name: "杨玉环",
38          Age: 18,
39          Weapon:"琵琶",
40          Speak:"云想衣裳花想容,春风拂槛露华浓。",
41      }
42      // 设定请求超时时间 3s
43      ctx, cancel := context.WithTimeout(context.Background(), time.Second* 3)
44      // 发送终止信号
45      defer cancel()
46      resp, err := client.Chat(ctx, req)
47      // 打印远程调用的返回结果
48      if err == nil{
49          log.Println(resp.Age,"岁的",resp.GetName(),"拿着",resp.Weapon," 回应:",resp.
GetSpeak())
50      }else{
51          log.Printf("say hello failed: %s", err.Error())
52      }
53      _, err = client.Chat(ctx, nil)
54      if err == nil{
55          log.Println(resp.Age,"岁的",resp.GetName(),"拿着",resp.Weapon," 回应:",resp.
GetSpeak())
56      }
57  
58  }
```

上述代码中，定义了 Token 结构体，实现了 GetRequestMetadata 方法和 RequireTransportSecurity 方法，也就是实现了 PerRPCCredentials 接口，从而实现认证功能。在 GetRequestMetadata 方法中，组建了 Token 认证信息，并基于 TLS 认证进行安全传输。

2. 使用流式 RPC 拦截器实现认证

编写 proto 文件，具体代码如例 10-31 所示。

例 10-31 v5.proto

```
1 syntax = "proto3";
2 // 定义包名
3 package pbv5;
4 // 指定 go 的包路径及包名
5 option go_package=".;streampb";
6 // 定义请求结构体
7 message ChatRequest{
8     string name = 1;
9     int32 age = 2;
10     string weapon = 3;
11     string speak = 4;
12 }
13 // 定义响应结构体
14 message ChatResponse{
15     string name = 1;
16     int32 age = 2;
17     string weapon = 3;
18     string speak = 4;
19 }
20 // 定义双向流式 RPC 服务
21 service ChatService{
22     rpc Chat(stream ChatRequest) returns (stream ChatResponse){}
23 }
```

服务器的代码如例 10-32 所示。

例 10-32 带有流式拦截器的服务端 RPC

```
1 // 拦截器日志,RPC 方法入参出参的日志输出
2 func LoggingInterceptor(req interface{}, ss grpc.ServerStream, info * grpc.StreamServer-
Info, handler grpc.StreamHandler) error{
3     log.Printf("gRPC method: %s, %t", info.FullMethod, req)
4     err := handler(req, ss)
5     log.Printf("gRPC method: %s, %T", info.FullMethod, req)
6     ss.Context()
7     // 使用断言,判断接口类型
8     if reqParam, ok := req.(* pb.ChatRequest); ok{
9         fmt.Println(reqParam.GetName())
10     }
11     return err
12 }
13 // auth 验证 Token
14 func auth(ctx context.Context) error {
15     // 获取流入数据 context 中的元数据
16     md, ok := metadata.FromIncomingContext(ctx)
17     fmt.Println(md, ok)
18     if ok == false {
19         return grpc.Errorf(codes.Unauthenticated, "无 Token 认证信息")
20     }
21     // 定义接收 Token 的数据类型
22     var (
23         appID     string
24         appSecret string
```

```
25      )
26      // 获取 token map 中的值
27      if value, ok := md["app_id"]; ok {
28          appID = value[0]
29      }
30      if value, ok := md["app_secret"]; ok {
31          appSecret = value[0]
32      }
33      // 验证 Token
34      if appID != "9527" || appSecret != "天王盖地虎" {
35          return grpc.Errorf(codes.Unauthenticated, "Token 认证信息无效: appid=%s, appkey
=%s", appID, appSecret)
36      }
37      return nil
38  }
39  // 流拦截器,除了一元消息,剩下的三种流消息都走这个过滤器
40  func AuthInterceptor(srv interface{}, ss grpc.ServerStream,info * grpc.StreamServerInfo,
handler grpc.StreamHandler) error {
41      // 调用认证
42      err := auth(ss.Context())
43      if err != nil {
44          return err
45      }
46      // 继续处理请求
47      return handler(srv, ss)
48  }
49  // 定义一个结构体并实现约定的接口
50  type cService struct {
51      pb.UnimplementedChatServiceServer
52  }
53  func (c cService) Chat(ctx pb.ChatService_ChatServer) error{
54      for {
55          // 接收消息
56          req, err := ctx.Recv()
57          if err == io.EOF {
58              return nil
59          }
60          if err != nil {
61              return err
62          }
63          log.Println(req.GetAge(),"岁的", req.GetName(), "手里拿着:", req.GetWeapon(),"
说:",req.GetSpeak())
64          // 发送消息
65          err = ctx.Send(&pb.ChatResponse{
66              Name:"花木兰",
67              Age: 20,
68              Weapon: "重剑",
69              Speak:"静如影,疾如风。",
70          })
71          if err != nil {
72              return err
73          }
74      }
75  }
```

```
76  func main() {
77      // 从文件中读取自签证书密钥对,省略证书相关代码
78      // 实现注册服务的参数
79      opts := []grpc.ServerOption{
80          grpc.Creds(creds),
81          // 增加拦截器中间件
82          grpc_middleware.WithStreamServerChain(
83              AuthInterceptor,
84              LoggingInterceptor,
85          ),
86      }
87
88      // 实现 gRPC 服务
89      server := grpc.NewServer(opts...)
90      // 注册服务
91      pb.RegisterChatServiceServer(server, &cService{})
92      lis, err := net.Listen("tcp", Address )
93      if err != nil {
94          log.Fatalf("net.Listen err: %v", err)
95      }
96      fmt.Println("Listen on:" + Address)
97      // 启动监听
98      server.Serve(lis)
99  }
```

客户端的代码如例 10-33 所示。

例 10-33　带有认证请求的客户端 RPC

```
1  // 自定义认证结构体
2  type Token struct{
3     AppID      string
4     AppSecret string
5  }
6  // 实现认证请求方法
7  func (t Token) GetRequestMetadata(ctx context.Context, uri ...string) (map[string]string,
error) {
8     // 组建认证数据
9     return map[string]string{"app_id": t.AppID, "app_secret": t.AppSecret}, nil
10  }
11  // 是否需要基于 TLS 认证进行安全传输
12  func (c Token) RequireTransportSecurity() bool {
13      if OpenTLS {
14          return true
15      }
16      return false
17  }
18  func SayHello(client pb.ChatServiceClient,req * pb.ChatRequest )error{
19      // 设定请求超时时间
20      ctx, cancel := context.WithTimeout(context.Background(), time.Second* 20)
21      defer cancel()
22      // 执行方法,将 context 传入
23      stream, err := client.Chat(ctx)
24      if err != nil {
25          return err
```

```
26      }
27      // 发送五次消息
28      for i:=0; i<5; i++{
29          // 发送信息
30          err = stream.Send(req)
31          if err != nil {
32              return err
33          }
34      }
35      // 关闭发送数据流
36      err = stream.CloseSend()
37      if err != nil {
38          return err
39      }
40      for{
41          resp, err := stream.Recv()
42          if err == io.EOF{
43              return nil
44          }
45          if err != nil{
46              return err
47          }
48          log.Println(resp.Age,"岁的",resp.GetName(),"拿着",resp.Weapon," 回应:",resp.GetSpeak())
49      }
50  }
51  func main() {
52      // 读取自签证书密钥对,省略证书相关代码
53      opts = append(opts, grpc.WithTransportCredentials(creds))
54      token := Token{
55          AppID: "9527",
56          AppSecret: "天王盖地虎",
57      }
58      opts = append(opts, grpc.WithPerRPCCredentials(&token))
59      // 以 TLS 的方式进行拨号连接
60      conn, _ := grpc.Dial(Address, opts...)
61      // 延迟关闭连接
62      defer conn.Close()
63      client := pb.NewChatServiceClient(conn)
64      req := &pb.ChatRequest{
65          Name: "李白",
66          Age: 22,
67          Weapon:"青莲剑",
68          Speak:"将进酒,杯莫停。",
69      }
70      err = SayHello(client, req)
71      if err != nil {
72          log.Fatalf("client hello err: %v", err)
73      }
74  }
```

流式拦截器与一元拦截器的使用方法差别不大。

10.4.6 添加 HTTP 接口

在实际的工作场景中通常需要在 gRPC 服务的客户端对外提供 HTTP 接口，这使得程序同时要

提供HTTP接口服务和gRPC服务。使用grpc-gateway能够实现同时支持HTTP接口服务和gRPC服务。grpc-gateway是protoc的一个插件，它读取gRPC服务定义，并生成一个反向代理服务器，将HTTP RESTful接口转换为gRPC。请求Body的格式为JSON。

grpc-gateway通过Protobuf的自定义option实现了一个网关，服务端同时开启gRPC和HTTP服务，HTTP服务接收客户端请求后转换为gRPC请求数据，获取响应后转为JSON格式的数据返回给客户端。

grpc-gateway的安装方式如下所示。

```
go get -u github.com/grpc-ecosystem/grpc-gateway/protoc-gen-grpc-gateway
```

安装成功之后会在GOPATH下的bin目录生成protoc-gen-grpc-gateway文件。

在github.com \ grpc-ecosystem \ grpc-gateway \ third_party \ googleapis \ google \ api目录下提供了proto描述文件，主要是针对grpc-gateway的HTTP转换提供支持。可以把该目录的文件复制到工程目录下。

编写proto文件，具体代码如例10-34所示。

例10-34　v6.proto

```
1  syntax = "proto3";
2  //定义包名
3  package pbv8;
4  //导入官方HTTP服务包
5  import "google/api/annotations.proto";
6
7  //指定go的包路径及包名
8  option go_package=".;streampb";
9  //定义请求结构体
10  message HelloRequest{
11      string name = 1;
12      string message = 2;
13  }
14  //定义响应结构体
15  message HelloResponse{
16      string name = 1;
17      string message = 2;
18  }
19  //定义RPC服务
20  service HelloService{
21      //定义一个一元RPC服务
22      rpc Hello(HelloRequest)returns(HelloResponse){
23          option (google.api.http) = {
24              post: "/v1/hello"
25              body: "* "
26          };
27      }
28  }
```

编译后会生成.pb.gw.go文件，该文件中提供了注册HTTP服务的方法。

编写服务端代码，如例10-35所示。

例 10-35　带有网关的服务端 RPC

```
1  // 定义一个结构体并实现约定的接口
2  type helloService struct {
3      pb.UnimplementedHelloServiceServer
4  }
5  // 实现约定方法
6  func (c helloService) Hello(ctx context.Context, req * pb.HelloRequest) (* pb.HelloRe-
sponse, error) {
7      // 打印请求信息
8      log.Println(req.GetName(),": ", req.GetMessage())
9      // 返回响应信息
10     reply := &pb.HelloResponse{
11         Name: "冠军飞将",
12         Message:"生而无畏,战至终章",
13     }
14     return reply, nil
15 }
16 // 获取服务端证书
17 func getServerCreds() credentials.TransportCredentials{
18     // 这部分代码省略
19 }
20 // 获取客户端证书
21 func getClientCreds() credentials.TransportCredentials{
22     // 这部分代码省略
23     return creds
24 }
25 // ProvideHTTP 把 gRPC 服务转成 HTTP 服务,让 gRPC 同时支持 HTTP
26 func ProvideHTTP(endpoint string, grpcServer * grpc.Server) * http.Server {
27     ctx := context.Background()
28     // 获取证书
29     creds:= getClientCreds()
30     // 添加证书
31     dopts := []grpc.DialOption{grpc.WithTransportCredentials(creds)}
32     // 新建 gwmux,它是 grpc-gateway 的请求复用器。它将 http 请求与模式匹配,并调用相应的处理程序
* ServeMux
33     gwmux := runtime.NewServeMux()
34     // 将服务的 http 处理程序注册到 gwmux。处理程序通过 endpoint 转发请求到 grpc 端点,mux * runt-
ime.ServeMux
35     err := pb.RegisterHelloServiceHandlerFromEndpoint(ctx, gwmux, endpoint, dopts)
36     if err != nil {
37         log.Fatalf("Register Endpoint err: %v", err)
38     }
39     log.Println(endpoint + " HTTP.Listing whth TLS and token...")
40     return &http.Server{
41         Addr:     endpoint,
42         Handler: grpcHandlerFunc(grpcServer, gwmux),
43         TLSConfig: getTLSConfig(),
44     }
45 }
46 // getTLSConfig 获取 TLS 配置
47 func getTLSConfig() * tls.Config {
48     cert, _ := ioutil.ReadFile("server.pem")
49     key, _ := ioutil.ReadFile("server.key")
```

```
50      var demoKeyPair * tls.Certificate
51      pair, err := tls.X509KeyPair(cert, key)
52      if err != nil {
53          grpclog.Fatalf("TLS KeyPair err: %v\n", err)
54      }
55      demoKeyPair = &pair
56      return &tls.Config{
57          Certificates: []tls.Certificate{* demoKeyPair},
58          NextProtos: []string{http2.NextProtoTLS}, // 支持 HTTP2,TLS
59      }
60  }
61  // 根据请求协议版本重定向到指定的 Handler 处理
62  func grpcHandlerFunc(grpcServer * grpc.Server, otherHandler http.Handler) http.Handler {
63      // 根据请求类型执行不同的方法,如果是 HTTP2 且 Content-Type 为 grpc 类型,则使用 gateway 方法,如
果不是,则使用 swagger
64       return h2c.NewHandler (http.HandlerFunc (func (w http.ResponseWriter, r * http.
Request) {
65          if r.ProtoMajor == 2 && strings.Contains(r.Header.Get("Content-Type"), "applica-
tion/grpc") {
66              grpcServer.ServeHTTP(w, r)
67          } else {
68              otherHandler.ServeHTTP(w, r)
69          }
70      }), &http2.Server{})
71  }
72  func main() {
73      // 获取服务器连接证书
74      creds := getServerCreds()
75      // 实现 gRPC 服务
76      server := grpc.NewServer(grpc.Creds(creds))
77      // 注册服务
78      pb.RegisterHelloServiceServer(server, &helloService{})
79      // 设置服务端监听
80      listen, err := net.Listen("tcp", Address)
81      if err != nil {
82          panic(err)
83      }
84      // 在指定端口上提供 grpc 服务
85      log.Println("gRPC Server listen on: ", Address)
86      // 使用 gateway 把 grpcServer 转成 httpServer,gRPCserver 和 HTTP 接口使用同一个端口
87      httpServer := ProvideHTTP(Address, server)
88      // 用服务器 Serve()方法以及端口信息区实现阻塞等待,直到进程被杀死或者 Stop() 被调用
89      if err = httpServer.Serve(tls.NewListener(listen, httpServer.TLSConfig)); err != nil {
90          log.Fatal("ListenAndServe: ", err)
91      }
92  }
```

上述代码中，使用 ProvideHTTP 将 gRPC 服务转成 HTTP 服务，内部主要使用 gateway 中的 runtime.NewServeMux( )创建一个路由，然后将路由放到 HTTP 服务的 Handler 方法（grpcHandlerFunc）中，在 Handler 方法中根据 HTTP 请求的版本和内容判断请求的是 gRPC 接口还是 HTTP 接口。也可以将 HTTP 接口和 gRPC 服务拆分为两个程序，这样需要额外添加一个 gRPC 交互的端口。

编写完成后，可以使用 Postman 测试 HTTP 接口，要注意请求 Body 数据类型为 JSON。如果使

用表单则会返回错误。读者可以编写一个 gRPC 客户端代码测试 gRPC 服务接口，代码内容跟前面案例内容差不多，此处不再演示，有需要的读者可以下载本书的代码包。

10.5 本章小结

本章主要介绍了 Go 语言网络编程相关知识，作为一门诞生于网络时代的语言，Go 内置了丰富的用于网络编程的标准库。无论是处理 HTTP 请求或响应，还是开发网站或 Web 服务器，Go 都让问题变得更加简单，可以让开发者通过少量的代码实现更多的功能。开发者也可以使用 Go 语言的 Web 框架和前后端分离的方式开发 Web 服务。

10.6 习题

1. 填空题

（1）HTTP 是________层传输协议。

（2）安全超文本传输协议简称________，它比 HTTP 更加安全。

（3）当用户在浏览器输入网址时，浏览器首先会去请求________服务器。

（4）HTTP 协议的消息有________和________两种。

（5）HTTP 使用的是________端口，而 HTTPS 使用的是________端口。

2. 选择题

（1）下列选项中，表示请求成功的 HTTP 状态码是（　　）。

A. 200　　B. 301　　C. 404　　D. 500

（2）Go 语言提供了（　　）包来支持模板渲染。

A. math　　B. html/template　　C. strings　　D. net/http

（3）关于 GET 和 POST 请求，下列说法正确的是（　　）。

A. GET 和 POST 都可以支持多种编码方式。

B. GET 请求会被浏览器主动 cache，而 POST 只能手动设置。

C. 对参数的数据类型，GET 和 POST 都只接收 ASCII 字符。

D. GET 比 POST 更安全。

（4）下列选项中，不是 HTTP 协议的特点是（　　）。

A. 持久链接　　B. 简单、高效

C. 请求/响应模式　　D. 只能传输文本数据

（5）下列选项中，不属于 HTTP 请求方法的是（　　）。

A. SET　　B. GET　　C. PUT　　D. POST

3. 简答题

（1）简述 Protobuf 的优点。

（2）简述 RPC 的优点。

第 11 章 并发编程

并发编程能够让开发者实现更加充分利用系统资源的程序。如今计算机都拥有多核 CPU，然而许多编程语言都没提供有效的工具让程序轻易地利用这些资源。这些语言需要使用大量的线程同步代码来利用多核，非常容易产生错误。Go 语言的特色之一就是具有出色的并发性能，并且简单易用。在使用 Go 语言开发高并发服务器程序之前，需要深入了解对它的并发机制。本章主要介绍并发相关的概念和 Go 语言的并发机制。

11.1 并发基础

11.1.1 并发与并行

在讨论如何在 Go 中进行并发处理之前，先了解一些概念。

1. 串行

串行是指所有任务一个一个排序执行，只有一个任务运行完成之后，另一个任务才会被读取。即使 CPU 空闲，在人机交互时也必须阻塞，如不能同时排序数据和读写文件。在 Windows 和 Linux 出现之前，计算机普遍使用串行程序。

2. 并发

并发是指在同一时刻只能有一条任务执行，但多个任务指令被快速地轮换执行。现代计算机大多采用并发模式，多个任务轮流使用 CPU，当下常见的 CPU 为纳秒级，1 秒可以执行近 10 亿条指令。人们在使用计算机时可以边听音乐边玩游戏，同时还能使用聊天软件，这是因为人眼的反应速度是毫秒级，所以这些程序看似是同时在运行。并发可以概括为宏观并行、微观串行。

3. 并行

并行（parallelism）是把一个任务分配给每一个处理器独立完成。在同一个时间点，多个任务同时运行。无论从微观还是宏观，多个任务都是同时运行的。

串行、并行、并发的区别如图 11.1 所示。

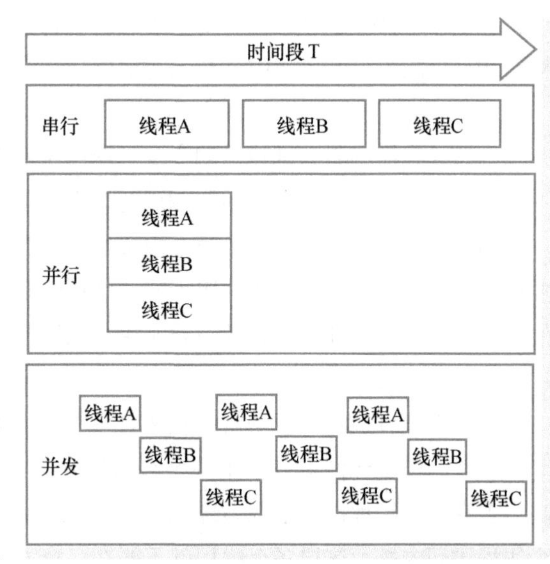

● 图 11.1　串行、并行与并发

简而言之，并行就是同一时间点执行多个任务，而并发是在同一时间段（无论多么短）执行多个任务。在很多情况下，并发的效果比并行好，因为操作系统和硬件的总资源一般很少，但能支持系统同时做很多事情。例如，一台拥有 8 核 CPU 的计算机，它需要执行的任务可能有上百个，使用并行显然无法满足这种需求。这种“使用较少的资源做更多的事情”的哲学，也是指导 Go 语言设计的哲学。并发编程的目标是充分地利用 CPU 的每一个核，以达到更高的处理性能。

11.1.2 进程和线程

程序是在磁盘上编译好的二进制文件，不占用系统资源（CPU、内存、设备）。进程是活跃的程序，占用系统资源，在内存中执行。程序运行起来，产生一个进程。程序就像是剧本，进程就像是演员演戏，同一个剧本可以在多个舞台同时上演。同样，同一个程序也可以加载为不同的进程(彼此之间互不影响)，如同时运行两个 QQ。

线程也叫轻量级进程，通常一个进程包含若干个线程。线程可以利用进程所拥有的资源，在引入线程的操作系统中，通常都是把进程作为分配资源的基本单位，而把线程作为独立运行和独立调度的基本单位，比如可以用 QQ 同时和多个人聊天。每个进程至少包含一个线程，每个进程的初始线程被称作主线程。

线程可以分为用户级线程（User Level Thread）和内核级线程（Kernal Level Thread）两类。

1. 用户级线程

用户级线程只存在于用户空间中，开发者需要通过用户级线程库实现线程的创建、销毁和调度维护。用户级线程库是一个代码库，用于管理用户级线程，支持线程的创建，终止、调度线程执行，以及保存和恢复线程上下文，这些操作都在用户空间中运行的，不需要内核的支持。

因为内核不知道用户级线程的存在，所以内核是基于进程调度的。当内核调度一个进程运行时，用户级线程库调度该进程的一个线程运行，如果时间片允许，该进程的其他线程也能够运行。也就是说，进程内多个线程共享进程的运行时间片。

如果一个线程执行了 IO 操作，那么该线程将调用系统调用并进入内核。IO 设备启动后，内核阻塞该线程所在进程并将 CPU 交给另一个进程。即使被阻塞进程的其他线程不需要 IO 操作即可执行，内核也不会注意到。在被阻塞进程的状态变为就绪之前，内核不会调度该进程运行。属于该进程的线程无法执行任务，因此在这种情况下用户级线程的并行性会受到限制。

2. 内核级线程

内核级线程的所有创建、调度及管理操作都由操作系统内核完成的，内核保存线程的状态及上下文信息。当一个线程进行系统调用时，需要通过内核线程帮助实现系统操作。

当一个进程中的线程导致一个阻塞的系统调用时，内核可以调度该进程中其他线程的执行。在多核处理器的系统上，内核将属于同一进程的多个线程分派到多个处理器上执行，从而提高了进程的并行性。内核管理线程的效率要比用户态管理线程低得多。

3. 线程模型

操作系统有多对一、一对一和多对多 3 种线程模型。多对一模型如图 11.2 所示。

多对一模型允许将多个用户级线程映射到一个内核线程。线程管理在用户空间进行，效率较高。若有一个线程执行阻塞系统调用，整个进程就会阻塞。因此，在任何给定的时间内，只允许一个线程访问内核，这样多个线程就不能在多核处理器上并行运行。虽然多对一模型没有限制创建的用户级线程的数量，但这些线程在同一时间点只能执行其中一个。

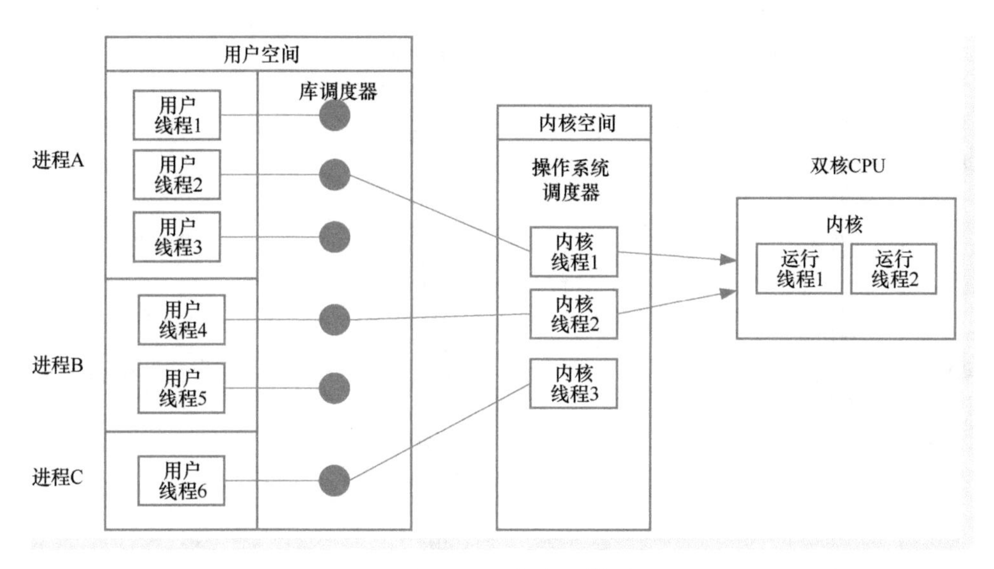

• 图 11.2　多对一模型

一对一模型如图 11.3 所示。

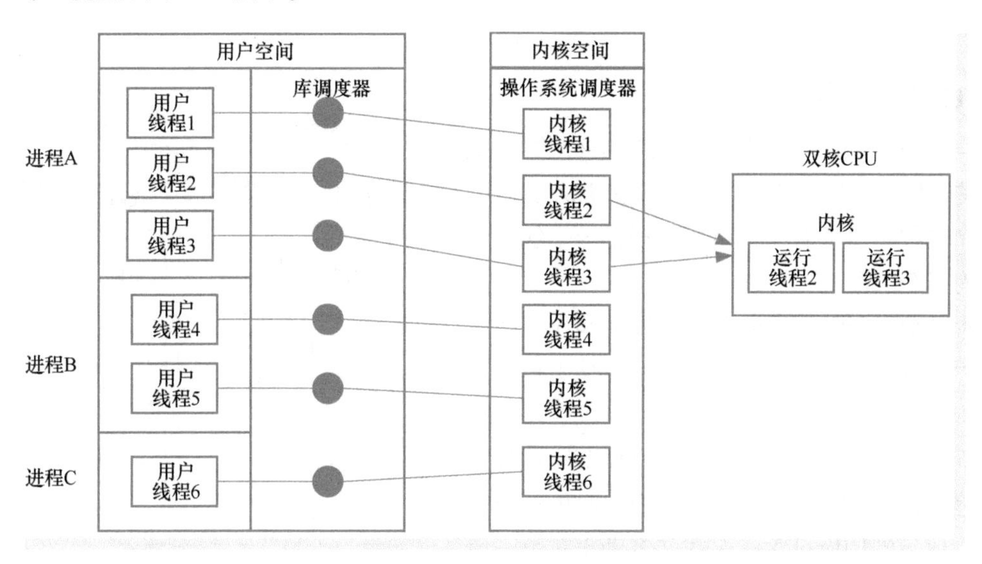

• 图 11.3　一对一模型

在一对一模型中，一个用户线程映射到一个内核线程。因此，当一个线程执行阻塞系统调用时，该模型允许另一个线程继续执行，这样能够提供更好的并发性能。该模型还允许多个线程在多核处理器上运行。一对一模型可以实现更高的并发性能，但是线程的数量受到资源成本的限制。

多对多模型如图 11.4 所示。

多对多模型在多对一模型和一对一模型之间进行了折中，克服了多对一模型并发性低，以及一对一模型一个用户进程占用内核级线程过多、开销过大的缺点。此外，它还具有多对一模型和一对一模型的优点。

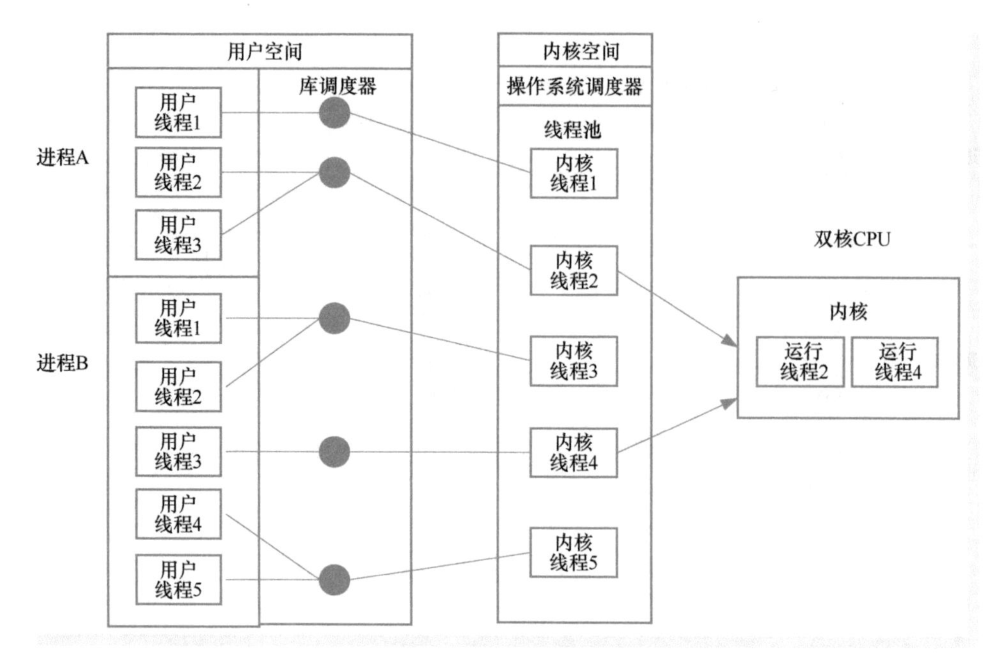

● 图 11.4　多对多模型

11.1.3　协程

协程（Coroutine）的概念最初在 1963 年被提出，又称微线程，是一种比线程更加轻量级的存在。正如一个进程可以拥有多个线程一样，一个线程也可以拥有多个协程，如图 11.5 所示。

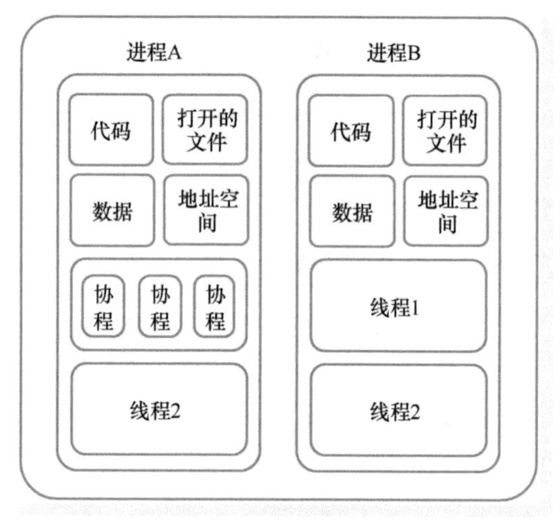

● 图 11.5　协程

协程是编译器级的，进程和线程是操作系统级的。协程不被操作系统内核管理，而完全由程序控制。协程的最大优势在于其轻量级，可以轻松创建上万个而不会导致系统资源衰竭。协程要比线程的切换速度快，因为线程在时间片切换的时候要保存上下文，协程间切换只需要保存任务的上下文，没有内核的开销。

11.2　Goroutine

11.2.1　Goroutine 原理

Go 语言中的协程叫作 Goroutine，具备轻量级、上下文切换成本低等特点。Goroutine 只存在于 Go 语言程序运行的时候，它是 Go 语言在用户态提供的线程，作为一种粒度更细的资源调度单元，能够在高并发的场景下更高效地利用计算机的 CPU。

Goroutine 由 Go 程序运行时 runtime 调度和管理，Go 程序会智能地将 Goroutine 中的任务合理地分配给每个 CPU。Goroutine 的创建和销毁是由 Go 语言在运行时自己管理的，因此开销更低。Goroutine 的管理布局如图 11.6 所示。

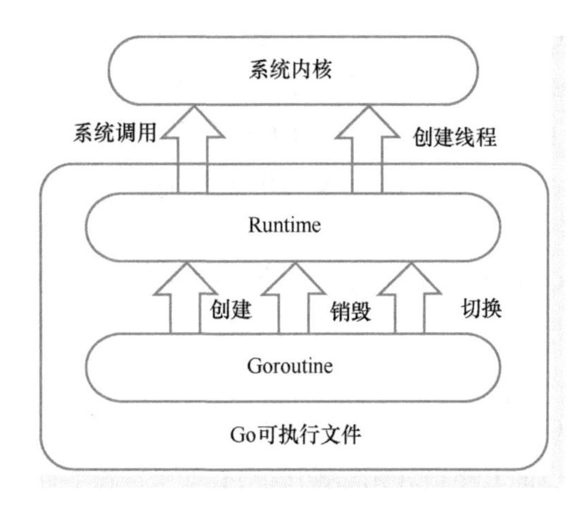

● 图 11.6 Goroutine 的管理布局

Goroutine 与普通的 Coroutine 有一定的区别。Goroutine 能够并行执行，而 Coroutine 只能顺序执行。Coroutine 的运行机制属于协作式任务处理，应用程序在不需要使用 CPU 时，需要主动交出 CPU 使用权。如果开发者无意间让应用程序长时间占用 CPU，操作系统也将无能为力，计算机很容易失去响应或者死机。

11.2.2 GPM 模型

Goroutine 的调度原理如图 11.7 所示。

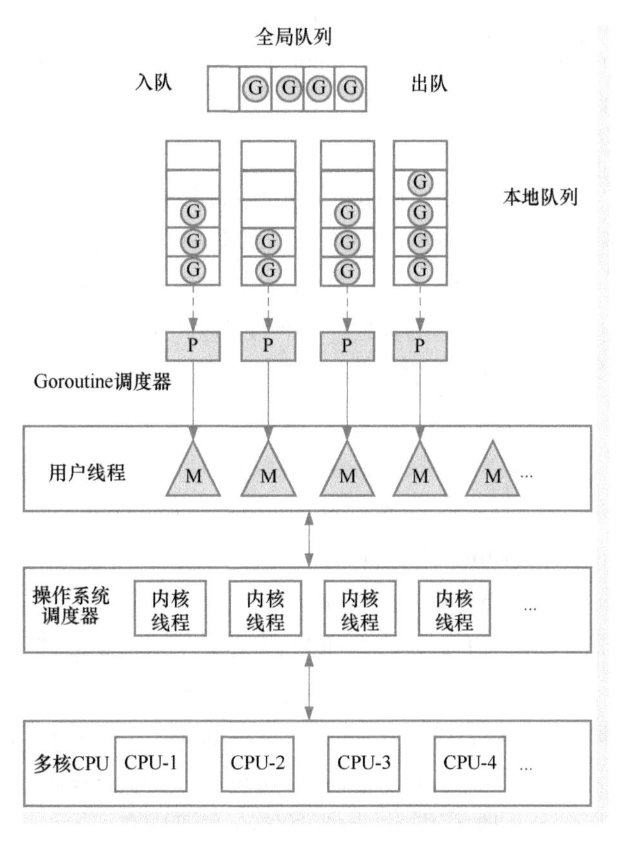

● 图 11.7 Goroutine 调度原理

图 11.7 中的 G、P 和 M 都是 Go 语言运行时系统（包括内存分配器、并发调度器、垃圾收集器等组件）抽象出来的概念和数据结构对象。

- G：G 代表 Goroutine，封装了所要执行的代码逻辑。
- P：P 是 Processor 的简称，即逻辑处理器，默认 Go 语言程序运行时的 Processor 数量等于 CPU 数量，也可以通过 GOMAXPROCS 函数指定 P 的数量。P 的主要作用是管理 G 运行，每个 P 拥有一个本地队列，并为 G 在 M 上的运行提供相关环境。
- M：M 是 Machine 的简称，即物理处理器。M 是对用户级线程的封装，其作用是执行 G 中的任务。M 属于系统资源，可创建的数量也受系统限制，通常情况下 G 的数量多于活跃的 M。M 在绑定有效的 P 后，进入 schedule 循环；而 schedule 循环的机制大致是从 Global 队列、P 的 Local 队列以及 wait 队列中获取的。
- Sched：Go 调度器，它维护有存储 M、G 的队列以及调度器的一些状态等信息。Go 调度器中有两个不同的运行队列，即全局运行队列（GRQ）和本地运行队列（LRQ）。每个 P 都有一个 LRQ，用于管理分配给在 P 的上下文中执行的 Goroutines，这些 Goroutines 轮流被和 P 绑定的 M 进行上下文切换。GRQ 适用于尚未分配给 P 的 Goroutines。

GPM之间的关系：G是要执行的代码逻辑；M具体执行G的逻辑操作；P是G的管理者，P将G交由M执行，并管理一定系统资源供G使用。一个P管理存储在其本地队列的所有G。P和G是1：n的关系。P和M是1：1的关系。P将管理的G交由M具体执行，当遇到阻塞时，P可以与M解绑，并找到空闲的M进行绑定，继续执行队列中其他可执行的G。

1. P存在的意义

Go在1.0版本之前并没有P的概念，Go中的调度器直接将G分配到合适的M上运行。这种方式会出现很多问题。例如，不同的G在不同的M上并发运行时可能都需向系统申请资源（如堆内存），由于资源是全局的，如果出现资源竞争的情况就会增加系统性能的损耗。

Go在1.1版本开始加入了P，P对象中预先申请一些系统资源作为本地资源，G需要的时候先向自己的P申请（无需锁保护），如果资源不足再向全局申请，而且向全局申请时会多申请一部分作为缓冲。P的调度算法直接影响并发效率。

调度器对可以创建的P的数量没有限制，但runtime默认限制每个程序最多创建10000个M。该限制值可以通过调用runtime/debug包的SetMaxThreads方法来更改。如果程序试图使用更多的M，就会崩溃。

2. M0&G0

M0是启动程序后的编号为0的主线程，保存在全局变量runtime.m0中，不需要在堆上分配内存。负责执行初始化操作和启动第一个G，启动第一个G之后，M0就与其他M无区别了。

每次启动一个M，都会随之创建第一个Groutine，就是G0。G0仅负责调度队列中的G。G0不指向任何可执行的函数。每个M都会有一个自己的G0，在调度或系统调用时使用M会切换到G0，用来调度M0的G0会放在全局空间。

3. 任务调度

和操作系统按时间片调度线程不同，Go并没有时间片的概念。在实际的Go程序中，经常会出现一部分Goroutine运行较快、一部分Goroutine运行较慢的情况。因此会带来部分Goroutine忙碌、部分Goroutine空闲的情况。

为了提高Go的并行处理能力，调高整体处理效率，Go在1.1版本实现了基于工作窃取的调度器。当每个P之间的G任务不均衡时，调度器允许从GRQ或者其他P的LRQ中获取G执行。

Go在1.2版本之后实现了抢占式调度器，当一个Goroutine长时间阻塞于系统调用，或者运行时间较长时，CPU就会被其他Goroutine抢占。GO语言运行时，会启动一个名为sysmon的M，该M无需绑定P。sysmon每20us~10ms启动一次，sysmon主要完成如下工作。

- 回收闲置超过5min的span物理内存。
- 如果超过2min没有垃圾回收，强制执行。
- 向长时间运行的G任务发出抢占调度。
- 收回因syscall长时间阻塞的P。
- 将长时间未处理的网络轮询器（NetPoller）结果添加到任务队列。

4. 普通阻塞

对于因为原子、互斥量或通道操作调用而导致的Goroutine阻塞，调度器将把当前阻塞的Goroutine切换出去，重新调度LRQ上的其他Goroutine。

5. 系统阻塞

P能够解耦G和M，当M执行的G被阻塞时，P可以绑定到其他M上继续执行其管理的G，提升并发性能，如图11.8所示。

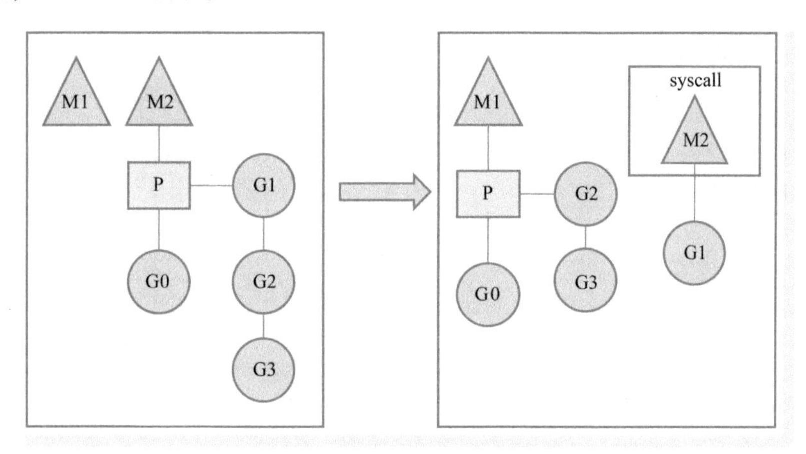

● 图11.8 系统阻塞

假设正在运行的Goroutine（G1）要执行一个阻塞的系统调用，M2将会被内核调度器调度出CPU并处于阻塞状态。与M2相关联的P的本地队列中的其他G将无法被运行。Go运行时，系统的一个监控线程（sysmon线程）能够探测阻塞状态的M，并将M与P解绑。M2将继续被阻塞直到系统调用返回。P则会寻找新的M（M1）与之绑定并执行剩余的G。当G1得到返回执行完任务后，M2则会被保存到休眠队列，等待再次调度。

6. 网络和I/O阻塞

在密集型I/O的服务中，应用程序会花费大量时间等待I/O操作执行完成。Go提供了网络轮询器（NetPoller）来处理网络请求和I/O操作的问题，它使用了操作系统提供的I/O多路复用机制增强程序的并发处理能力，其中macOS使用kqueue，Linux使用epoll，Windows使用iocp。网络轮询器使用内核级线程。

如果一个Goroutine需要进行网络I/O调用，G会和P分离，放在网络轮询器中监听I/O事件，如图11.9所示。

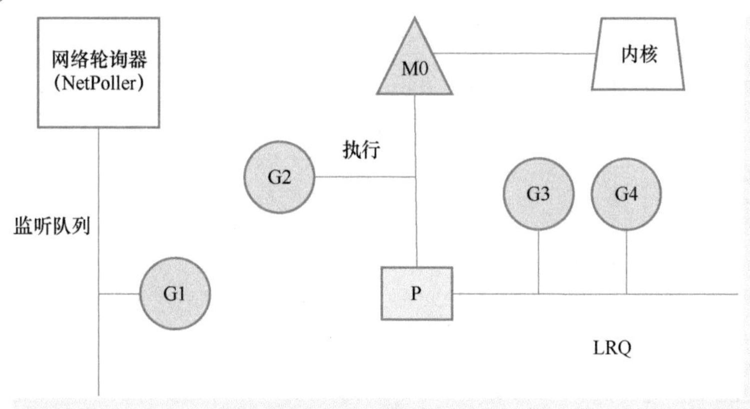

● 图11.9 网络轮询器监听

在图 11.9 中，网络轮询器监听 G1 中的读或者写操作，如果该操作已经就绪，G1 就会重新分配到 LRQ 中，如图 11.10 所示。

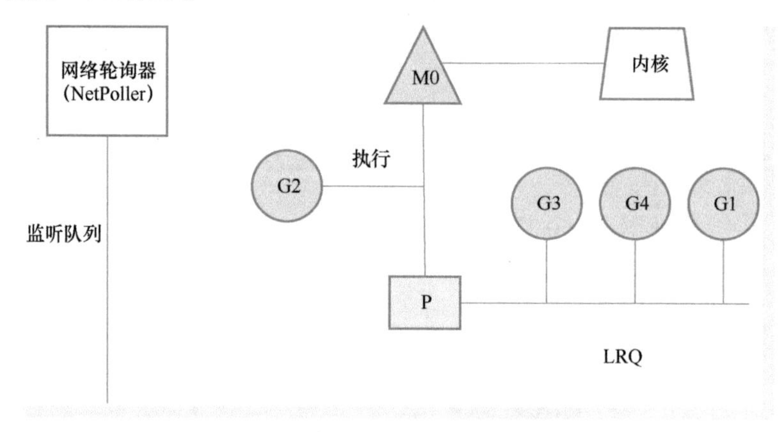

● 图 11.10　返回 LRQ

Go 语言处理并发的方式看起来非常复杂，具体实现方式都在 Runtime 中。开发者不需要关注 Socket 是否为非阻塞的，也不用亲自注册文件描述符的回调，只需要使用 Go 关键字就能够实现高并发的网络编程。

11.2.3　Goroutine 的使用

Go 语言里的并发指的是能让某个函数独立于其他函数运行的能力。在函数或方法调用前面加上关键字 go，将会运行一个新的 Goroutine。Goroutine 是 Go 中最基本的执行单元。事实上每一个 Go 程序至少有一个 Goroutine，即主 Goroutine，生命周期同 main( )函数。

使用 go 关键字创建 Goroutine 时，被调用的函数往往没有返回值，即使有返回值也会被忽略。如果需要在 Goroutine 中返回数据，必须使用 Channel。

Go 程序的执行过程：创建和启动主 Goroutine，初始化操作，执行 main( )函数，当 main( )函数结束时，主 Goroutine 也随之结束，程序结束。使用示例如例 11-1 所示。

例 11-1　使用 Goroutine

```
1  func hello() {
2      fmt.Println("hello goroutine")
3  }
4  func goSleep(){
5      time.Sleep(2* time.Second )
6      fmt.Println("sleep goroutine")
7  }
8  func main() {
9      go hello()
10     go goSleep()
11     time.Sleep(1 * time.Second)
12     fmt.Println("main goroutine")
13 }
```

输出结果如下所示。

```
hello goroutine
main goroutine
```

上述代码中通过 go 关键字创建了 2 个 Goroutine，由于主 Goroutine 已经调用 Sleep 方法，它会在执行过程中“睡觉”1s，让出 CPU，所以先打印了 hello 函数的内容。因为主 Goroutine 执行完毕后进程会被终止，而 goSleep 函数睡了 2s，所以 goSleep 函数的内容还没来得及打印，进程就已经终止了。

11.2.4 闭包与 Goroutine

go 关键字后也可以是匿名函数或闭包，使用示例如例 11-2 所示。

例 11-2 使用 Goroutine 执行匿名函数

```
1 func main() {
2     var values = [5]int{1, 2, 3, 4, 5}
3     for index := range values {
4         go func() {
5             fmt.Print(index, " ")
6         }()
7     }
8     time.Sleep(1 * time.Second)
9 }
```

输出结果如下所示。

```
4 4 4 4 4
```

上述代码中，index 表示每个数组元素的索引值，每次循环都打印最后一个索引值 4，而不是每个元素的索引值。这是因为匿名函数和 index 变量形成了闭包，Goroutine 在循环结束后还没有开始执行，而此时 index 值已经变成了 4。将代码修改为传入参数，如例 11-3 所示。

例 11-3 向匿名函数传入参数

```
1 func main() {
2     var values = [5]int{1, 2, 3, 4, 5}
3     for index := range values {
4         go func(index int) {
5             fmt.Print(index, " ")
6         }(index)
7     }
8     time.Sleep(1 * time.Second)
9 }
```

输出结果如下所示。

```
0 2 3 4 1
```

上述代码中，调用每个闭包时将 index 作为参数传递给闭包，index 在每次循环时都被重新赋值，并将每个 Goroutine 的 index 放置在栈中，所以当协程最终被执行时，每个索引值对 Goroutine 都是可用的。输出的结果没有规律，这主要取决于每个 Goroutine 何时开始被执行。

11.2.5 调度 Goroutine

runtime 包提供了一些调度 Goroutine 的方法。runtime.Gosched( ) 用于放弃当前的 Processor（逻辑处理器），但不会挂起当前的 Goroutine。调度器安排其他等待的任务运行，并在下次某个时候从该位置恢复执行。使用方式如例 11-4 所示。

例 11-4 调度 Goroutine 让出 Processor

```
1  func main() {
2      // 创建一个 goroutine
3      go func(s string) {
4          for i := 0; i < 2; i++ {
5              fmt.Println(s)
6          }
7      }("goroutine")
8
9      for i := 0; i < 2; i++ {
10             // 让出 P
11             runtime.Gosched()
12             fmt.Println("main")
13      }
14 }
```

输出结果如下所示。

```
goroutine
goroutine
main
main
```

因为主 Goroutine 主动让出了 Processor，所以先打印了“goroutine”。如果屏蔽 runtime.Gosched()，输出结果如下所示。

```
main
main
```

这是因为创建的 Goroutine 还没有执行，主 Goroutine 已经退出。

调用 runtime.Goexit() 将立即终止当前 Goroutine 执行，调度器确保所有已注册 defer 延迟调用被执行。具体使用方法如例 11-5 所示。

例 11-5 观察 defer 是否被执行

```
1  func main() {
2      go func() {
3          defer fmt.Println("defer")
4          // 终止当前 goroutine
5          runtime.Goexit()
6          fmt.Println("end") // 不会执行
7      }()
8      // 死循环,让主 goroutine 结束
9      for {
10          time.Sleep(1 * time.Second)
11     }
12 }
```

输出结果如下所示。

```
defer
```

由以上输出结果可知，defer 调用可以执行，而 runtime.Goexit()之后的代码不会执行。

传统逻辑中，开发者需要维护线程池中的线程与 CPU 核心数量的对应关系。在 Go 语言中可以

通过 runtime.GOMAXPROCS( ) 函数设置，该函数的参数说明见表 11. 1。

表 11. 1　数值含义

数　值	含　义
<1	不修改任何数值
=1	单核执行
>1	多核并发执行

runtime.GOMAXPROCS( ) 函数具体使用方法如例 11-6 所示。

例 11-6　设置 Goroutine 与 CPU 核心数量的对应关系

```
1 func main() {
2     n := runtime.GOMAXPROCS(1)
3     // n := runtime.GOMAXPROCS(2)
4     fmt.Printf("n = % d\n", n)
5     for {
6         go fmt.Print("A")
7         fmt.Print("B")
8     }
9}
```

输出结果如下所示。

```
n = 8
BBBBBBBBBBBBBBBBBBBBBBBBBBBBBAAAAAAAAAAAAAAAAAAAA…
```

runtime.GOMAXPROCS( ) 函数返回 CPU 的核数，如果将该函数传入 2，输出结果如下所示。

```
BABBAABBABAABBAAABBBBABBBAABAAAABBBBAABBAABBBAABAA…
```

由以上输出结果可以看出，使用一个 CPU 核心时，最多同时只能有一个 Goroutine 被执行。所以会打印很多 B。过一段时间，Go 调度器会将其置为休眠，并唤醒另一个 Goroutine，所以会打印很多 A。使用两个 CPU 核心时，两个 Goroutine 能够并行执行，所以会高频率交替打印 A 和 B。

11.3 Channel

Channel 即 Go 的通道，是 Goroutine 之间的通信机制。传统的线程之间可以通过共享内存进行数据交互，不同的线程之间对共享内存的同步问题需要使用锁来解决，这样会导致性能低下。Go 语言提倡使用 Channel 的方式代替共享内存。换言之，Go 语言主张通过数据传递来实现共享内存，而不是通过共享内存来实现消息传递。

11. 3. 1　Channel 基础

CSP（Communicating Sequential Process，通信顺序进程）是由托尼·霍尔（Tony Hoare）于 1977 年提出的一种并发编程模型。CSP 模型用于描述两个独立的并发实体通过共享的 Channel 进行通信的并发模型。CSP 中 Channel 是第一类对象，它不关注发送消息的实体，而关注发送消息时使用的 Channel。

Go 语言借用了 CSP 模型的一部分概念来为实现并发提供理论支持，Go 语言并没有完全实现

CSP 模型的所有理论，只是借用了 Process 和 Channel 这两个概念。Process 在 Go 中的表现就是 Goroutine，每个 Goroutine 之间通过 Channel 实现数据共享。

使用 Channel 都需要指定数据类型，数据发送的方式如同水在管道中的流动。声明 channel 类型的语法格式如下所示。

```
var channel 变量 chan channel 类型
```

chan 是引用类型，空值为 nil，声明后需要配合 make 才能使用，也可以直接使用 make 进行创建，语法格式如下所示。

```
channel 示例 := make(chan 数据类型)
```

具体的创建语法示例如下所示。

```
ch1 := make(chan int) // 创建一个整数类型 channel
ch2 := make(chan interface{}) // 创建一个空接口类型的 channel,可以存放任意数据
type Equip struct {/* 属性 */}
ch3 := make(chan *Equip) // 创建一个 Equip 指针类型的 channel,可以存放 Equip 指针
```

11.3.2 无缓冲 Channel

无缓冲的 Channel 是指在接收前没有能力保存任何值的 Channel。这种类型的 Channel 要求发送 Goroutine 和接收 Goroutine 同时准备就绪，才能完成发送和接收操作。使用 Channel 发送使用特殊的操作符为“<-”，通过 Channel 发送数据的语法格式如下所示。

```
channel 变量 <- 值
```

Channel 发送的值的类型必须与 Channel 的元素类型一致。如果接收方一直没有接收，那么发送操作将持续阻塞。此时所有的 Goroutine，包括 main 的 Goroutine 都处于等待状态。运行会提示如下错误。

```
fatal error: all goroutines are asleep - deadlock!
```

使用 Channel 时要考虑发生死锁（deadlock）的可能。如果 Goroutine 在一个 Channel 上发送数据，其他的 Goroutine 应该接收得到数据，如果这种情况没有发生，那么程序可能在运行时出现死锁。

发送方写入数据完毕后，需要关闭 Channel，用于通知接收方数据传递完毕。如果向已经关闭的 Channel 中写入数据，会产生如下错误。

```
panic: send on closed channel
```

使用 Channel 接收数据有多种形式。

1. 阻塞接收数据

通过 Channel 接收同样使用特殊的操作符“<-”。语法格式如下所示。

```
data := <-ch
```

执行该语句时将会阻塞，直到接收到数据并赋值给 data 变量。如果通道关闭，通道中传输的数据则为各数据类型的默认值，如 chan int 默认值为 0，chan string 默认值为" " 等。使用示例如

例 11-7所示。

例 11-7 使用 Channel 阻塞接收数据

```
1  func main() {
2      var ch chan string
3      ch = make(chan string)
4      // 创建发送数据的 goroutine
5      go func(ch chan string) {
6          // 显式调用 close()实现关闭通道
7          defer close(ch)
8          for i := 0; i < 3; i++ {
9              ch <- fmt.Sprintf("发送数据% d", i)
10         }
11         fmt.Println("发送数据完毕。")
12     }(ch)
13     // 接收数据
14     for {
15         data := <-ch
16         // 如果通道关闭,通道中传输的数据则为各数据类型的默认值。
17         if data == "" {
18             break
19         }
20         fmt.Println("接收数据:", data)
21     }
22 }
```

2. 多返回值判断

阻塞接收数据的完整写法如下所示。

```
data , ok := <-ch
```

data 表示接收到的数据。未接收到数据时，data 为 chan 类型的零值。ok 值表示是否接收到数据。通过 ok 值可以判断当前 Channel 是否被关闭。具体使用示例如例 11-8 所示。

例 11-8 通过多返回值判断 Channel 是否关闭

```
1  func main() {
2      ch := make(chan string)
3      // 创建发送数据的 goroutine
4      go func(ch chan string) {
5          // 显式调用 close()实现关闭通道
6          defer close(ch)
7          for i := 0; i < 3; i++ {
8              ch <- fmt.Sprintf("发送数据% d", i)
9          }
10         fmt.Println("发送数据完毕。")
11     }(ch)
12     // 循环接收数据
13     for {
14         data, ok := <-ch
15         // 通过多个返回值的形式来判断通道是否关闭,如果通道关闭,则 ok 值为 false
16         if ! ok {
17             fmt.Println("读取完毕:", data, ok)
18             break
19         }
```

```
20          fmt.Println("读取数据:", data, ok)
21      }
22  }
```

3. 循环接收数据

循环接收数据，需要配合使用关闭 Channel，借助普通 for 循环和 for range 语句循环接收多个元素。遍历 Channel，遍历的结果就是接收到的数据，数据类型就是 Channel 的数据类型。普通 for 循环接收 Channel 数据，需要有 break 循环的条件；for range 会自动判断出 Channel 已关闭，而无需通过判断来终止循环。使用示例如例 11-9 所示。

例 11-9　循环接收 Channel 中的数据

```
1  func main() {
2      ch := make(chan int)
3      // 创建发送数据的 goroutine
4      go func(ch chan int) {
5          // 显式调用 close()实现关闭通道
6          defer close(ch)
7          for i := 0; i < 3; i++ {
8              ch <- i
9          }
10          fmt.Println("发送数据完毕。")
11      }(ch)
12      // for range 循环会自动判断通道是否关闭,自动 break 循环
13      for value := range ch {
14          fmt.Println("读取数据:", value)
15      }
16      fmt.Println("读取完毕")
17  }
```

11.3.3　阻塞

Channel 默认是阻塞的，当数据被发送到 Channel 时会发生阻塞，直到有其他 Goroutine 从该 Channel 中读取数据。当从 Channel 读取数据时，读取也会被阻塞，直到其他 Goroutine 将数据写入该 Channel。这些 Channel 的特性是帮助 Goroutine 有效地通信，而不需要使用其他语言中的显式锁或条件变量。

忽略接收的数据就会发生阻塞，其语法格式如下所示。

```
<-ch
```

阻塞现象的具体代码示例如例 11-10 所示。

例 11-10　阻塞现象

```
1  func main() {
2      ch1 := make(chan int)
3      ch2 := make(chan bool)
4      go func() {
5          data, ok := <-ch1
6          if ok {
7              fmt.Println("goroutine 接收的数据:", data)
8          }
```

```
9           ch2 <- true
10      }()
11      // 向子 goroutine 发送数据
12      ch1 <- 5
13      // 阻塞等待子 goroutine 接收完数据
14      <-ch2
15      fmt.Println("main goroutine exit")
16  }
```

在例 11-10 中，第 14 行代码的作用是阻塞等待子 Goroutine 运行结束，防止因主 Goroutine 退出而导致子 Goroutine 提前退出。

11.3.4　有缓冲 Channel

有缓冲的 Channel 是一种在被接收前能存储一个或者多个值的 Channel。这种类型的 Channel 并不强制要求 Goroutine 之间必须同时完成发送和接收。通道阻塞发送和接收动作的条件也有所不同。只有在通道中没有要接收的值时，接收动作才会阻塞。只有在通道没有可用缓冲区容纳被发送的值时，发送动作才会阻塞。

默认创建的都是无缓冲的 Channel，读写都是即时阻塞。缓冲 Channel 自带一块缓冲区，可以暂时存储数据。使用方法如例 11-11 所示。

例 11-11　使用有缓冲的 Channel

```
1  func main() {
2      // 缓冲通道,缓冲区满了才会阻塞
3      ch := make(chan string , 6)
4      // 创建发送数据的 goroutine
5      go func(ch chan string) {
6          // 显式调用 close()实现关闭通道
7          defer close(ch)
8          for i := 0; i < 3; i++ {
9              ch <- fmt.Sprintf("data% d", i)
10              fmt.Println("发送数据:", i)
11          }
12          fmt.Println("发送数据完毕。")
13      }(ch)
14      for data := range ch {
15          fmt.Println("读取数据", data)
16      }
17      fmt.Println("main over")
18  }
```

由输出结果可以看出，有缓冲的 Channel，输入部分的数据打印完毕以后才打印接收数据，这意味着当缓冲区没有满的情况下是非阻塞的。如果使用无缓冲 Channel 则会发生输入数据和接收数据交替打印。

11.3.5　生产者消费者模型

生产者消费者模型是指通过一个容器来解决生产者和消费者的强耦合问题的模型。生产者和消费者通过阻塞队列通信，生产者生产完数据之后不必等待消费者处理，直接发送给阻塞队列，消费者不直接从生产者接收数据，而是从阻塞队列里获取数据。阻塞队列就相当于一个缓冲区，平衡了

生产者和消费者的处理能力，阻塞队列的作用就是解耦生产者和消费者，如图 11.11 所示。

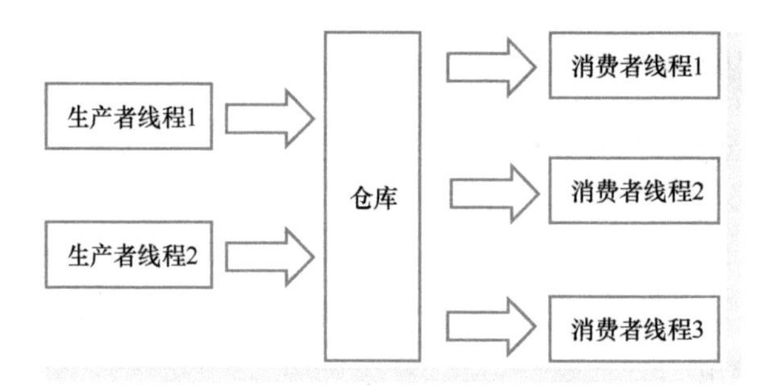

● 图 11.11　生产者消费者模型

通过 Channel 模拟生产者消费者模型的代码如例 11-12 所示。

例 11-12　使用 Channel 的生产者消费者模型

```
1  // 生产者
2  func producer(ch1 chan int) {
3      for i:=1; i<=10 ;i++ {
4          ch1 <- i
5          fmt.Println("生产商品,编号为:", i)
6          time.Sleep(time.Duration(rand.Intn(200)) * time.Millisecond)
7      }
8      defer close(ch1)
9  }
10 // 消费者
11 func consumer(num int , ch1 chan int, ch chan bool) {
12     for data := range ch1 {
13         pre := strings.Repeat("————————", num)
14         fmt.Printf("%s %d 号消费者购买%d 号商品 \n", pre , num , data)
15         time.Sleep(time.Duration(rand.Intn(500)) * time.Millisecond)
16     }
17     ch <- true
18     defer close(ch)
19 }
20 func main() {
21     // 用 channel 来传递数据,不再需要自己去加锁维护一个全局的阻塞队列
22     ch1 := make(chan int, 3)
23     ch_bool1 := make(chan bool) // 判断结束
24     ch_bool2 := make(chan bool) // 判断结束
25     ch_bool3 := make(chan bool) // 判断结束
26     rand.Seed(time.Now().UnixNano())
27     // 创建一个生产者
28     go producer(ch1)
29     // 创建三个消费者
30     go consumer(1 , ch1 , ch_bool1)
31     go consumer(2 , ch1 , ch_bool2)
32     go consumer(3 , ch1 , ch_bool3)
33     // 等待消费者执行完毕
34     <-ch_bool1
35     <-ch_bool2
36     <-ch_bool3
```

```
37     defer fmt.Println("main...over...")
38 }
```

上述代码中，因为多个消费者竞争商品，所以打印结果是随机的。

11.3.6 单向 Channel

单向 Channel 只能用于发送数据，或只能用于接收数据。Channel 默认都是双向的。只读 Channel 的使用方式如下所示。

```
make(<- chan Type)
<- chan
```

只写 Channel 的使用方式如下所示。

```
make(chan <- Type)
chan <- data
```

Channel 本身同时支持读写，只读或只写都没有意义。如果一个 Channel 是只读的，那么必然是空的，因为无法写入数据。如果一个 Channel 是只写的，即使写进去了，也没有丝毫意义，因为无法读取数据。所谓的单向 Channel 概念，其实只是对 Channel 的一种使用限制。常用的方法是先创建双向 Channel，然后在函数中以单向 Channel 的形式声明，最后将双向 Channel 在函数中传递，具体使用方式如例 11-13 所示。

例 11-13 单向 Channel 的使用

```
1  // 功能:只有写入数据
2  func onlyWriteFun(ch chan<- string) {
3      // 只能写入
4      ch <- "临兵斗者皆阵列前行"
5      // data := <- ch
6      // invalid operation: <-ch1 (receive from send-only type chan<- string)
7  }
8  // 功能:只有读取数据
9  func onlyReadFun(ch <-chan string) {
10     data := <-ch
11     fmt.Println("读取数据:", data)
12     // ch1 <- "hello"
13     // invalid operation: ch1 <- "hello" (send to receive-only type <-chan string)
14 }
15 func main() {
16     // 创建双向通道
17     ch := make(chan string)
18     // 创建 goroutine,并将通道作为参数传入
19     go onlyWriteFun(ch)
20     go onlyReadFun(ch)
21     // 等待 goroutine 执行完毕
22     time.Sleep(1 * time.Second)
23     fmt.Println("main over!")
24 }
25
```

上述代码中，<-chan 表示一个只接收数据的 Channel，chan<-表示一个只发送数据的 Channel。在 onlyReadFun 函数中只能从 Channel 读取数据，如果写入数据则会产生如下错误。

```
send to receive-only type <-chan string
```

在 onlyWriteFun 函数中只能向 Channel 写入数据，如果读取数据则会产生如下错误。

```
receive from send-only type chan<- string
```

虽然直接使用双向的 Channel 也能够实现这样的功能，但是在函数中声明单向 Channel 能够有效防止 Channel 被滥用，这种预防机制发生在编译期间。

11.3.7 定时器

Go 语言中的 Timer 是一种单一事件的定时器，即经过指定的时间后触发一个事件，该事件通过其本身提供的 Channel 进行通知。Timer 只执行一次就结束。

Timer 结构体的源码定义如下所示。

```
type Timer struct {
    C <-chan Time
    r runtimeTimer
}
```

定时器类型表示单个事件。当定时器过期时，当前时间将在 C（放入 Time 结构体的只读 Channel）上发送。可以通过 NewTimer 方法创建一个新的定时器，它会在至少持续时间 d 之后将当前时间发送到其 Channel 上。具体使用方式如例 11-14 所示。

例 11-14　定时器（一）

```
1  func main() {
2    // 创建定时器
3    timer1 := time.NewTimer(5 *  time.Second)
4    fmt.Println(time.Now())
5    data := <-timer1.C // <-chan time.Time
6    fmt.Printf("%T \n",timer1.C) // <-chan time.Time
7    fmt.Printf("%T \n",data) // time.Time
8    fmt.Println(data)
9  }
```

输出结果如下所示。

```
2020-03-25 00:42:37.0511502 +0800 CST m=+0.012992901
<-chan time.Time
time.Time
2020-03-25 00:42:42.0512816 +0800 CST m=+5.013124301
```

由以上结果可知，发送的定时器数据类型为 time.Time。还可以使用 After()函数创建定时器，After()函数相当于 NewTimer(d).C。具体使用方式如例 11-15 所示。

例 11-15　定时器（二）

```
1  func main() {
2      // 使用 After(),返回值<- chan Time,同 Timer.C
3      ch1 := time.After(5 *  time.Second)
4      fmt.Println(time.Now())
5      data := <-ch1
6      fmt.Printf("%T \n",data) // time.Time
7      fmt.Println(data)
8  }
```

在定时器触发之前，垃圾收集器不会恢复底层定时器。如果涉及效率问题，则使用 NewTimer 并调用 Timer。如果不再需要定时器，则停止。

11.3.8 select 分支语句

在 UNIX 时代就已经引入了 select 机制。通过调用 select( ) 函数来监控一系列的文件描述符，一旦其中一个文件描述符发生了 I/O 动作，该 select( ) 调用就会被返回。后来该机制也被用于实现高并发的 Socket 服务器程序。Go 语言直接在语言级别支持 select 关键字，用于处理多路 I/O 问题。

select 语句的机制有点像 switch 语句，不同的是，select 会随机挑选一个可通信的 case 来执行，如果所有 case 都没有数据到达，则执行 default，如果没有 default 语句，select 就会阻塞，直到有 case 接收到数据。select 中的每个 case 语句必须是一个 I/O 操作。

select 分支语句的用法如例 11-16 所示。

例 11-16 select 的使用

```
1  func main() {
2      ch1 := make(chan int)
3      ch2 := make(chan int)
4      // 创建 goroutine,向 ch1 中写入数据
5      go func() {
6          ch1 <- 10
7      }()
8      // 创建 goroutine,向 ch2 中写入数据
9      go func() {
10          ch2 <- 20
11      }()
12      select {
13      case data := <-ch1:
14          // 如果 chan1 成功读到数据,则执行该语句
15          fmt.Println("ch1 中读取数据了:", data)
16      case data := <-ch2:
17          // 如果 chan2 成功读到数据,则执行该语句
18          fmt.Println("ch2 中读取数据了:", data)
19      default:
20          // 如果 case 都没有执行,则执行该语句
21          fmt.Println("执行了 default。")
22      }
23  }
```

反复执行上述代码，可能出现三种输出结果，这是因为 select 是随机挑选 case 来执行的。select 与 switch 不同的是，后面不需要带判断条件，而是直接去查看 case 语句。每个 case 语句都必须是一个面向 Channel 的操作。接下来通过一个案例观察 select 的阻塞机制，如例 11-17 所示。

例 11-17 select 的阻塞机制

```
1  func main() {
2      ch1 := make(chan int)
3      ch2 := make(chan int)
4      go func() {
5          time.Sleep(10 * time.Millisecond)
```

```
6          data := <-ch1
7          fmt.Println("ch1:", data)
8       }()
9       go func() {
10          time.Sleep(2 * time.Second)
11          data := <-ch2
12          fmt.Println("ch2:", data)
13      }()
14      select {
15      case ch1 <- 100: // 阻塞
16          close(ch1)
17          fmt.Println("向 ch1 中写入数据。")
18      case ch2 <- 200: // 阻塞
19          close(ch2)
20          fmt.Println("向 ch2 中写入数据。")
21      case <-time.After(2 * time.Millisecond): // 阻塞
22          fmt.Println("执行延时通道")
23          // default:
24          // fmt.Println("default..")
25      }
26      time.Sleep(4 * time.Second)
27      fmt.Printf("main over ")
28  }
```

输出结果如下所示。

```
执行延时通道
main  over
```

上述代码中，将 default 注释掉后 select 就发生了阻塞，直到有 case 接收到数据。

11.4 同步操作

当多个 Goroutine 同时进行处理时，可能出现抢占一个公共资源的情况，同一时间点只能有一个 Goroutine 占用公共资源，其他 Goroutine 只能等待占用公共资源的 Goroutine 放弃之后才能使用，否则数据可能会错乱。Go 中的 sync 包提供了共享内存、锁等机制来完成同步操作。

11.4.1 同步等待组

在前面的例子中，主 Goroutine 为了等待其他 Goroutine 全部运行完毕，在程序的末尾使用 time.Sleep( ) 来睡眠一段时间。对于简单的代码，100 个 for 循环可以在 1s 之内运行完毕，这种方法还能够达到想要的效果。但是对于大多数的实际开发场景来说，1s 是不够的，并且很多时候都无法预知 for 循环内代码运行时间的长短，使用 time.Sleep( ) 显然不太合适。这时可以考虑使用 Channel 来完成等待其他 Goroutine 运行完毕的操作，如例 11-18 所示。

例 11-18　使用 Channel 阻塞等待

```
1  func main() {
2      c := make(chan bool, 1000)
3      for i := 0; i < 1000; i++ {
4          go func(i int) {
5              fmt.Println(i)
6              c <- true
```

```
7           }(i)
8       }
9
10      for i := 0; i < 1000; i++ {
11          <-c
12      }
13  }
```

虽然使用 Channel 可以实现等待其他 Goroutine 的功能，但是如果有更多的 Goroutine 执行循环操作，那么就需要申请同样数量的 Channel，会造成内存的浪费。对于这种情况，Go 提供了 sync.WaitGroup 帮助开发人员实现等待其他 Goroutine 的功能。

WaitGroup 的定义如下所示。

```
type WaitGroup struct {
    noCopy noCopy
    state1 [12]byte
    sema uint32
}
```

WaitGroup 有三个方法：Add( )、Done( )和 Wait( )。

Add 方法的参数说明如下所示。

```
func (wg * WaitGroup) Add(delta int)
```

Add 方法向内部计数加上 delta，delta 可以是负数；如果内部计数器变为 0，Wait 方法阻塞等待的所有线程都会释放，如果计数器小于 0，则该方法 panic。注意，Add 加上正数的调用应在 Wait 之前，否则 Wait 可能只会等待很少的线程。通常来说本方法应该在创建新的线程或者其他应该等待的事件之前调用。

Done 方法的定义如下所示。

```
func (wg * WaitGroup) Done()
```

Done 方法能够减少 WaitGroup 计数器的值，应在 Goroutine 最后执行。

Wait 方法定义如下所示。

```
func (wg * WaitGroup) Wait()
```

Wait 方法能够阻塞操作直到 WaitGroup 计数器减为 0，可以放在主 Goroutine 执行。

使用 WaitGroup 的方法等待一组 Goroutine 结束的过程：父 Goroutine 调用 Add 方法来设置应等待线程的数量。每个被等待的线程在结束时应该调用 Done 方法。与此同时，主 Goroutine 里可调用 Wait 方法阻塞至所有线程结束。具体使用示例如例 11-19 所示。

例 11-19 使用 WaitGroup 阻塞等待 Goroutine 执行完毕

```
1  func doFor(wg * sync.WaitGroup, num int) {
2      for i := 1; i <= 5; i++ {
3          time.Sleep(time.Second)
4      }
5      fmt.Printf("%d 号子 goroutine 执行完毕 \n", num)
6      wg.Done() // 计数器减 1
```

```
7  }
8  func main() {
9      var wg sync.WaitGroup
10     wg.Add(3)
11     // 创建 goroutine
12     go doFor(&wg, 1)
13     go doFor(&wg, 2)
14     go doFor(&wg, 3)
15     // main,进入阻塞状态,当计数器为 0 后解除阻塞
16     wg.Wait()
17     defer fmt.Println("main over")
18 }
```

相对于使用 Channel 而言，WaitGroup 轻巧了许多。WaitGroup 对象不是一个引用类型，在通过函数传值的时候需要使用地址。

11.4.2 竞争状态

如果多个 Goroutine 在没有互相同步的情况下，访问每个共享的资源，并试图同时读和写这个资源，就会处于相互竞争的状态（Race Condition）。竞争状态的存在会让程序变得复杂。对一个共享资源的读写操作必须保证线程安全，如例 11-20 所示。

例 11-20　竞争

```
1  var number int
2  var wait sync.WaitGroup
3  // 对公共资源 number 进行加数字操作
4  func addNumber(addNumber int) {
5      for i:=0;i<addNumber ;i++ {
6          number ++
7      }
8      // 通知 main 函数 goroutine 执行完毕
9      wait.Done()
10 }
11 func main() {
12     // 创建 3 个 goroutine,计数器为 3
13     wait.Add(3)
14     go addNumber(10000)
15     go addNumber(20000)
16     go addNumber(30000)
17     // 等待所有 goroutine 执行完毕
18     wait.Wait()
19     // 打印最终的结果
20     fmt.Println(number)
21 }
```

输出结果如下所示。

```
31765
```

上述代码中，期望得到的输出结果应该是 60000，但是实际输出结果并不是 60000，并且多次执行得到的结果不一样。这是因为多个 Goroutine 没有同步 number 的当前值，就会存在多个 Goroutine 对 number 值重复赋值的问题，造成值覆盖，每个 Goroutine 都会覆盖另一个 Goroutine 的工

作。这种覆盖发生在Goroutine切换时。当一个Goroutine获取一个number变量的副本后，切换到另一个Goroutine，当这个Goroutine再次运行的时候，number的值已经发生了改变，它会继续用旧的number值递增来更新已经改变的number，结果就覆盖了另一个Goroutine已经完成的工作。

从例11-20可以看出，如果没有对竞争的资源进行有效的管理以及合理的处理，并发程序就会变得很复杂，并且会产生一些意想不到的错误。所以开发者需要对竞争资源进行管理来避免这些问题。

11.4.3 互斥锁

互斥锁提供一个可以在同一时间只让一个Goroutine访问共享资源的操作接口。互斥锁是提供Goroutine同步的基本锁。共享资源的使用是互斥的，即一个Goroutine获得资源的使用权后就会将该资源加锁，使用完后将其解锁，如果在使用过程中有其他Goroutine想要获取该资源的锁，那么它就会被阻塞陷入睡眠状态，直到该资源解锁后才会被唤醒。

互斥锁是传统并发编程对共享资源进行访问控制的主要手段，它由标准库sync中的Mutex结构体类型表示。互斥锁的结构体定义如下所示。

```
type Mutex struct {
    state int32
    sema uint32
}
```

Mutex的零值为解锁状态。Mutex类型的锁和Goroutine无关，可以由不同的Goroutine加锁和解锁。Mutex类型只有两个公开的指针方法，Lock和Unlock。Lock锁定当前的共享资源，Unlock进行解锁。将例11-20的代码加上互斥锁后如例11-21所示。

例11-21 互斥锁的使用

```
1  //定义互斥锁
2  var mutex sync.Mutex
3  //公共资源
4  var number int
5
6  var wait sync.WaitGroup
7  //对公共资源number进行加数字操作
8  func addNumber(addNumber int) {
9      defer wait.Done()
10      for i:=0;i<addNumber ;i++ {
11          //加锁
12          mutex.Lock()
13          number ++
14          //解锁
15          mutex.Unlock()
16      }
17      //通知main函数goroutine执行完毕
18
19  }
20  func main() {
21      //创建3个goroutine,计数器为3
22      wait.Add(3)
```

```
23      go addNumber(10000)
24      go addNumber(20000)
25      go addNumber(30000)
26      // 等待所有 goroutine 执行完毕
27      wait.Wait()
28      // 打印最终的结果
29      fmt.Println(number)
30  }
```

输出结果如下所示。

```
60000
```

由以上结果可以看出，输出的结果就是我们预期的结果。需要注意的是，在使用互斥锁时，对资源操作完成后一定要解锁，否则会出现流程执行异常、死锁等问题。

11.4.4 读写互斥锁

在互斥锁中，有 2 个状态：加锁和未加锁。而在一些情况下读操作可以并发进行而不用加锁，因为读操作不会导致公共资源的数据改变；对于写操作则需要加锁。

读写锁有 3 个状态：读模式加锁状态、写模式加锁状态和未加锁状态，规则如下。

- 当读写锁被加了写锁时，其他 Goroutine 对该锁加读锁或者写锁都会阻塞（不是失败）。
- 当读写锁被加了读锁时，其他 Goroutine 对该锁加写锁会阻塞，加读锁会成功。

可以理解为，写操作都是互斥的、读操作和写操作是互斥的、读操作和读操作不互斥。由于这个特性，读写锁能在读频率更高的情况下有更好的并发性能。

读写锁的结构体定义如下所示。

```
type RWMutex struct {
    w Mutex // held if there are pending writers
    writerSem uint32 // semaphore for writers to wait for completing readers
    readerSem uint32 // semaphore for readers to wait for completing writers
    readerCount int32 // number of pending readers
    readerWait int32 // number of departing readers
}
```

RWMutex 可以同时被多个读取者持有或被唯一写入者持有。RWMutex 可以创建为其他结构体的字段；零值为解锁状态。RWMutex 类型的锁也和 Goroutine 无关，可以由不同的 Goroutine 加读取锁/写入和解读取锁/写入锁。

Mutex 中的方法定义如下所示。

```
func (rw * RWMutex) Lock()
```

Lock 方法将 rw 锁定为写入状态，禁止其他线程读取或者写入。

```
func (rw * RWMutex) Unlock()
```

Unlock 方法解除 rw 的写入锁状态，如果 m 未加写入锁会导致运行时错误。

```
func (rw * RWMutex) RLock()
```

RLock 方法将 rw 锁定为读取状态，禁止其他线程写入，但不禁止读取。

```
func (rw * RWMutex) RUnlock()
```

RUnlock 方法解除 rw 的读取锁状态，如果 m 未加读取锁会导致运行时错误。

```
func (rw * RWMutex) RLocker() Locker
```

RLocker 方法返回一个互斥锁，通过调用 rw.RLock 和 rw.RunLock 实现了 Locker 接口。

读写锁具体的使用方法如例 11-22 所示。

例 11-22　读写锁的使用

```
1  // 定义读写锁
2  var m * sync.RWMutex
3  var wait sync.WaitGroup
4  // 读操作
5  func read(i int) {
6      defer wait.Done()
7      println(i,"号 Goroutine,准备请求读锁")
8      m.RLock()
9      println(i,"号 Goroutine,获取到读锁,正在进行读操作")
10      time.Sleep(1* time.Second)
11      println(i,"号 Goroutine,读操作完成,准备释放读锁")
12      m.RUnlock()
13      println(i,"号 Goroutine,读锁已经释放")
14  }
15  // 写操作
16  func write(i int) {
17      defer wait.Done()
18      println(i,"号 Goroutine,准备请求写锁")
19      m.Lock()
20      println(i,"号 Goroutine,获取到写锁,正在进行写操作")
21      time.Sleep(1* time.Second)
22      println(i,"号 Goroutine,写操作完成,准备释放写锁")
23      m.Unlock()
24      println(i,"号 Goroutine,写锁已经释放")
25  }
26  func main() {
27      // 创建 4 个 goroutine,计数器为 4
28      wait.Add(4)
29      m = new(sync.RWMutex)
30      go write(1)
31      go read(2)
32      go write(3)
33      go read(4)
34      // 等待 goroutine 结束
35      wait.Wait()
36  }
```

由输出结果可以看出，读操作和读操作可以同时进行，读操作和写操作不能同时进行，写操作和写操作不能同时进行。请求写锁的 Goroutine 阻塞等待其他 Goroutine 释放锁。

11.4.5　条件变量

条件变量（Cond）是在多 Goroutine 程序中用来实现“等待--->唤醒”逻辑常用的方法，是 Goroutine 间同步的一种机制。条件变量用来阻塞一个 Goroutine，直到条件满足被触发为止。条件变量总是与互斥锁组合使用。

互斥锁为共享数据的访问提供互斥支持，而条件变量可以就共享数据的状态变化向相关 Goroutine 发出通知。例如，Goroutine 1 部分功能的执行需要等待 Goroutine 2 的通知，那边处于等待的 Goroutine 1 会被保存在一个通知列表中。也就是说需要某种变量状态的 Goroutine 1 将会等待，当变量状态改变时，Goroutine 2 便以条件变量的方式通知 Goroutine 1。

条件变量的结构体定义如下所示。

```
type Cond struct {
    noCopy noCopy
    // L is held while observing or changing the condition
    L Locker
    notify notifyList
    checker copyChecker
}
```

每个 Cond 实例都有一个相关的锁，它要在改变条件或者调用 Wait 方法时保持锁定。Cond 可以创建为其他结构体的字段，Cond 在开始使用后不能被复制。

Cond 相关的方法定义如下所示。

```
func NewCond(l Locker) * Cond
```

NewCond 使用锁 l 创建一个 * Cond。Cond 条件变量总是要和锁结合使用。

```
func (c * Cond) Broadcast()
```

Broadcast 唤醒所有等待 c 的 Goroutine。调用者在调用本方法时，建议（但并非必须）保持 c.L 的锁定。

```
func (c * Cond) Signal()
```

Signal 唤醒等待 c 的一个 Goroutine（如果存在）。调用者在调用本方法时，建议（但并非必须）保持 c.L 的锁定。Signal 发送通知给一个人。

```
func (c * Cond) Wait()
```

Wait 自行解锁 c.L 并阻塞当前 Goroutine，在之后 Goroutine 恢复执行时，Wait 方法会在返回前锁定 c.L。Wait 除非被 Broadcast 或者 Signal 唤醒，否则不会主动返回。Wait 会广播给所有 Goroutine。

因为线程中 Wait 方法是第一个恢复执行的，而此时 c.L 未加锁。调用者不应假设 Wait 恢复时条件已满足，相反，调用者应在循环中等待。通过 Cond 实现生产者消费者模型，如例 11-23 所示。

例 11-23　条件变量的使用

```
1  var wait sync.WaitGroup
2  var condition int = 0
3  // 消费者
4  func Consumer(num int,cond * sync.Cond) {
5      defer wait.Done()
6      for {
```

```
7           cond.L.Lock()
8           for condition == 0 {
9               // 等待生产者生产
10              cond.Wait()
11          }
12          // 消费
13          fmt.Printf("Consumer %d: %d \n", num, condition)
14          condition--
15          // 唤醒
16          cond.Signal()
17          cond.L.Unlock()
18      }
19  }
20  func Producer(num int, cond * sync.Cond) {
21      defer wait.Done()
22      for {
23          cond.L.Lock()
24          for condition == 10 {
25              // 等待消费
26              cond.Wait()
27          }
28          condition++
29          fmt.Printf("Producer %d: %d \n", num, condition)
30          cond.Signal()
31          cond.L.Unlock()
32      }
33  }
34  func main() {
35      // 创建 5 个 goroutine,计数器为 5
36      wait.Add(5)
37      // 创建条件变量
38      cond := sync.NewCond(new(sync.Mutex))
39      // 创建 3 个消费者
40      go Consumer(1,cond)
41      go Consumer(2,cond)
42      go Consumer(3,cond)
43      // 创建 2 个生产者
44      go Producer(1,cond)
45      go Producer(2,cond)
46      // 等待 goroutine
47      wait.Wait()
48  }
```

虽然使用条件变量也能够实现生产者消费者模型，但是在实际的开发中，应优先使用 Channel。如果 Channel 能满足需求，则不要用锁。如果场景比较复杂，仅靠 Channel 无法满足需求时，再加上锁来控制。

11.5 Context

Context 通常被翻译为上下文、语境、环境的意思，在计算机领域大家通常称之为上下文。Context 是一个比较抽象的概念，一般理解为程序单元的一个运行状态、现场、快照。在 Go 语言环境中，上下文的“上下”是指存在上下层的传递，上会把内容传递给下，程序单元则指的是 Goroutine，因此，Context 与 Goroutine 有比较密切的关系。

11.5.1 Context 的作用

我们可以通过 Go 语言的 context 包来简化处理单个请求的多个 Goroutine 之间与请求域的数据、取消信号、截止时间等相关操作，这些操作可能涉及多个 API 调用。

Context 主要用于父子 Goroutine 之间的同步取消信号，本质上是一种 Goroutine 调度的方式。Context 的取消操作是无侵入的，上游任务（Goroutine）仅仅通过 Context 通知下游任务不再需要，而不会直接干预和中断下游任务的执行，由下游任务（Goroutine）自行决定后续的处理操作。Context 是线程安全的，其本身不能改变。

每一个 Context 都会从最顶层的 Goroutine 逐层传递到最下层。Context 可以在上层 Goroutine 执行出现错误时，将信号及时同步给下层。

例如，一个 Web 服务器在处理请求时，需要为每个请求开启一个 Goroutine 去处理，而这些 Goroutine 还可能会开启其他子 Goroutine 去访问后端资源，如数据库、其他服务等。这些子 Goroutine 都是在处理同一个请求，所以它们往往需要访问一些共享的资源，如用户身份信息、认证 token、请求截止时间等。此时可以使用 Context 来跟踪并控制这些 Goroutine，如果请求被取消或者请求超时，可以使用 Context 中止这些 Goroutine 并释放相关资源。

任何函数可能被阻塞或者需要很长时间来完成的请求或任务，都应该使用 Context。如果不使用 Context，那么当最上层的 Goroutine 因为某些原因执行失败时，下层的 Goroutine 由于没有接收到这个信号所以会继续工作。

11.5.2 Context 接口

Context 是 Go 语言在 1.7 版本中引入标准库的接口，在源码中的定义如下所示。

```
type Context interface {
    Deadline() (deadline time.Time, ok bool)
    Done() <-chan struct{}
    Err() error
    Value(key interface{}) interface{}
}
```

Context 是接口类型，一共包含 4 个方法，具体说明如下。

- Deadline 方法用来获取设置的截止时间，第一个返回值是截止时间，到了该时间点，Context 会自动发起取消请求；第二个返回值 ok = =false 时表示没有设置截止时间。如果要取消设置截止时间，则需要调用取消函数进行取消。
- Done 方法返回一个只读的 chan，类型为 struct {}。在 Goroutine 中，如果该方法返回的 chan 可以读取，则意味着父 Context 已经发起了取消请求，通过 Done 方法接收该信号后，应该进行清理操作，然后退出 Goroutine，释放资源。
- Err 方法返回 Context 结束的原因，它只会在 Done 返回的 Channel 被关闭时才会返回非空的值；如果 context.Context 被取消，会返回 Canceled 错误；如果 context.Context 超时，会返回 DeadlineExceeded 错误。
- Value 方法用于获取该 Context 上绑定的值，是一个键/值对，该值一般是线程安全的。Context 所包含的额外信息键/值对存储在一颗 Goroutine 树上，树的每个节点可能携带一组键/值对，如果当前节点上无法找到 key 所对应的值，就会向上去父节点里找，直到根节点。

Go 语言的 Context 包提供了 4 个实现 Context 接口的数据类型。

1. emptyCtx

emptyCtx 表示完全空的 Context，实现的函数也都是返回 nil，仅仅实现了 Context 的接口，在源码中的定义如下所示。

```
type emptyCtx int
```

emptyCtx 永远不会被取消，没有值，也没有期限。它不是 struct {}，因为这种类型的变量必须有不同的地址。

Go 语言的 context 包提供了 Background 和 TODO 函数，用来返回一个 emptyCtx。

Background 主要用于 main 函数、初始化以及测试代码，作为 Context 这个树结构最顶层的 Context，也就是根 Context，它不能被取消。如果不知道该使用什么 Context，可以使用 TODO。

一般在代码中，开始一个 Context 时都是以 Background 和 TODO 作为最顶层的父 Context，然后再衍生出子 Context。这些 Context 对象形成一棵树：当一个 Context 对象被取消时，继承自它的所有 Context 都会被取消。

2. cancelCtx

cancelCtx 继承自 Context，同时也实现了 canceler 接口，在源码中的定义如下所示。

```
type cancelCtx struct {
    Context
    mu     sync.Mutex
    done chan struct{}
        children map[canceler]struct{}
    err error
}
```

cancelCtx 可以被取消。当取消时，cancelCtx 会取消实现 canceler 的所有子程序。

3. timerCtx

timerCtx 继承自 cancelCtx，增加了 timeout 机制，其源码定义如下所示。

```
type timerCtx struct {
    cancelCtx
    timer [time.Timer // Under cancelCtx.mu.
    deadline time.Time
}
```

timerCtx 带有计时器和期限。它嵌入了 cancelCtx 来实现 Done 和 Err。它通过停止计时器然后委托给 cancelCtx.cancel 来实现 cancel。

4. valueCtx

valueCtx 用于存储键/值对的数据，其源码定义如下所示。

```
type valueCtx struct {
    Context
    key, val interface{}
}
```

valueCtx 携带一个键/值对。它实现该键的值，并将所有其他调用委托给嵌入的 Context。

11.5.3 超时取消

Go 语言 context 包中有 WithCancel 函数，传递一个父 Context 作为参数，返回子 Context，以及一个取消函数用来取消 Context，其源码声明如下所示。

```
func WithCancel(parent Context) (ctx Context, cancel CancelFunc)
```

WithDeadline 函数和 WithCancel 功能类似，它会多传递一个截止时间参数，到该时间点，会自动取消 Context，其源码声明如下所示。

```
func WithDeadline(parent Context, deadline time.Time) (Context, CancelFunc)
```

具体使用方法如例 11-24 所示。

例 11-24 使用 WithDeadline 超时取消

```
1  func main() {
2      // 设定请求超时时间
3      d := time.Now().Add(2 *  time.Second)
4      // 调用 Background()生成一个父 context
5      ctx, cancel := context.WithDeadline(context.Background(), d)
6      // 关闭父 context 中的 Channel 并向所有的子 context 同步取消信号
7      defer cancel()
8      c := make(chan bool)
9      // 模拟子 Goroutine 执行任务
10      go func() {
11          // 模拟执行任务的时间
12          time.Sleep(3 *  time.Second)
13          // 任务执行完毕后,返回
14          c <- true
15      }()
16      // 阻塞等待 case,哪个先接收到数据哪个先执行
17      select {
18      case <-c:
19          // 子 Goroutine 任务执行完毕
20          fmt.Println("任务执行结束")
21      case <-ctx.Done():
22          // 打印 context 结束的原因
23          fmt.Println(ctx.Err())
24      }
25  }
```

输出结果如下所示。

```
context deadline exceeded
```

上述输出结果表示 Context 超时。如果将例 11-24 中的 defer 去掉，则会提前取消，输出如下结果。

```
context canceled
```

上述输出结果表示 Context 已经被取消。如果将例 11-24 中的时间修改为小于 2 秒，则会输出如下结果。

```
任务执行结束
```

WithTimeout 表示超时自动取消，即过了该时间段后自动取消 Context。其源码声明如下所示。

```
func WithTimeout(parent Context, timeout time.Duration) (Context, CancelFunc)
```

WithTimeout 的具体使用方法如例 11-25 所示。

例 11-25　使用 WithTimeout 超时取消

```
1  var (
2      wg sync.WaitGroup
3  )
4  func work(ctx context.Context) error {
5      defer wg.Done()
6      // 循环执行任务,超时自动取消
7      for i := 1; i < 1000; i++ {
8          select {
9          case <-time.After(1 * time.Second):
10             fmt.Println("工作执行次数 ", i)
11         // 等待接收取消信号
12         case <-ctx.Done():
13             fmt.Println(ctx.Err(), i)
14             return nil
15         }
16     }
17     return nil
18 }
19 func main() {
20     // 调用 Background()生成一个父 context 并传入,设置超时时间
21     ctx, cancel := context.WithTimeout(context.Background(), 3* time.Second)
22     // 延迟关闭父 context 中的 Channel 并向所有的子 context 同步取消信号
23     defer cancel()
24     wg.Add(1)
25     // 将 context 传入任务 goroutine
26     go work(ctx)
27     // 等待 goroutine 执行完毕
28     wg.Wait()
29 }
```

由输出结果可以看出，超时以后，任务没有执行完成就提前结束了。WithDeadline 函数和 WithTimeout 函数功能类似，只不过 WithDeadline 传入的是截止时间点，WithTimeout 函数传入的是执行时间段。也可以通过取消函数提前取消。

11.5.4　传值

Go 语言 context 包中的 WithValue 函数是为了生成一个绑定了一个键/值对数据的 Context，这个绑定的数据可以通过 Context.Value 方法访问。我们想要通过该方法来使用 Context 传递数据。其源码定义如下所示。

```
func WithValue(parent Context, key, val interface{}) Context
```

WithValue 函数的具体使用方法如例 11-26 所示。

例 11-26　使用 Context 传值

```
1  func watch(ctx context.Context) {
2    for {
3        select {
4        // 接收 context 结束的信号
5        case <-ctx.Done():
6            // 打印 context 结束的原因
7            fmt.Println(ctx.Err())
8            return
9        default:
10            // 通过 context 获取数据
11            fmt.Println(ctx.Value("gun"), "bang!!")
12            time.Sleep(2 * time.Second)
13        }
14    }
15 }
16 func main() {
17   ctx, cancel := context.WithCancel(context.Background())
18   // 通过 context 传值
19   valueCtx := context.WithValue(ctx, "gun", "98K")
20   go watch(valueCtx)
21   // 等待 goroutine 执行完毕
22   time.Sleep(4 * time.Second)
23   // 向子 context 发送取消信号
24   cancel()
25   // 留给 goroutine 接收取消信号的时间
26   time.Sleep(2 * time.Second)
27 }
```

主 Goroutine 停留 4 秒后发送取消信号，所以子 Goroutine 只打印了 2 次从 Context 获取到的值。

11.6 MapReduce

MapReduce 是一种编程模型，用于大规模数据集的并行运算。主要的思想分为“Map（映射）”和“Reduce（归约）”。当前的主要实现方式是指定一个 Map 函数，用来把一组键-值对映射成一组新的键/值对，指定并发的 Reduce 函数，用来保证所有映射的键-值对中的每一个共享相同的键组。

11.6.1　编程模型原理

MapReduce 采用“分而治之”策略，一个存储在分布式文件系统中的大规模数据集会被切分成许多独立的分片（split），这些分片可以被多个 Map 任务并行处理。

MapReduce 与函数一样有输入和输出，MapReduce 操作输入，通过本身定义好的计算模型得到一个输出，该输出内容就是我们所需要的结果。

MapReduce 利用一个输入键/值对（Key/Value）集合来产生一个输出的键/值对集合。编程人员分别使用 Map 和 Reduce 两个函数表达该计算过程。

MapReduce 的执行过程如图 11.12 所示。

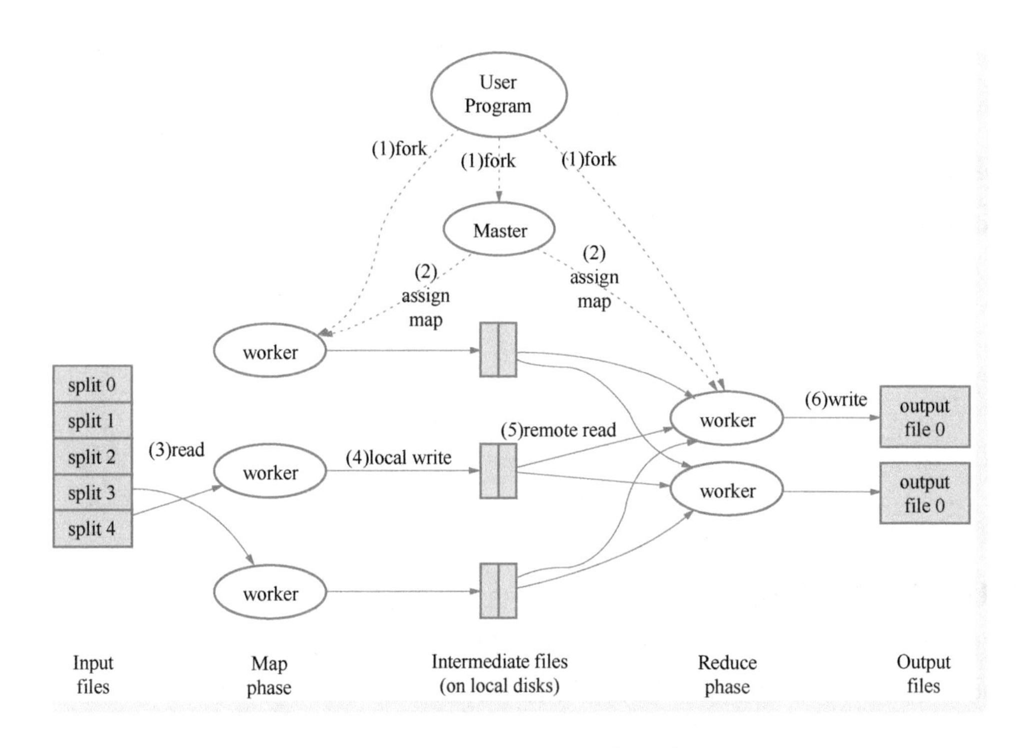

● 图 11.12　MapReduce 执行过程

对于 Map 函数，将输入的数据分成 *M* 份，对于每一份数据，都可以由一个 Goroutine 执行 Map 函数来处理，也即可以由 *M* 个 Goroutine 并行执行 Map 函数。对于 Reduce 函数，我们也仿照 Map 函数的并行方法，将 Reduce 函数的输入数据分成 *R* 份，然后再由 *R* 个 Goroutine 并行执行 Reduce 函数。由于 Reduce 函数输入数据是 Map 函数输出的中间键/值对，因此也就是将 Map 函数生成的所有中间键/值对分成 *R* 份。需要注意的是，Map 函数输入数据分成 *M* 份，理论上是可以随便分的，但是 Reduce 函数的输入数据分成 *R* 份，却不是随便分的，应该根据中间键/值对的键来分成 *R* 份。

MapReduce 的具体工作流程分为如下几个步骤。

- Input：输入数据，通常为键/值对。
- Map：将输入的数据归类，然后切分。
- Reduce：将切分的数据按照业务逻辑重新整合。
- Output：将重新整合的数据输出。

以统计单词出现的次数为例，具体过程如图 11.13 所示。

首先输入文档，将文档的数据读出来，保存到 Map 中，Key 为行号，Value 为一系列单词；然后通过 Map 函数将每行的 Value 切分，切分后的 Key 为单词，Value 为单词出现的次数；接下来将每个单词重新排列；最后通过 Reduce 函数进行整合，去掉重复的 Key，并将 Key 出现的次数保存到 Value 中，再把这些集合规约到一个集合当中。

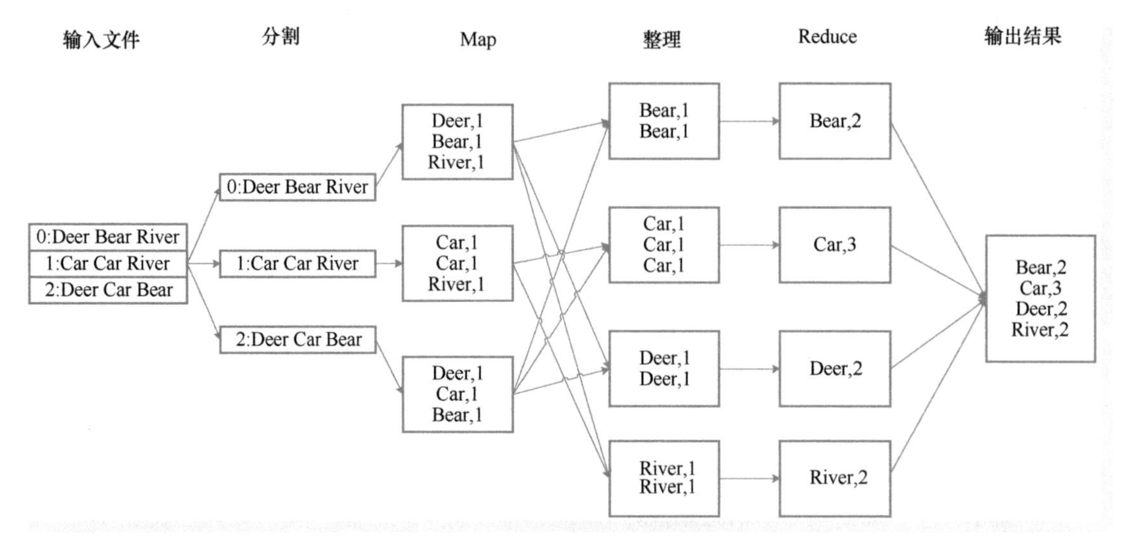

● 图 11.13　通过 MapReduce 统计单词次数的过程

11.6.2　编程实验

MIT 6.824 是麻省理工学院关于分布式系统的课程。其中第一课的内容就是使用 Go 语言完成 MapReduce 实验。该实验要求实现一个统计单词出现次数的任务。

下载麻省理工学院的实验代码包，执行命令如下所示。

```
$ git clone git:// g.csail.mit.edu/6.824-golabs-2021 6.824
$ cd 6.824
$ ls
Makefile src
```

该软件包在 src/main/mrsequential.go 中提供了一个简单的顺序 MapReduce 实现。它可以在一个过程中运行一次 Map 和 Reduce。

该软件包还提供了一对 MapReduce 应用：字计数 mrapps / wc.go 和文本索引中 mrapps / indexer.go。用户可以按如下顺序运行字数统计。

```
$ cd ~/6.824
$ cd src/main
$ go build -race -buildmode=plugin ../mrapps/wc.go
$ rm mr-out*
$ go run -race mrsequential.go wc.so pg* .txt
$ more mr-out-0
A 509
ABOUT 2
ACT 8
...
```

mr-out-0 内保存了输出结果。用户在做完分布式实验之后可以查看结果是否与上述结果相同。输出文件在 src/main/mr-out-0 中，文件中每一行标明了单词和出现次数。

mrsequential.go 将其输出保留在文件 mr-out-0 中。输入来自名为 pg-xxx.txt 的文本文件。

可随时从 mrsequential.go 借用代码。可以在 mrapps / wc.go 上查看 MapReduce 应用程序代码的

样子。

在进入 Go 程序之后，动态库由代码主动加载进来。在 src/main 目录下命名为 mr＊.go 的几个代码文件中，都有 loadPlugin 函数。

文件 wc.go 以及 mrapps 目录下的其他几个文件，都定义了名为 map 和 reduce 的函数，这两个函数在 mrsequential.go 中加载并调用。给 mrsequential 绑定不同的＊.so 文件，也就会加载不同的 map 和 reduce 函数。如此实现了某种程度上的动态绑定。mrsequential 实现的是非分布式的 Word Count。这个文件的输出将作为之后测试的标准，分布式版本应给出和这个输出完全相同的输出。

在本实验中，要编写一个 Coordinator，Coordinator 只占用一个 Goroutine，该 Coordinator 将任务分配给 Worker，并对 Worker 的执行失败进行处理，Worker 可以由多个 Goroutine 并行执行。在真实的分布式系统中，工作人员将在不同的机器上运行，但是对于本实验，所有任务在单个机器上运行。Worker 将通过 RPC 与 Coordinator 通信。每个 Goroutine 都会向 Coordinator 询问任务，从一个或多个文件读取任务的输入，执行任务，并将任务的输出写入一个或多个文件。Coordinator 应注意工人是否在合理的时间内没有完成其任务（在本实验中，时间设置为 10s），并将同一任务交给另一个 Worker。

官方提供了一些代码。Coordinator 和 Worker 程序的“主要”例程位于 main/mrcoordinator.go 和 main/mrworker.go 中；读者不要更改这些文件，实现方法要写在 mr/coordinator.go、mr/worker.go 和 mr/rpc.go 文件中。

在单词计数 MapReduce 应用程序上运行代码的方法如下。首先，确保单词计数插件是全新构建的，执行命令如下所示。

```
$ go build -race -buildmode=plugin ../mrapps/wc.go
```

代码包在 main / test-mr.sh 中提供了一个测试脚本。测试在给定 pg-xxx.txt 文件作为输入的情况下，检查 wc 和 indexer MapReduce 应用程序是否产生正确的输出。这些测试还检查我们的实现是否并行运行 Map 和 Reduce 任务，以及我们的实现是否从运行任务时崩溃的工作程序中恢复。

如果现在运行测试脚本，则该脚本将挂起，因为协调器永远不会完成，如下所示。

```
$ cd ~/6.824/src/main
$ bash test-mr.sh
* * * Starting wc test.
```

可以在 mr/coordinator.go 的“完成”功能中将 ret：=false 更改为 true，以便协调器立即退出。然后执行如下命令。

```
$ bash test-mr.sh
* * * Starting wc test.
sort: No such file or directory
cmp: EOF on mr-wc-all
--- wc output is not the same as mr-correct-wc.txt
--- wc test: FAIL
$
```

测试脚本期望在名为 mr-out-X 的文件中看到输出，每个 reduce 任务对应一个文件。mr/coordinator.go 和 mr/worker.go 的空实现不会生成这些文件（或执行其他任何操作），因此测试失败。

完成后，测试脚本输出如下所示。

```
$ bash test-mr.sh
* * *  Starting wc test.
--- wc test: PASS
* * *  Starting indexer test.
--- indexer test: PASS
* * *  Starting map parallelism test.
--- map parallelism test: PASS
* * *  Starting reduce parallelism test.
--- reduce parallelism test: PASS
* * *  Starting crash test.
--- crash test: PASS
* * *  PASSED ALL TESTS
$
```

还可能看到 Go RPC 软件包中的一些错误，如下所示。

```
2019/12/16 13:27:09rpc.Register: method "Done" has 1 input parameters; needs exactly three
```

这些错误信息可以忽略。

11.6.3 实现方案

Coordinator 会启动一个 RPC 服务器，每个 Worker 通过 RPC 机制向 Coordinator 申请任务。任务可能包括 Map 和 Reduce 过程，具体如何给 Worker 分配任务取决于 Coordinator。

我们可以在 mr/rpc.go 中定义描述工作状态的结构体，如下所示。

```
type JobReply struct {
  JobType           string          // 工作类型
  Index             int             // worker 索引
  R                 uint            // reduce workers 数量
  N                 uint            // map workers 数量
  InputFileLocation string          // 输入文件的地址
  MapFileLocations []string         // map 文件的地址
}
```

在执行 Map 任务的 Goroutine 完成时，会生成中间文件，可以定义一个结构体来保存文件位置和索引，如下所示。

```
type FileLocationArgs struct {
  Index            int
  MapFileLocations []string
}
```

要在 mr/coordinator.go 中定义 Coordinator 结构体，可以参考如下方式。

```
type Coordinator struct {
  // Your definitions here.
  N                    uint // 记录 Map 任务数量
  R                    uint // 记录 Reduce 任务数量
  InputFileLocations   []string
  MapTasksStatus       []TaskStatus
  MapFileLocations     [][]string
  ReduceTasksStatus    []TaskStatus
```

```
    mu              sync.Mutex // 锁
}
```

可以定义一个状态码来表示任务执行的状态，例如，0 表示空闲，1 表示正在执行任务，2 表示任务执行完成。可以采用结构体封装，也可以通过 iota 类型定义。

Coordinator 需要实现的方法有很多，例如，寻找空闲的 Worker、将 Map 和 Reduce 任务分配给 Worker、判断 Map 和 Reduce 任务是否全部完成，以及获取文件的位置和索引等。

需要在 mr/worker.go 中实现 Map 和 Reduce 的具体任务。Map 任务要将每个出现的单词机械地分离出来，并给每一次出现标记为 1 次。很多单词在文件中重复出现，也就产生了很多相同的键/值对。还没有对键/值对进行合并，故此时产生的键/值对的值都是 1。

自定义的 Reduce 函数接收一个中间 key 的值 I 和一个相关 Value 值的集合。Reduce 函数合并这些 Value 值，形成一个较小的 Value 值的集合。一般情况下，每次 Reduce 函数调用只产生 0 或 1 个输出 Value 值。通常通过一个迭代器把中间 Value 值提供给 Reduce 函数，这样就可以处理无法全部放入内存中的大量的 Value 值的集合。

Worker 除了要执行 Map 和 Reduce 任务，还要向 Coordinator 请求新的任务，告诉 Coordinator 由 map 操作构建的中间文件保存在哪里。本实验的具体实现方法由读者自己实现，本书配套资源会提供参考代码。

11.7 本章小结

Go 将 CSP 并发模型作为并发基础，底层使用 Goroutine 作为并发实体。Goroutine 间通过 Channel 进行消息传递，使之解耦。Go 在语言层面实现了自动调度，屏蔽了很多内部细节，对外提供简单的语法关键字，大大简化了并发编程的思维转换和管理线程的复杂性。在 Go 的官方文档上，作者明确指出，Go 并不希望依靠共享内存的方式进行 Goroutine 的协同操作，而是希望通过 Channel 的方式进行。Go 语言中 Context 的主要作用还是在多个 Goroutine 组成的树中同步取消信号以减少对资源的消耗和占用。在非必要的情况下，尽量不要使用 Context 的 Value 相关方法传递数据。

11.8 习题

1. 填空题

（1）Go 语言中的协程叫作________，运行时由________调度和管理。

（2）________是 Goroutines 之间的通信机制。

（3）select 会________挑选的一个可通信的 case 来执行。

（4）向 Channel 发送数据使用的操作符是________。

（5）创建 Goroutines 需要在函数或方法调用前面加上关键字________。

2. 选择题

（1）下列描述正确的是（　　）。

A. 并发等于并行　　B. 线程比进程消耗更多的资源

C. Go 语言不支持并行　　D. Goroutine 属于抢占式任务处理

（2）关于 Channel，下列说法正确的是（　　）

A. 无缓冲的 Channel 是默认的缓冲为 1 的 Channel

B. 无缓冲的 Channel 和有缓冲的 Channel 都是非同步的

C. 无缓冲的 Channel 和有缓冲的 Channel 都是同步的

D. 无缓冲的 Channel 是同步的，而有缓冲的 Channel 是非同步的

（3）关于同步锁，下面说法错误的是（　　）

A. 如果有 Goroutine 获得了 Mutex，其他 Goroutine 就只能等待，除非该 Goroutine 释放了这个 Mutex

B. 当 RWMutex 在读锁占用的时候，只会阻止写，不会阻止读

C. 当 RWMutex 在写锁占用的时候，会阻止任何其他 Goroutine（无论读和写）进来，整个锁等同于由该 Goroutine 独占

D. Lock( )操作需要保证有 Unlock( )或 RUnlock( )调用与之对应

（4）关于协程，下面说法正确是（　　）

A. 协程和线程均不能实现程序的并发执行　　B. 协程不存在死锁问题

C. 线程比协程更轻量级　　D. 可以通过 Channel 来进行协程间的通信

（5）Go 语言中的引用类型包括（　　）

A. Interface　　B. Map　　C. Channel　　D. 以上都是

3. 简答题

（1）谈谈对 Go 语言并发模型的理解。

（2）简述 Go 语言中 select 的机制。

（3）谈谈 Go 语言中的同步锁。

（4）简述 Go 语言中 Channel 的特性。

4. 分析题

以下代码会输出什么，说明具体原因。

```
1  func main() {
2    runtime.GOMAXPROCS(1)
3    wg := sync.WaitGroup{}
4    wg.Add(20)
5    for i := 0; i < 10; i++ {
6        go func() {
7            fmt.Println("第一组: ", i)
8            wg.Done()
9        }()
10    }
11    for i := 0; i < 10; i++ {
12        go func(i int) {
13            fmt.Println("第二组: ", i)
14            wg.Done()
15        }(i)
16    }
17    wg.Wait()
18  }
```

第 12 章 数据库编程

随着数据库技术的广泛应用，开发各种数据库应用程序已成为计算机应用的一个重要方面。数据库开发在网站的建设中是不可缺少的重要部分。例如，客户资料、产品资料、交易记录、访问流量、财务分析等都离不开数据库系统的支持。本章主要介绍如何使用 Go 语言操作比较常用的数据库。

12.1 数据库简介

数据库是存储信息的表的集合。简单地说，数据库可以看作是一个存储电子文档和数据的电子文件柜，可以进行添加、删除、更新、查询等操作。与普通文件存储相比，数据库具有安全性高、支持海量数据存储、方便数据信息查询和管理、支持高并发访问等优点。

12.1.1 关系型数据库

关系数据库是商业开发中应用最广泛的数据库，它基于关系模型。关系模型实际上是一个二维的表格模型，它可以映射现实世界中各种实体之间的关系。因此，关系数据库是由二维表及其之间的关系组成的数据组织。

关系型数据库的优点：易于理解、逻辑清晰、操作方便，使用已经发展得非常成熟的 SQL 语句，数据一致性高、冗余低、数据完整性高，支持很多复杂操作。

关系型数据库的缺点：难以处理海量并发需求，读写能力略显逊色，存储不灵活。

常见的关系型数据库包括 MySQL、Oracle、DB2 等。实际开发中经常使用数据库管理系统（DBMS）来完成对数据库的操作，MySQL 是一种开放源代码的关系型数据库管理系统，它使用结构化查询语言（SQL）进行数据库管理。MySQL 由于其体积小、速度快，一般中小型网站都选择 MySQL 作为网站数据库。

12.1.2 非关系型数据库

随着互联网的发展，传统的关系型数据库在处理超大规模和高并发的网站时显得力不从心，出现了很多难以克服的问题。而非关系型数据库则由于其本身的特点得到了非常迅速的发展。非关系型数据库的产生就是为了解决大规模数据集合多重数据种类带来的挑战，尤其是大数据应用难题。

非关系型数据库的优点：弱化数据结构一致性，使用起来更加灵活，读写能力强，具有良好的扩展性。

非关系型数据库的缺点：通用性较差，没有通用的 SQL 语句，因为操作灵活，所以相对容易出错，同时没有外键关联等复杂的操作。

常见的非关系型数据库包括 Redis、MongoDB 等。

12.2 操作 MySQL

12.2.1 安装 MySQL 驱动

Go 官方仅提供了 database/sql 包，该包定义了操作数据库的接口。开发者无论使用哪种数据库，它们的操作方式都是相同的。但 Go 官方并没有实现 MySQL 的驱动，如果想要通过 Go 操作 MySQL，还需要第三方的驱动包。Go MySQL 驱动程序是 Go database/sql/driver 接口的实现。

安装 MySQL 驱动包，执行如下命令。

```
go get -u github.com/go-sql-driver/mysql
```

导入驱动的示例代码如下所示。

```
import (
  "database/sql"
    _ "github.com/go-sql-driver/mysql"
)
```

该驱动提供了一系列接口方法，用于访问关系数据库。它并不会提供数据库特有的方法，那些特有的方法将由数据库驱动去实现。

在包路径前添加下画线“_”，表示匿名导入。匿名导入的方式仅导入包而不使用包内的类型和数据。通常情况下，正常导入包后就能够调用该包中的数据和方法。但是对于 MySQL 操作来说，开发者不应该直接使用导入的驱动包所提供的方法，而是应该使用 sql.DB 对象所提供的统一的方法。因此，在导入 MySQL 驱动时，使用匿名导入包的方式。当导入 MySQL 驱动后，该驱动会自行初始化并注册到 Go 中 database/sql 的上下文中，这样即可通过 database/sql 包所提供的方法来访问数据库。

12.2.2 连接数据库

database/sql 包中提供了 Open()函数，其定义如下所示。

```
func Open(driverName, dataSourceName string) (* DB, error)
```

Open 函数会根据给定的数据库驱动以及驱动专属的数据源来打开一个数据库，驱动专属的数据源一般至少会包含数据库的名字以及相关的连接信息。

- driverName 表示驱动名，该名字是指数据库驱动注册到 database/sql 时所使用的名字。
- dataSourceName 表示驱动特定的语法，它告诉驱动如何访问底层数据存储。其内容包括数据库的用户名、密码、数据库主机以及需要连接的数据库名等信息。

Open 函数并没有创建连接，它只是验证参数是否合法。然后开启一个单独的 Goroutine 去监听是否需要建立新的连接，当有请求建立新连接时就创建新连接。

虽然在完成数据库操作之后调用 sql.Close()来关闭数据库是许多开发者惯用的做法，但是 sql.DB 对象被设计为长连接。开发者应尽量避免频繁地打开和关闭连接。比较好的做法是，为每个不同的数据存储创建一个 DB 对象，将这些对象保持打开状态。如果需要短连接，那么就把 DB 作为参数传入函数中，而不要在函数中打开和关闭连接。

sql.Open( )返回的 sql.DB 对象是 Goroutine 并发安全的。sql.DB 通过数据库驱动为开发者提供管理底层数据库连接的打开和关闭操作。sql.DB 能够帮助开发者管理数据库连接池。正在使用的连接被标记为繁忙，使用完后放回到连接池，等待下次使用。因此，如果开发人员没有把连接释放回连接池，会导致连接过多使系统资源耗尽。

12.2.3　CRUD 操作

CRUD 是在做计算处理时的增加（Create）、读取查询（Retrieve）、更新（Update）和删除（Delete）几个单词的首字母简写。

数据库的增删改操作都可以用过直接调用 db 对象的 Exec( )方法来实现，该方法接口的定义如下所示。

```
func (db * DB) Exec(query string, args ...interface{}) (Result, error)
```

可以将增删改的 SQL 语句传入 query 参数中，arg 部分用于填写查询语句中包含的占位符的实际参数。

1. 多行查询

数据库多行查询的一般步骤如下。

1）调用 db.Query( )执行查询的 SQL 语句。db.Query( )的语法定义如下所示。

```
func (db * DB) Query(query string, args ...interface{}) (* Rows, error)
```

db.Query( )方法执行一个查询并返回多个数据行，该查询通常是一个 SELECT 语句。方法的 arg 部分用于填写查询语句中包含的占位符的实际参数。

2）将 rows.Next( )方法的返回值作为 for 循环的条件，迭代查询数据，语法如下所示。

```
func (rs * Rows) Next() bool
```

3）在循环中，通过 rows.Scan( )方法读取每一行数据，语法如下所示。

```
func (rs * Rows) Scan(dest ...interface{}) error
```

rows.Scan( )方法的参数顺序很重要，必须和查询结果的列（column）相对应（数量和顺序都需要一致）。例如 “select * from user_info where age >= 20 and age < 30” 查询的列顺序是 “id, name, age” 和插入操作顺序相同，因此 rows.Scan( ) 也需要按照此顺序 rows.Scan（&id, &name, &age），不然会造成数据读取的错位。

4）调用 db.Close( )关闭查询。rows.Close( )操作是幂操作，即任意多次执行所产生的影响与一次执行的影响相同。所以对已关闭的 rows 再次执行 close( )也没有影响。

因为 Go 语言是强类型语言（在没有强制类型转化前，不允许两种不同类型的变量相互操作），所以查询数据时先定义数据类型。查询数据库中的数据存在三种可能状态：存在值、存在零值和未赋值 NULL，因此可以将待查询的数据类型定义为 sql.NullString 、sql.NullInt64 类型等。可以通过判断 Valid 值来判断查询到的值是赋值状态还是未赋值 NULL 状态。每次 db.Query 操作后，都建议调用 rows.Close( )。

因为 db.Query( ) 会从数据库连接池中获取一个连接，该底层连接在结果集（rows）未关闭前会被标记为处于繁忙状态。当遍历读到最后一条记录时，会发生一个内部 EOF 错误，自动调用 rows.Close()。但如果出现异常，提前退出循环，rows 不会关闭，连接不会回到连接池中，连接也不会关闭，则此连接会一直被占用。因此通常使用 defer rows.Close() 来确保数据库连接可以正确放回到连接池中。

2. 单行查询

查询单行数据可以使用 QueryRow()方法，语法如下所示。

```
func (db * DB) QueryRow(query string, args ...interface{}) * Row
```

QueryRow()方法执行一个预期最多只会返回一个数据行的查询。这个方法总是会返回一个非空的值，而它引起的错误则会被推延到数据行的 Scan 方法被调用为止。

使用 Go 语言对 MySQL 进行 CRUD 操作的具体使用方法如例 12-1 所示。

例 12-1　使用 SQL 包进行 CRUD 操作

```
1  // 数据库连接信息
2  const (
3      USERNAME = "root"
4      PASSWORD = "root"
5      NETWORK = "tcp"
6      SERVER = "127.0.0.1"
7      PORT = 3306
8      DATABASE = "test"
9  )
10 // 定义 user 表结构体
11 type User struct {
12     Id int `json:"id" form:"id"` // 用户 ID
13     UserName string `json:"username" form:"username"` // 用户名
14     PassWord string `json:"password" form:"password"` // 用户密码
15     Status int `json:"status" form:"status"` // 0 正常状态, 1 删除
16     Createtime int64 `json:"createtime" form:"createtime"` // 创建时间
17 }
18 // 创建表
19 func CreateTable(DB * sql.DB) {
20     sql := `CREATE TABLE IF NOT EXISTS users(
21     id INT(4) PRIMARY KEY AUTO_INCREMENT NOT NULL,
22     username VARCHAR(64),
23     password VARCHAR(64),
24     status INT(4),
25     createtime INT(10)
26     ); `
27     if _, err := DB.Exec(sql); err != nil {
28         fmt.Println("表创建失败:", err)
29         return
30     }
31     fmt.Println("表创建成功")
32 }
33 // 插入数据
34 func InsertData(DB * sql.DB) {
35      result, err := DB.Exec("insert INTO users(username, password) values(?,?)","Bob","
123456")
```

```
36      if err != nil{
37          fmt.Printf("数据插入失败,err:%v", err)
38          return
39      }
40      lastInsertID,err := result.LastInsertId() // 获取插入数据的自增 ID
41      if err != nil {
42          fmt.Printf("获取 ID 失败,err:% v", err)
43          return
44      }
45      fmt.Println("插入数据的 ID:", lastInsertID)
46      rowsaffected,err := result.RowsAffected() // 通过 RowsAffected 获取受影响的行数
47      if err != nil {
48          fmt.Printf("获取受影响行数失败,err:% v",err)
49          return
50      }
51      fmt.Println("插入数据受影响的行数:", rowsaffected)
52  }
53  // 查询单行
54  func QueryOne(DB * sql.DB) {
55      user := new(User) // 用 new()函数初始化一个结构体对象
56      row := DB.QueryRow("select id,username,password from users where id=?", 1)
57      // row.scan 中的字段必须是按照数据库存入字段的顺序,否则报错
58      if err := row.Scan(&user.Id, &user.UserName, &user.PassWord); err != nil {
59          fmt.Printf("扫描失败, err:% v \n", err)
60          return
61      }
62      fmt.Println("单行查询结果:", * user)
63  }
64  // 查询多行
65  func QueryMulti(DB * sql.DB) {
66      user := new(User)
67      rows, err := DB.Query("select id,username,password from users where id > ?", 1)
68      defer func() {
69          if rows != nil {
70              rows.Close() // 关闭未 scan 的 sql 连接
71          }
72      }()
73      if err != nil {
74          fmt.Printf("查询失败,err:%v \n", err)
75          return
76      }
77      for rows.Next() {
78          err = rows.Scan(&user.Id, &user.UserName, &user.PassWord) // 不 scan 会导致连接不释放
79          if err != nil {
80              fmt.Printf("扫描失败,err:%v \n", err)
81              return
82          }
83          fmt.Println("多行查询结果:", * user)
84      }
85  }
86  // 更新数据
87  func UpdateData(DB * sql.DB){
88      result,err := DB.Exec("UPDATE users set password=? where id=?","111111",1)
89      if err != nil{
```

```
90          fmt.Printf("更新失败,err:%v \n", err)
91          return
92      }
93      rowsaffected,err := result.RowsAffected()
94      if err != nil {
95          fmt.Printf("获取受影响行数失败,err:%v \n",err)
96          return
97      }
98      fmt.Println("更新数据受影响行数:", rowsaffected)
99  }
100 // 删除数据
101 func DeleteData(DB * sql.DB){
102     result,err := DB.Exec("delete from users where id=?",1)
103     if err != nil{
104         fmt.Printf("删除失败,err:%v \n",err)
105         return
106     }
107     rowsaffected,err := result.RowsAffected()
108     if err != nil {
109         fmt.Printf("获取受影响行数失败,err:%v \n",err)
110         return
111     }
112     fmt.Println("受影响行数:", rowsaffected)
113 }
114 func main() {
115     // 连接数据库
116     conn := fmt.Sprintf("%s:%s@ %s(%s:%d)/%s",USERNAME, PASSWORD, NETWORK, SERVER,
PORT, DATABASE)
117     DB, err := sql.Open("mysql", conn)
118     if err != nil {
119         fmt.Println("数据库连接失败:", err)
120         return
121     }
122     // 设置最大连接周期,超时的连接就 close
123     DB.SetConnMaxLifetime(100* time.Second)
124     // 设置最大连接数
125     DB.SetMaxOpenConns(100)
126     // 创建表
127     CreateTable(DB)
128     // 插入数据
129     InsertData(DB)
130     // 单结果查询数据
131     QueryOne(DB)
132     // 多结果查询
133     QueryMulti(DB)
134     // 更新数据
135     UpdateData(DB)
136     // 删除数据
137     DeleteData(DB)
138     DB.Close()
139 }
```

12.2.4 预编译语句

预编译语句（PreparedStatement）可以实现比手动拼接字符串 SQL 语句更高效的自定义参数的

查询，还可以防止SQL注入攻击，因此，开发者应尽量在项目应用中使用预编译语句。

在Go语言中开发人员通常使用预编译语句和Exec()相结合的方式来完成INSERT、UPDATE、DELETE操作。先使用db对象的Prepare()方法获得预编译对象stmt，然后调用Exec()方法。Prepare()方法的定义如下所示。

```
func (db * DB) Prepare(query string) (* Stmt, error)
```

为之后的查询或执行（execution）创建预处理语句，多个查询或者执行可以并发地使用Prepare返回的预处理语句。当调用者不再需要这个预处理语句时，它必须调用这个语句的Close方法。

stmt对象的Exec()定义如下所示。

```
func (s * Stmt) Exec(args ...interface{}) (Result, error)
```

使用给定的参数执行预处理语句，并返回一个Result值来总结本次执行产生的影响。

预编译方法的使用示例如例12-2所示。

例12-2　使用SQL包进行预编译

```
1  // 定义数据库连接信息
2  type DbConn struct {
3      Dsn string // 数据库驱动连接字符串
4      Db * sql.DB
5  }
6  func checkErr(err error) {
7      if err != nil {
8          panic(err)
9      }
10 }
11 // 定义 user 表结构体
12 type User struct {
13     Id int `json:"id" form:"id"` // 用户 ID
14     UserName string `json:"username" form:"username"` // 用户名
15     PassWord string `json:"password" form:"password"` // 用户密码
16     Status sql.NullInt64 `json:"status" form:"status"` // 0 正常状态,1 删除
17     Createtime sql.NullInt64 `json:"createtime" form:"createtime"` // 创建时间
18 }
19 // 插入数据
20 func InsertData(DB * sql.DB) {
21     stmt, err := DB.Prepare("insert INTO users(username,password) values(?,?)")
22     checkErr(err)
23     result, err := stmt.Exec("Jackson", "112233")
24     checkErr(err)
25     count, err := result.RowsAffected()
26     checkErr(err)
27     fmt.Println("插入数据受影响行数",count)
28 }
29 // 更新数据
30 func UpdateData(DB * sql.DB){
31     stmt, err := DB.Prepare("UPDATE users set password=? where id=?")
32     checkErr(err)
33     result, err := stmt.Exec("1234", 1)
```

```
34      checkErr(err)
35      count, err := result.RowsAffected()
36      checkErr(err)
37      fmt.Println("更新数据受影响行数",count)
38  }
39  // 删除数据
40  func DeleteData(DB * sql.DB){
41      stmt, err := DB.Prepare("delete from users where id=?")
42      checkErr(err)
43      result, err := stmt.Exec(1)
44      checkErr(err)
45      count, err := result.RowsAffected()
46      checkErr(err)
47      fmt.Println("删除数据受影响行数",count)
48  }
49  // 查询数据
50  func QueryData(DB * sql.DB){
51      stmt, err := DB.Prepare("SELECT *  FROM users WHERE id<?")
52      checkErr(err)
53      rows, err := stmt.Query(10)
54      checkErr(err)
55      user := new(User)
56      for rows.Next() {
57          err := rows.Scan(&user.Id, &user.UserName, &user.PassWord, &user.Status, &user.
Createtime )
58          checkErr(err)
59          fmt.Println(* user)
60      }
61  }
62  func main() {
63      var err error
64      dbConn := DbConn{
65          Dsn: "root:root@ tcp(127.0.0.1:3306)/test? charset=utf8",
66      }
67      dbConn.Db, err = sql.Open("mysql", dbConn.Dsn)
68      checkErr(err)
69      // 插入数据
70      InsertData(dbConn.Db)
71      // 更新数据
72      UpdateData(dbConn.Db)
73      // 查询数据
74      QueryData(dbConn.Db)
75      // 删除数据
76      DeleteData(dbConn.Db)
77      dbConn.Db.Close()
78  }
```

如果将数据库中的 NULL 值赋值给 int 或者 string，则会产生错误，可以使用 SQL 原生结构体 sql.Null 解决该问题。

12.2.5 事务处理

事务是数据库系统中的重要概念，了解这一概念是以正确的方式开发和数据库交互的应用程序的前提。事务具有 4 个特征，分别是原子性、一致性、隔离性和持久性，简称事务的 ACID 特性。

- 原子性（atomicity）：一个事务要么全部提交成功，要么全部失败回滚，不能只执行其中的一部分操作。
- 一致性（consistency）：事务的执行不能破坏数据库数据的完整性和一致性，一个事务在执行之前和执行之后，数据库都必须处于一致性状态。
- 隔离性（isolation）：事务的隔离性是指在并发环境中，并发的事务是相互隔离的，一个事务的执行不能不被其他事务干扰。
- 持久性（durability）：一旦事务提交，那么它对数据库中对应数据状态的变更就会永久保存到数据库中。

数据库事务是构成单一逻辑工作单元的操作集合，一个典型的数据库事务如下所示。

```
BEGIN TRANSACTION              // 事务开始
SQL1                           // 第一条 SQL 语句
SQL2                           // 第二条 SQL 语句
COMMIT/ROLLBACK                // 事务提交或回滚
```

关于事务的定义有几点需要解释：

- 数据库事务包含一个或多个数据库操作，这些操作构成一个逻辑上的整体。
- 构成逻辑整体的这些数据库操作，要么全部执行成功，要么全部不执行。
- 数据库需要保持一致性，即构成事务的所有操作，要么全都对数据库产生影响，要么全部不产生影响。
- 即使数据库出现故障，或有并发事务存在的情况，上述条件依然成立。

在生活中，我们经常会转账，如从 A 账户转账 1000 元到 B 账户。在数据库系统中，至少会分成两个步骤来完成：将 A 账户的金额减少 1000 元，将 B 账户的金额增加 1000 元，如图 12.1 所示。

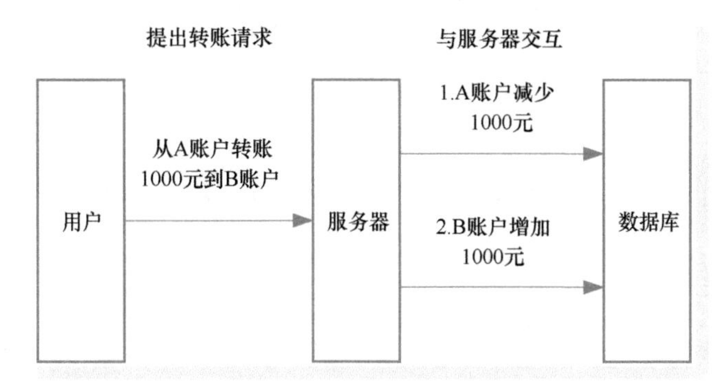

● 图 12.1　转账过程

在该过程中可能会出现以下问题。

- 转账操作的第一步执行成功，A 账户上的钱减少了 1000 元，第二步执行失败，导致 B 账户并没有相应增加 1000 元。
- 转账操作刚完成就发生系统崩溃，系统重启恢复时丢失了崩溃前的转账记录。
- 同时有其他用户转账给 B 账户，由于同时对 B 账户进行操作，导致 B 账户金额出现异常。

对于上面的转账例子，可以将转账相关的所有操作包含在一个事务中，具体操作如下所示。

```
BEGIN TRANSACTION
A 账户减少 1000 元
B 账户增加 1000 元
COMMIT
```

当数据库操作失败或者系统出现崩溃时，系统能够以事务为边界进行恢复，不会出现 A 账户金额减少而 B 账户未增加的情况。当有多个用户同时操作数据库时，数据库能够以事务为单位进行并发控制，使多个用户对 B 账户的转账操作相互隔离。因此，事务使系统能够更方便地进行故障恢复以及并发控制，从而保证数据库状态的一致性。

一般查询使用的是 db 对象的方法，事务则是使用 Tx 对象。Tx 对象由 db 的 Begin 方法创建。tx 对象也有数据库交互的 Query、Exec 和 Prepare 方法。用法和 db 的相关用法类似。查询或修改的操作完毕之后，需要调用 Tx 对象的 Commit 提交或者 Rollback 方法回滚。

一旦创建了 Tx 对象，事务处理都依赖于 Tx 对象，该对象会从连接池中取出一个空闲的连接，接下来的 SQL 执行都基于该连接，直到 Commit（提交事务）或者 Rollback（回滚）调用之后，才会把连接释放到连接池。Tx 对象的使用方法如例 12-3 所示。

例 12-3　使用 SQL 包进行事务处理

```
1  func checkErr(err error) {
2      if err != nil {
3          panic(err)
4      }
5  }
6  func main() {
7      // 打开数据库
8      db, err := sql.Open("mysql", "root:root@ tcp(127.0.0.1:3306)/test? charset=utf8")
9      checkErr(err)
10      // 关闭数据库,db 会被多个 goroutine 共享,可以不调用
11      defer db.Close()
12      // 事务处理
13      tx, err := db.Begin()
14      checkErr(err)
15      ret4, err := tx.Exec("UPDATE users set password=? where id=?", 123456,1)
16      checkErr(err)
17      ret5, err := tx.Exec("UPDATE users set password=? where id=?", 666666,2)
18      checkErr(err)
19      upd_nums1, err := ret4.RowsAffected()
20      checkErr(err)
21      upd_nums2, err := ret5.RowsAffected()
22      checkErr(err)
23      if upd_nums1 > 0 && upd_nums2 > 0 {
24          // 只有两条更新同时成功才提交
25          tx.Commit()
26          fmt.Println("更新成功")
27      } else {
28          // 否则回滚
29          tx.Rollback()
30          fmt.Println("更新失败,回滚")
31      }
32  }
```

在事务处理的时候，不推荐直接使用 db 的查询方法，该方法可以获取数据，但这不属于同一

个事务处理，将不会接受 Commit 和 Rollback 的改变。

12.3 对象关系映射

ORM（Object Relational Mapping，对象关系映射）模式是一种为了解决面向对象与关系数据库存在的互不匹配现象的技术。它能够将关系型数据库封装成业务实体对象，使得开发人员在操作业务对象时，不需要再使用复杂的 SQL 语句，而只需简单的操作对象的属性与方法。

12.3.1 XORM 框架

XORM 是一个既简单又强大的 Go 语言 ORM 框架。通过它操作数据库非常简便，开发者可以方便地使用封装好的方法来代替原生 SQL 语句。同其他对象关系映射框架一样，XORM 也支持连接、操作多种数据库，包括 MySQL、SqLite、Oracle（测试）等。

XORM 安装的命令如下所示。

```
go get github.com/go-xorm/xorm
```

12.3.2 数据库配置

在数据库连接之前需要创建引擎，通过 xorm.NewEngine 方法实现，其语法格式如下所示。

```
engine, err := xorm.NewEngine(driverName, dataSourceName)
```

xorm.NewEngine 方法需要两个参数：driveName（驱动名称）和 dataSourceName（标识数据源的名字，如用户名和密码等信息）。在 MySQL 引擎连接中，两个参数的语法格式如下所示。

```
driverName := "mysql"
dataSrouceName := "用户名:密码@ /数据库名称? charset=utf8"
```

另外，需要在使用数据库引擎创建的地方导入对应的数据库引擎驱动。

XORM 框架的 engine 数据库引擎提供了 engine.Sync( ) 方法，该方法允许开发者将自定义的结构体同步到数据库表（根据结构体字段生成数据库表）。随着 XORM 框架不断更新和迭代，在 Sync 方法的基础上，XORM 框架又提供了 Sync2 方法，用于将结构体同步更新到数据库表。Sync2 方法的主要特性如下所示。

- 自动检测和创建表。
- 自动检测和新增表中的字段名。
- 自动检测创建和删除索引。
- 自动转换 varchar 字段类型到 text 字段类型。
- 自动警告字段的默认值。

常用的其他配置见表 12.1。

表 12.1　其他配置

方　法	说　明
engine.ShowSQL（true）	是否显示 SQL 语句，开发调试时使用
engine.SetMaxOpenConns（10）	设置数据库最大连接数
engine.SetMaxIdleConns（5）	设置最大空闲连接数量，默认为 2

使用 XORM 框架进行数据库的基本配置，具体方法如例 12-4 所示。

例 12-4　XORM 的数据库引擎设置

```
1  type Person struct {
2      Name string
3      Age  int
4      Sex  string
5  }
6  func main() {
7      // 创建数据库引擎对象
8      engine, err := xorm.NewEngine("mysql", "root:root@ /test? charset=utf8")
9      if err != nil {
10         panic(err.Error())
11      }
12      // 数据库引擎关闭
13      defer engine.Close()
14      // 数据库引擎设置
15      // 设置显示 SQL 语句
16      engine.ShowSQL(true)
17      // 设置日志级别
18      engine.Logger().SetLevel(core.LOG_DEBUG)
19      // 设置最大连接数
20      engine.SetMaxOpenConns(10)
21      // 设置最大空闲连接数
22      engine.SetMaxIdleConns(5)
23      // 将结构体同步到数据库表
24      engine.Sync2(new(Person))
25  }
```

生成的数据库表如下所示。

```
+-------+--------------+------+-----+---------+-------+
| Field | Type         | Null | Key | Default | Extra |
+-------+--------------+------+-----+---------+-------+
| name  | varchar(255) | YES  |     | NULL    |       |
| age   | int(11)      | YES  |     | NULL    |       |
| sex   | varchar(255) | YES  |     | NULL    |       |
+-------+--------------+------+-----+---------+-------+
```

12.3.3　结构体映射

结构体映射是指结构体名称到表名和结构体字段到表字段的名称映射。在 XORM 框架中，由 core.IMapper 接口的实现者来管理结构体映射的规则，XORM 框架内置了 3 种 IMapper 接口的实现（3 种命名规则）：core.SnakeMapper、core.SameMapper 和 core.GonicMapper。

- SnakeMapper：支持结构体名和字段的驼峰式命名方式与以表名和表结构字段的下画线命名方式之间的转换。
- SameMapper：支持结构体名和表名以及结构体字段与对应的表字段的命名方式相同。
- GonicMapper：该映射规则和驼峰式命名类似，但是对于特定词支持性更好，比如会将 ID 翻译成 id，将“驼峰式”翻译成 i_d。

默认的映射规则为 SnakeMapper，如果开发者需要改变，可以使用创建的数据库引擎对象进行设置，语法格式如下所示。

```
engine.SetMapper(core.SameMapper{})
```

另外，可以设置表名和表字段分别使用不同的映射规则，具体语法格式如下所示。

```
engine.SetTableMapper(core.SameMapper{})          // 表名
engine.SetColumnMapper(core.SnakeMapper{})        // 表字段
```

最理想的情况就是所有的命名都按照 IMapper 的映射来操作。但是开发者如果碰到某个表名或者某个字段名跟映射规则不匹配的情况，就需要别的机制来改变。

如果结构体拥有 TableName( ) 的成员方法，那么此方法的返回值就是该结构体对应的数据库表名。

可以使用 engine.Table( ) 方法修改结构体对应数据库表的名称，在结构体中字段对应的 Tag（标签）中使用 xorm:"column_name" 可以使该字段对应的 Column（列）名称设定为指定名称。如果命名冲突，此处可以使用多个引号。

Column 的属性用于数据库表字段设置和限定。定义的方法基本和 SQL 定义表结构类似。语法格式如下所示。

```
type UserTable struct {
    Uid  int64 `xorm:"pk autoincr"`
    Name  string `xorm:"varchar(32)"` // 用户名
    Age  int64 `xorm:"default 1"` // 用户年龄
  }
```

XORM 对数据类型有自己的定义，具体的 Tag 规则见表 12.2。

表 12.2　结构体标签映射规则

关键字	说明
pk	设置为 Primary Key
name	当前字段对应数据库字段的名称
autoincr	是否为自增
null 或 notnull	是否可以为空
unique	是否为唯一
index	索引
extends	用于匿名字段，将匿名字段中的结构映射到数据库
-	此字段不进行映射
->	只写入到数据库，而不从数据库读取
<-	只从数据库读取，而不写入到数据库
created	在 Insert 时自动赋值为当前时间
updated	在 Insert 或 Update 时自动赋值为当前时间
deleted	在 Delete 时设置为当前时间，并且当前记录不删除
version	在 insert 时默认为 1，每次更新自动加 1
default 0 或 default（0）	设置默认值，紧跟的内容如果是 Varchar 等需要加上单引号
json	表示内容将先转成 JSON 格式

Tag 中的关键字均不区分大小写。除了表 12.2 的映射规则和使用 Tag 对字段进行设置以外，基础的 Go 语言结构体数据类型也会对应到数据库表中的字段中，具体的一些数据类型对应规则见表 12.3。

表 12.3　字段映射规则

Go 语言数据类型	XORM 的类型
implemented Conversion	Text
int，int8，int16，int32，uint，uint8，uint16，uint32	Int
int64，uint64	BigInt
float32	Float
float64	Double
complex64，complex128	Varchar（64）
[ ]uint8	Blob
array，slice，map except [ ]uint8	Text
bool	Bool
string	Varchar（255）
time.Time	DateTime
cascade struct	BigInt
struct	Text
Others	Text

12.3.4　表基本操作

表的基本操作主要包括创建表、删除表等，详情见表 12.4。

表 12.4　表操作

方　法	说　明
CreateTables( )	创建表，该方法的参数为一个或多个空的对应 Struct 的指针
IsTableEmpty( )	判断表是否为空
IsTableExist( )	判断表是否存在
DropTables( )	删除表，参数为一个或多个空的对应 Struct 的指针或者表的名字

表操作具体的使用方法如例 12-5 所示。

例 12-5　XORM 的表操作

```
1  // 人员表
2  type PersonTable struct {
3      Id         int64          `xorm:"pk autoincr"`          // 主键自增
4      PersonName string         `xorm:"varchar(24)"`          // 可变字符
5      PersonAge int             `xorm:"int default 0"`        // 默认值
6      PersonSex int             `xorm:"notnull"`              // 不能为空
7      City      CityTable       `xorm:"-"`                    // 不映射该字段
8  }
9  // 城市表
```

```
10 type CityTable struct {
11     CityName     string
12     CityLongitude float32
13     CityLatitude float32
14 }
15
16 func main() {
17     // 创建数据库引擎对象
18     engine, err := xorm.NewEngine("mysql", "root:root@ /test? charset=utf8")
19     if err != nil {
20         panic(err.Error())
21     }
22     // 设置名称映射规则
23     // engine.SetMapper(core.SnakeMapper{})
24     // engine.SetMapper(core.SameMapper{})
25     engine.SetMapper(core.GonicMapper{})
26     // 创建表
27     engine.CreateTables(new(PersonTable))
28     // 判断人员表是否存在
29     personExist, err := engine.IsTableExist(new(PersonTable))
30     if err != nil {
31         panic(err.Error())
32     }
33     if personExist {
34         fmt.Println(" 人员表存在")
35     } else {
36         fmt.Println(" 人员表不存在 ")
37     }
38     personEmpty, err := engine.IsTableEmpty(new(PersonTable))
39     if err != nil {
40         panic(err.Error())
41     }
42     if personEmpty {
43         fmt.Println(" 人员表为空")
44     } else {
45         fmt.Println(" 人员表不为空")
46     }
47     // 删除表
48     engine.DropTables("person_table")
49 }
```

12.3.5　CRUD 操作

最常见的表结构操作是查询和统计相关的方法。查询方法有查询单条数据和查询多条数据两种。单条数据的查询使用 Get 方法，多条数据的查询使用 Find 方法。在进行表数据查询时，开发人员经常用到数据统计功能。

1. Id 查询

Id 查询的参数为主键字段的值。使用示例如下所示。

```
var user User
engine.Id(1).Get(&user)
```

Id 方法对应的查询语句如下所示。

```
select *  from user where id = 1
```

如果数据库表结构是复合主键，则在使用 Id 时进行主键分别指定，语法格式如下所示。

```
engine.Id(core.PK(1,"john").Get(&user)
```

core.PK( )传入的参数顺序应该与结构体定义的主键顺序一致，否则匹配会出错。对应的查询语句如下所示。

```
select *  from user where id = 1 and name = 'john'
```

2. Where 条件查询

Where 条件查询与 SQL 语句中的 where 条件查询功能一致。语法格式如下所示。

```
engine.Where(" user_name = ? and pwd = ? ", 'john', '123').Get(&admin)
```

Where 条件查询对应的 SQL 语句如下所示。

```
select *  from admin where user_name = 'john' and pwd = '123'
```

3. And 条件查询

And 条件查询功能与 Where 语句的使用方式类似相同，作为并列条件和约束条件进行结果查询。语法格式如下所示。

```
engine.Id(1).And(" user_name = ?", 'john').Get(&user)
```

And 方法并列查询对应的 SQL 语句如下所示。

```
select *  from user where id = 1 and user_name = 'john'
```

4. Or 条件查询

Or 条件查询是“或者”的意思，与编程语言中的“||”功能相同，在查询时，如果有多个条件使用了 Or 语句，则对于同一条数据而言，只要符合其中一个条件，就会被查询出来。具体的语法格式如下所示。

```
engine.Id(1).Or("user_name = ?",'john').Get(&user)
```

Or 操作语句对应的 SQL 语句如下所示。

```
select *  from user where id = 1 or user_name = john
```

5. 原生 SQL 语句

除了上述 Id、Where、And、Or 等方法外，XORM 同样支持原生的 SQL 语句，语法格式如下所示。

```
engine.SQL(" select *  from user where id = 1 nad user_name = 'john')
```

在数据库查询时使用排序条件查询，会涉及查询结果的排序问题。常规的操作支持两种排序：正排序和逆排序。XORM 的实现方法与 SQL 语句的两种排序方式基本相同，分别定义为 Asc 方法和 Desc 方法。也可以使用 OrderBy 方法对自定义的排序的字段进行指定。

6. In 多值范围查询

In 方法的多值范围查询适用于某个字段中的条件查询。该方法需要两个参数：第一个参数为指定查询的字段，第二个参数为字段多取值内容。其语法格式如下所示。

```
engine.In('user_name','Robin','Pony','Jack').Find()
```

7. Cols 特定字段查询

Cols 方法可以接收一个或者多个特点的表字段名称，用来表示限定于操作特定的表字段。语法格式如下所示。

```
engine.Cols("user_name","status").Find(&admins)
```

对应的 SQL 语句如下所示。

```
select user_name, status from admin
```

表示从 admin 表中查询特定的 user_name 和 status 两个字段，并将查询后的集合进行返回。

除了 Find 方法外，还可以调用 Update 方法，语法格式如下所示。

```
engine.Cols("user_name","status").Update(&admin)
```

对应的 SQL 语句如下所示。

```
update admin set user_name = admin.User_name and status = admin.Status
```

表示更新表结构中的某条数据，且仅仅对该条数据的 user_name 和 status 两个字段进行更新，在 Cols 方法中由参数限定。

8. AllCols 操作所有字段

除了通过 Cols 方法指定一个或者多个字段以外，还可以通过 AllCols 方法来操作表所有字段，用法与 Cols 使用方法一致，本书不再赘述。

9. MustCols 操作限定字段

MustCols 意为操作必须对某些字段起作用，该方法与 Update 方法相结合使用的情况较多。

10. 表结构统计功能

xorm 框架提供了 Count 方法来实现数据统计功能。语法示例如下所示。

```
admin := new(Admin)
count,err := engine.Count(admin)
```

11. 增加记录操作

增加一条记录可以使用 Insert 方法完成。该方法接收一个参数，用于传入实际要保存的数据对象的结构体对象类型。使用示例如下所示。

```
var user User
engine.Insert(&user)
```

12. 删除记录操作

删除数据使用 Delete 方法来进行操作，但是在删除的时候要知道具体删除哪一条数据，因此在 Delete 操作前，需要使用 Id 操作将数据进行定位并查找出来，语法格式如下所示。

```
user := new(User)
count,err := engine.Id(id).Delete(user)
```

第一个返回值 count 表示删除的记录数，第二个参数为错误返回值，当删除失败时，err 不为 nil。

13. 修改记录操作

MustCols 的操作用来限定必须影响某些表字段的操作，通常和 Update 操作放在一起来修改数据，进行数据的更新操作。使用方法如下所示。

```
admin := new(Admin)
admin.Status = "1"
count,err := engine.Id(id).Update(user)
```

Update 方法的作用是更新全部的数据记录，如果是限定更新某个或者某几个字段，可以和 Cols 方法结合使用。

14. 事务

在批量操作数据时，需要使用事务处理。同其他数据库框架一样，XORM 支持事务操作，该框架的事务操作和 Session 联系在一起，一共三个步骤，分别为创建 session 对象、通过 Begin( ) 开始执行事务和通过 Commit( ) 提交事务。具体的数据库操作在 Begin 与 Commit 之间。

15. 综合案例

下面通过一个完整的案例演示 XORM 的 CRUD 操作，代码如例 12-6 所示。

例 12-6　XORM 的 CRUD 操作

```
1  // 人员结构表
2  type PersonTable struct {
3      Id         int64       `xorm:"pk autoincr"`          // 主键自增
4      PersonNamestring       `xorm:"varchar(24)"`          // 可变字符
5      PersonAge int          `xorm:"int default 0"`        // 默认值
6      PersonSex int          `xorm:"notnull"`              // 不能为空
7      City       CityTable   `xorm:"-"`                    // 不映射该字段
8  }
9  type CityTable struct {
10     CityName     string
11     CityLongitude float32
12     CityLatitude float32
13 }
14 func checkErr(err error) {
15     if err != nil {
16         panic(err)
17     }
18 }
19 // 插入数据
20 func InsertData(engine * xorm.Engine) {
21     personInsert := PersonTable{
22         PersonName: "Steve",
23         PersonAge: 18,
24         PersonSex: 1,
25     }
26     rowNum, err := engine.Insert(&personInsert)
27     checkErr(err)
```

```
28      fmt.Println("增加记录操作影响记录条数:",rowNum)
29  }
30  // 事务操作
31  func TransactionXorm(engine * xorm.Engine){
32      var affected int64
33      var err error
34      personsArray := []PersonTable{
35          PersonTable{
36              PersonName: "Jack",
37              PersonAge: 55,
38              PersonSex: 1,
39          },
40          PersonTable{
41              PersonName: "Pony",
42              PersonAge: 49,
43              PersonSex: 1,
44          },
45          PersonTable{
46              PersonName: "Robin",
47              PersonAge: 52,
48              PersonSex: 2,
49          },
50      }
51      session := engine.NewSession()
52      session.Begin()
53      for i := 0; i < len(personsArray); i++ {
54          affected, err = session.Insert(personsArray[i])
55          if err != nil {
56              // 操作失败,事务回滚
57              session.Rollback()
58              session.Close()
59          }
60      }
61      err = session.Commit()
62      fmt.Println("受影响的行数,",affected)
63      checkErr(err)
64      session.Close()
65  }
66  // 更新数据
67  func UpdateData(engine * xorm.Engine){
68      personUpdate := PersonTable{
69          PersonName: "King",
70          PersonAge: 30,
71          PersonSex: 1,
72      }
73      rowNum, err := engine.Id(2).Update(&personUpdate)
74      checkErr(err)
75      fmt.Println("更新操作影响记录条数:",rowNum)
76  }
77  // 删除数据
78  func DeleteData(engine * xorm.Engine){
79      personDelete := PersonTable{
80          PersonName: "Steve",
81          PersonAge:  18,
```

```
82            PersonSex:  1,
83        }
84        rowNum, err := engine.Delete(&personDelete)
85        checkErr(err)
86        fmt.Println("删除操作影响记录条数:",rowNum) // rowNum 受影响的记录条数
87    }
88    // 查询数据
89    func QueryData(engine * xorm.Engine){
90        // Id 查询
91        var person PersonTable
92        // select *  from person_table where id = 1
93        engine.Id(1).Get(&person)
94        fmt.Println("Id 查询结果:",person.PersonName)
95        // where 多条件查询
96        var person1 PersonTable
97        // select *  from person_table where person_age = 55 and person_sex = 2
98        engine.Where(" person_age = ? and person_sex = ?", 55, 2).Get(&person1)
99        fmt.Println("where 多条件查询结果:",person1.PersonName)
100        // And 条件查询
101        var persons []PersonTable
102        // select *  from person_table where person_age = 55and person_sex = 2
103        err := engine.Where(" person_age = ? ", 55).And("person_sex = ? ", 2).Find(&persons)
104        checkErr(err)
105        fmt.Println("And 条件查询结果:",persons)
106        // Or 条件查询
107        var personArr []PersonTable
108        // select *  from person_table where person_age = 55 or person_sex = 1
109        err = engine.Where(" person_age = ? ", 55).Or("person_sex = ? ", 1).Find(&personArr)
110        checkErr(err)
111        fmt.Println("Or 条件查询结果:",personArr)
112        // 原生 SQL 语句查询支持 like 语法
113        var personsNative []PersonTable
114        err = engine.SQL(" select *  from person_table where person_name like 'J%' ").Find
(&personsNative)
115        checkErr(err)
116        fmt.Println("原生 SQL 语句查询结果:",personsNative)
117        // 排序条件查询
118        var personsOrderBy []PersonTable
119        // select *  from person_table orderby person_age 升序排列
120        // engine.OrderBy(" person_age ").Find(&personsOrderBy)
121        engine.OrderBy(" person_age desc ").Find(&personsOrderBy)
122        fmt.Println("排序条件查询结果:",personsOrderBy)
123        // 查询特定字段
124        var personsCols []PersonTable
125        engine.Cols("person_name", "person_age").Find(&personsCols)
126        for _, col := range personsCols {
127            fmt.Println("特定字段的查询结果:",col)
128        }
129    }
130    func main() {
131        // 创建数据库引擎对象
132        engine, err := xorm.NewEngine("mysql", "root:root@ /test? charset=utf8")
133        if err != nil {
134            panic(err.Error())
```

```
135        }
136        // 设置映射规则
137        engine.SetMapper(core.SnakeMapper{})
138        // 同步数据库表格
139        engine.Sync2(new(PersonTable))
140        // 插入数据
141        InsertData(engine)
142        // 事务操作
143        TransactionXorm(engine)
144        // 查询数据
145        QueryData(engine)
146        // 删除操作
147        DeleteData(engine)
148        // 更新操作
149        UpdateData(engine)
150        // 统计功能 count
151        count, err := engine.Count(new(PersonTable))
152        fmt.Println("PersonTable 表总记录条数:", count)
153    }
```

上述代码中，创建了一个新的人员结构表，先通过插入语句插入数据，再通过事务处理插入多条数据。接着使用多种方式查询数据，然后删除一条数据，更新一条数据，最后查询操作的结果。

12.4 Redis

Redis 是一个开源的、使用 C 语言编写的、支持网络交互的、可基于内存也可持久化的 Key-Value 数据库。Redis 是一个非关系型（Key-Value）存储系统。它支持存储的 value 类型很多，包括 String（字符串）、List（链表）、Set（集合）、Zset（Sorted Set，即有序集合）和 Hash（哈希类型）。这些数据类型都支持 push/pop、add/remove、取交集并集和差集等更丰富的操作，并且都是原子操作。Redis 的数据缓存在内存中。Redis 会周期性地将更新的数据写入磁盘或者把修改操作写入追加的记录文件，并且在此基础上实现了 master-slave（主从）同步。

12.4.1 数据类型

Redis 支持的基本数据类型包括 String、Hash、List、Set 和 Sorted Set。

1. String

String 类型是 Redis 最基本的类型。String 类型在 Redis 中是二进制安全的，这意味着 String 类型的值只关心二进制的字符串，不关心具体格式，开发者可以用它存储 JSON 格式的数据或 JPEG 图片格式的字符串。String 类型最多能够存储 512MB。

String 类型是基本的 Key-Value 结构，Key 是某个数据在 Redis 中的唯一标识，Value 是具体的数据，见表 12.5。

表 12.5　String 类型

Key	Value
Name	Redis
Type	String

可以用 String 类型存储 MySQL 中某个字段的值，把 Key 设计为表名、主键名、主键值、字段名。

当 Redis 的 String 类型的值为整数形式时，Redis 可以把它当成整数进行自增自减操作。由于 Redis 所有的操作都是原子性的，所以不必担心多客户端连接时可能出现的事务问题。

存储 String 的操作命令如下所示。

```
set key value
```

获取 String 的操作命令如下所示。

```
get key
```

2. Hash

Redis Hash 是一个（Key=>Value）对集合。Redis Hash 是一个 String 类型的字段和值的映射表，Hash 的 Key 是一个唯一值，Value 部分是一个 Hashmap 的结构。Redis Hash 特别适合用于存储对象。假设有一张数据库表如 12.6 所示。

表 12.6　Hash 类型

id	name	type
1	redis	Hash

Redis Hash 的存储结构数据模型如图 12.2 所示。

Hash 数据类型在存储上述类型的数据时，比 String 类型更灵活、更快。很多时候如果使用 String 类型存储，需要转换和解析 JSON 格式的字符串，即使不使用 JSON，Hash 数据类型在内存开销方面依然有优势。

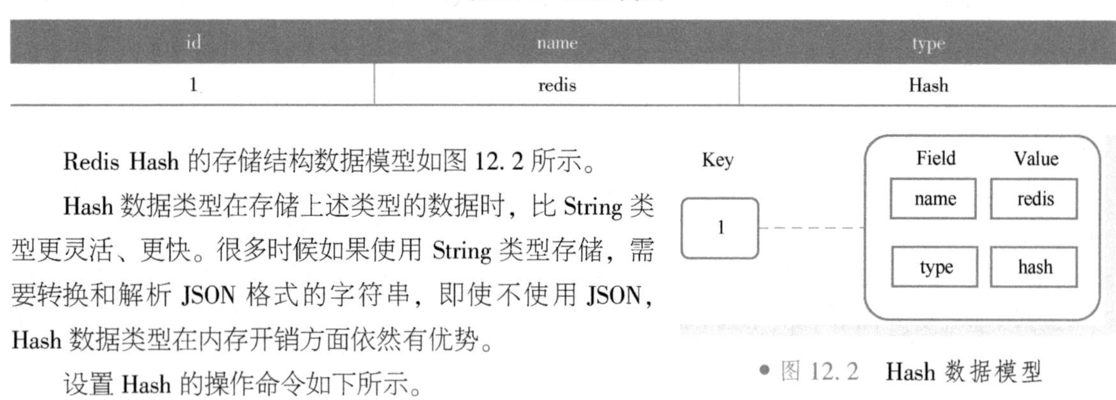

● 图 12.2　Hash 数据模型

设置 Hash 的操作命令如下所示。

```
hmset keyname field1 "hello" field2 "world"
```

获取 Hash 的操作命令如下所示。

```
hget keyname field1
```

3. List

List 是按照插入顺序排序的字符串链表（双向链表实现），可以在头部和尾部插入新的元素，如图 12.3 所示。插入元素时，如果 Key 不存在，Redis 会为该 Key 创建一个新的链表，如果链表中所有的元素都被移除，该 Key 也会从 Redis 中移除。

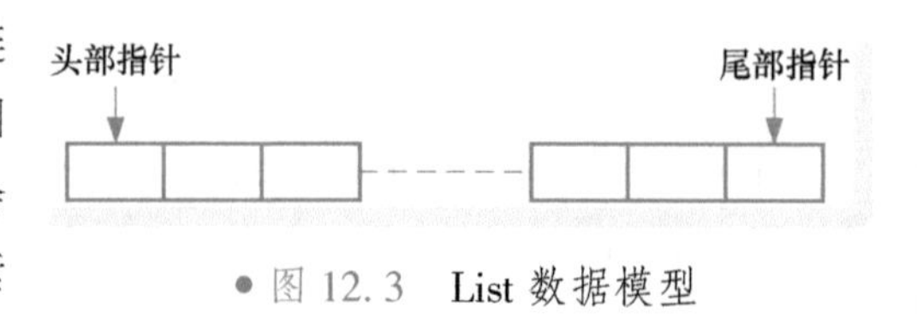

● 图 12.3　List 数据模型

对于大多数开发者来说，List 是实现队列服务最经济、最简单的方法。因为双向链表的实现方式使得 List 具有很强的查询两端附近数据的性能，所以 List 适合一些需要获取最新数据的场景。

常见操作使用 lpush 命令在 List 头部插入元素，用 rpop 命令在 List 尾取出数据。

添加 List 字符的操作命令如下所示。

```
lpush keyname value1
```

获取 List 字符的操作命令如下所示。

```
range keyname start stop (既包含 start,也包含 stop)
```

List 是链表结构，所以如果在头部和尾部插入数据，性能会非常高，不受链表长度的影响；但如果在链表中部插入数据，性能就会越来越差。

4. Set

Redis 中的 Set 是 String 类型的无序集合。集合由哈希表实现，所以添加、删除、查找的复杂度都是 O(1)。Set 不允许数据重复，如果添加的数据在 Set 中已经存在，那么将只保留一份。Set 类型提供了多个 Set 之间的聚合运算，如求交集、并集、补集，这些操作在 Redis 内部完成，效率很高。Set 的数据模型如图 12.4 所示。

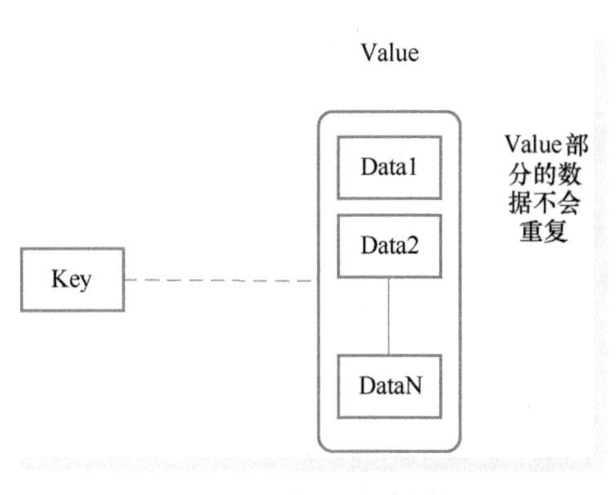

● 图 12.4　Set 数据模型

由于 Set 的特点，其在一些特定的场景中可以高效地解决一般关系型数据库不方便做的工作。例如，在社交类应用中，实现获取两个人或多个人的共同好友、两个人或多个人共同关注的微博等功能时，使用 MySQL 来操作非常复杂。此时可以把每个人的好友 id 存到集合中，这样获取共同好友的操作通过一个取交集的命令就能做到。

添加的操作命令如下所示。

```
sadd setname value1 value2 ....
```

获取的操作命令如下所示。

```
smember setname
```

5. Zset（Sorted Set）

Zset 和 Set 一样，都是存储 String 类型的集合，且都不允许重复；区别是 Zset 是为每一个元素都关联一个 double 类型的分数，并使用该分数对集合成员进行从小到大的排序。

在集合类型的场景上加入排序就是有序集合的应用场景了，比如根据好友的“亲密度”排序显示好友列表。

添加元素的操作命令如下所示。

```
zadd key score member
```

获取 Zset 元素的操作命令如下所示。

```
zrangebyscore key score
```

12.4.2　读写操作

Go 没有提供操作 Redis 的标准库。Go 官方推荐使用 redigo 来操作 Redis。在 redigo 中，Conn 接口是 Redis 操作过程中比较重要的接口。应用一般通过调用 Dial、DialWithTimeout 和 NewConn 函数来创建一个链接。

注意：应用必须在操作 Redis 结束之后去调用该连接的 Close 方法来关闭连接，以防止资源消耗以及其他问题。

Conn 接口下的相关方法如下所示。

```
type Conn interface {
    // 关闭链接
    Close() error
    // 当链接不可用时,返回非空值
    Err() error
    // Do 方法向 Redis 服务端发送命令并返回接收到响应
    Do(commandName string, args ...interface{}) (reply interface{}, err error)
    // 将相关的命令写入客户端的 buffer 中
    Send(commandName string, args ...interface{}) error
    // 将客户端的输出缓冲内容刷新到 Redis 服务器端
    Flush() error
    // 从 Redis 服务端接收单个回复
    Receive() (reply interface{}, err error)
}
```

通过 redigo 执行各种 Redis 操作主要使用 Do 方法。String 类型的使用示例如例 12-7 所示。

例 12-7　通过 redigo 操作 Redis

```
1  func main() {
2      // 连接 Redis
3      c, err := redis.Dial("tcp", "127.0.0.1:6379")
4      if err != nil {
5          fmt.Println("Connect to redis error", err)
6          return
7      }
8      // 关闭 Redis
9      defer c.Close()
10      // 插入数据,并设置时效
11      _, err = c.Do("SET", "mykey", "Pony", "EX", "5")
12      if err != nil {
13          fmt.Println("redis set failed:", err)
14      }
15      // 读取数据
16      username, err := redis.String(c.Do("GET", "mykey"))
17      if err != nil {
18          fmt.Println("redis get failed:", err)
19      } else {
20          fmt.Printf("Get mykey: %v \n", username)
21      }
22      // 为了演示超出时效的数据能否读取,这里进行睡眠
23      time.Sleep(6 * time.Second)
24      // 查看数据是否存在
25      is_key_exit, err := redis.Bool(c.Do("EXISTS", "mykey"))
26      if err != nil {
27          fmt.Println("error:", err)
28      } else {
29          fmt.Printf("exists or not: %v \n", is_key_exit)
```

```
30        }
31        if is_key_exit == true{
32            // 删除数据
33            _, err = c.Do("DEL", "mykey")
34            if err != nil {
35                fmt.Println("redis delelte failed:", err)
36            }
37        }
38    }
```

其他数据类型的操作与 String 类型的操作相似，也是通过 Do 方法实现，该方法像一个 Redis 的 Client。本章不再演示其他数据类型的操作，感兴趣的读者可以自己尝试。

12.4.3　连接池

redigo 中的连接池通过 Pool 结构体实现，其结构如下所示。

```
type Pool struct {
    // 新建连接
    Dial func() (Conn, error)
    // 连接的健康监测
    TestOnBorrow func(c Conn, t time.Time) error
    // 最大空闲连接数
    MaxIdle int
    // 最大活跃连接数
    MaxActive int
    // 空闲连接的超时时间
    IdleTimeout time.Duration
    // 如果连接池达到了最大的活跃连接数,Wait 用以指示是否需要继续等待
    Wait bool
    // 最大连接生命周期
    MaxConnLifetime time.Duration
    // 初始化连接数
    chInitialized uint32
    // 互斥锁
    mu      sync.Mutex
    // 连接池是否关闭
    closed bool
    // 活跃连接数量
    active int
    ch      chan struct{}
    // 维护空闲连接的集合,idleList 的实现与链表类似
    idle   idleList
}
```

由 Pool 结构体可以看出，连接池的参数选项和数据都集中在了连接池的结构体中。连接池的具体使用方法如例 12-8 所示。

例 12-8　Redis 连接池

```
1  // 构造一个链接函数,如果没有密码,passwd 为空字符串
2  func redisConn(ip, port, passwd string) (redis.Conn, error) {
3      c, err := redis.Dial("tcp",
4          ip+":"+port,
5          redis.DialConnectTimeout(5* time.Second),
```

```
6          redis.DialReadTimeout(1* time.Second),
7          redis.DialWriteTimeout(1* time.Second),
8          redis.DialPassword(passwd),
9          redis.DialKeepAlive(1* time.Second),
10      )
11      return c, err
12  }
13  // 错误检查
14  func errCheck(tp string, err error) {
15      if err != nil {
16          fmt.Printf("sorry,has some error for % s.\r\n", tp, err)
17          os.Exit(-1)
18      }
19  }
20  // 构造一个连接池
21  // url 为包装了 Redis 的连接参数 ip,port,passwd
22  func newPool(ip, port, passwd string) * redis.Pool {
23      return &redis.Pool{
24          MaxIdle:         5, // 定义 Redis 连接池中最大的空闲链接为 5
25          MaxActive:       18, // 在给定时间已分配的最大连接数(限制并发数)
26          IdleTimeout:     240 * time.Second,
27          MaxConnLifetime: 300 * time.Second,
28          Dial:            func() (redis.Conn, error) { return redisConn(ip, port, passwd) },
29      }
30  }
31  // 读取数据
32  func rData(pool * redis.Pool){
33      defer wait.Done()
34      c := pool.Get()
35      defer c.Close()
36      fmt.Printf("ActiveCount:%d IdleCount:%d\r\n", pool.Stats().ActiveCount, pool.Stats
().IdleCount)
37      if r, mgetErr := redis.Strings(c.Do("mget", "name", "age")); mgetErr == nil {
38          for _, v := range r {
39              fmt.Println("mget ", v)
40          }
41      }
42  }
43  var wait sync.WaitGroup
44  func main() {
45      // 使用 newPool 构建一个 Redis 连接池
46      pool := newPool("localhost", "6379", "")
47      defer pool.Close()
48      // 从 pool 里面获取一个可用的 Redis 连接
49      c := pool.Get()
50      // 插入数据
51      fmt.Printf("ActiveCount:%d IdleCount:%d\r\n", pool.Stats().ActiveCount, pool.Stats
().IdleCount)
52      _, setErr := c.Do("mset", "name", "jack", "age", "12")
53      errCheck("setErr", setErr)
54      c.Close()
55      // 创建 3 个 goroutine,计数器为 3
56      wait.Add(3)
57      go rData(pool)
```

```
58      go rData(pool)
59      go rData(pool)
60      wait.Wait()
61  }
```

redigo 推荐使用 newPool 的方式创建一个连接池，而不是使用自带的工厂方法。

从连接池中获取一个连接的过程如下。

1）检测是否设置了 Wait 和 MaxActive 选项，若是，则对连接池的 ch 属性进行懒加载，ch 是一个设置了 MaxActive 大小的 channel，用来维护活跃连接资源，如果 ch 已经被初始化，则会马上返回。然后再尝试从 ch 中获取一个资源，此处会阻塞，直至有可用资源时再进行获取操作。

2）遍历空闲连接的链表，逐个检测连接是否过时，如果连接已超过设定的过时时间，则从链表中摘走该连接，并关闭底层连接，把活跃连接数减少一。

3）尝试从链表头部中获取一个可用连接，调用测活函数和检查生命周期，如果通过判断则返回该连接，如果不通过则丢弃掉该连接，并把活跃连接数减少一，如果连接池被关闭，函数会在这时返回错误。如果无法获取连接，连接池会新建一个连接返回，如果连接返回失败，则释放掉 ch 中的资源。

在 redigo 的连接池的 Get 方法中无论成功还是失败，均只返回一个连接结构体作为返回结果。

把连接放回到连接池的过程如下。

当连接池没被关闭时，放回连接池的连接会被重新插入到链表头中，如果链表长度超过最大空闲数量，则会从链表尾部摘除一个连接。否则连接会被关闭并释放相应资源。

将连接放回连接池通过对外暴露的 Close 方法实现，使用者无须关心把连接放回池中的逻辑，而只需要像使用普通网络连接一样即可。

12.5 本章小结

数据库分为关系型数据库和非关系型数据库。关系型数据库通常指 MySQL、Oracle 等，关系型数据库中存储的数据主要是一些核心业务数据；另外，项目中有一部分数据不太可能发生变化，比如应用中的地区数据、城市列表，以及每天应用人数增加量的统计等，这些数据对时效性要求不是特别高，因此，为了提高应用程序的存储效率、提高程序性能，开发人员会把一些不常改变的数据存放在 Redis 数据库中。目前流行的 Go 语言 ORM 库有 GORM、Redis 库和 goredis 等，感兴趣的读者可以自己尝试使用。

12.6 习题

1. 填空题

（1）MySQL 属于________型数据库。

（2）Redis 属于________型数据库。

（3）________模式是一种为了解决面向对象与关系数据库存在的互不匹配现象的技术。

（4）Go 语言提供了________包，用于对 SQL 数据库的访问。

2. 选择题

（1）下列选项中，说法正确的是（　　）。

A. MySQL 是一种开放源代码的关系型数据库管理系统

B. MySQL 是非关系型数据库

C. Oracle 是非关系型数据库

D. Redis 是关系型数据库

(2) 下列选项中，对 ORM 映射关系的描述错误的是（　　）。

A. 数据库的表名映射类对象的类名

B. 数据库表中的字段映射类对象的类属性

C. 数据库表里的一行数据映射类的实例

D. 数据库表里的一行数据映射类的属性

(3) 下列选项中，对 Redis 描述错误的是（　　）。

A. String 类型最大能够存储 512MB

B. String 类型是 Redis 最基本的类型

C. Redis Hash 是一个（Key=>Value）对集合

D. RDB 持久化以追加的方式记录 Redis 的写操作

3. 简答题

(1) 简述关系型数据库和非关系型数据库的优缺点。

(2) 简述 Redis 的持久化方法。

第 13 章 安全与测试

近代密码技术的发展源自第一和第二次世界大战对军事机密的保护。现代密码学的发展与计算机信息技术关系密切，已经发展为包括随机数、Hash 函数、加解密、身份认证等多个课题的庞大领域，相关成果为现代信息系统奠定了坚实的安全基础。测试在所有软件中都非常重要，它能够确保代码的正确性，并确保所做的任何更改最终都不会破坏代码库中其他不同部分的任何内容。

13.1 信息安全

13.1.1 Hash 算法

Hash（哈希或散列）算法是 IT 领域非常重要的一种算法。可以将任意长度的二进制值（明文）映射为较短的固定长度的二进制值（Hash 值），并且不同的明文几乎不会映射为相同的 Hash 值。Hash 值在应用中又被称为数字指纹（fingerprint）或数字摘要（digest）。

例如，“Study Go”的 MD5 Hash 值为 e5f7e7d99f5a3c36fd62398cf8382b2a。如果对某文件进行 MD5 Hash 计算的结果为 e5f7e7d99f5a3c36fd62398cf8382b2a，那么该文件的内容极大概率上就是“Study Go”。Hash 的核心思想十分类似于基于内容的编址或命名。

一个优秀的 Hash 算法，在给定明文和 Hash 算法的情况下，可以在有限时间和有限资源内计算出 Hash 值。在给定（若干）Hash 值的情况下，很难（基本不可能）在有限时间内逆推出明文。即使修改一点点原始输入信息，也能对 Hash 值产生巨大的改变。不同的输入信息几乎不可能产生相同的 Hash 值。将“Study Go”的最后一个字母改为大写，即“Study GO”的 MD5 Hash 值为 68f47b302880f83487f7fdd00a425920。

常见的 Hash 算法包括 Message Digest（MD）系列和 Secure Hash Algorithm（SHA）系列算法。

1. MD 系列

MD 算法主要包括 MD4（算法的文件号为 RFC 1320）和 MD5（算法的文件号为 RFC 1321）两个算法。MD4 由 MIT（麻省理工学院）的罗纳德·李维斯特（Ronald L.Rivest）于 1990 年设计，其输出结果为 128 位的 Hash 值，不久之后 MD4 就被证明不够安全。MD5 是 Rivest 于 1991 年对 MD4 的改进版本，它对输入仍以 512 位进行分组，其输出是 128 位的 Hash 值。MD5 比 MD4 更加安全，但过程更加复杂，计算速度要慢一些。MD5 已于 2004 年被成功碰撞，其安全性已不足以应用于商业场景。

2. SHA 系列

SHA 算法由美国国家标准与技术研究院（National Institute of Standards and Technology，NIST）

征集制定。首个实现 SHA-0 算法于 1993 年问世，1998 年即遭破解。随后的修订版本 SHA-1 算法在 1995 年问世，它的输出为长度 160 位的 Hash 值，安全性更好。SHA-1 设计采用了 MD4 算法类似原理。SHA-1 已于 2005 年被成功碰撞，意味着无法满足商用需求。为了提高安全性，NIST 后来制定出更安全的 SHA-224、SHA-256、SHA-384 和 SHA-512 算法（统称为 SHA-2 算法）。新一代的 SHA-3 相关算法也正在研究中。

目前认为 MD5 和 SHA1 已经不够安全，推荐至少使用 SHA-256 算法。比特币系统中就是使用 SHA-256 哈希算法。

SHA-3 算法，之前被命名为 Keccak 算法，其输出长度分别为 512、384、256、224。

SHA-3 并不是要取代 SHA-2，因为 SHA-2 目前并没有出现明显的弱点。由于对 MD5 出现成功的破解，以及对 SHA-1 出现理论上破解的方法，NIST 感觉需要一个与之前算法不同的、可替换的加密杂凑算法，也就是现在的 SHA-3。

3. RIPEMD 系列

RIPEMD（RACE Integrity Primitives Evaluation Message Digest，RACE 原始完整性校验消息摘要）是比利时鲁汶大学 COSIC 研究小组研发的 Hash 算法。RIPEMD 在 MD4 的基础上进行改进，首个版本 RIPEMD-128（128 位版本）于 1996 年发布，其性能与 SHA-1 接近。

RIPEMD-160（160 位版本）在 RIPEMD-128 的基础上进行改进，是 RIPEMD 系列算法最常见的版本。相较于 SHA-1 和 SHA-2 算法，RIPEMD-160 的设计原理更为开放。但是许多使用者认为 RIPEMD-160 性能比 SHA-1 稍差，所以 RIPEMD-160 比 SHA-1 的使用频率更低。

RIPEMD 算法还存在 256 位和 320 位版本，构成了 RIPEMD 家族的四个成员：RIPEMD-128、RIPEMD-160、RIPEMD-256 和 RIPEMD-320。

4. Hash 值对比

下面列举数字 1 经过 Hash 算法后形成的密文。

MD5（'Gopher'），加密后长度为 128 位，16 字节。密文如下所示。

```
55e12458b85878e368bfdf050e936566    // 32 位 16 进制数字
```

SHA1（'Gopher'），加密后长度为 160 位，20 字节。密文如下所示。

```
7bb23f290809df3a5898f07f852dc28f3c34c146    // 40 位 16 进制数字
```

SHA256（'Gopher'），加密后长度为 256 位，32 字节。密文如下所示。

```
654276d49262121a990007f74bf1ae36f54b5e44425cae68d77399f5fbf25a5b  // 64 位 16 进制数
```

RIPEMD-160（'Gopher'），加密后长度为 160 位，20 字节。密文如下所示。

```
90c86189077051a41929a2d1da57b4c0c04dda29  // 40 位 16 进制数字
```

在 Go 中使用 Hash 的方法如例 13-1 所示。

例 13-1　Hash 算法的使用

```
1  // MD5
2  func Md5(data []byte) string {
3      return fmt.Sprintf("%x", md5.Sum([]byte(data)))
4  }
5  // SHA-1 消息摘要算法
```

```
6  func Sha1Bytes(data []byte) string {
7     h := sha1.New()
8     h.Write(data)
9     bs := h.Sum(nil)
10      return fmt.Sprintf("%x", bs)
11  }
12  // SHA-256 消息摘要算法
13  func Sha256Bytes(data []byte) string {
14      h := sha256.New()
15      h.Write(data)
16      bs := h.Sum(nil)
17      return fmt.Sprintf("%x", bs)
18  }
19  // RIPEMD160 算法
20  func RipeMD160Hash(data []byte) []byte {
21      hashed2 := ripemd160.New()
22      hashed2.Write(data)
23      hash2 := hashed2.Sum(nil)
24      return hash2
25  }
26  func main() {
27      arr := []byte("Gopher")
28      fmt.Println(Md5(arr))
29      fmt.Println(Sha1Bytes(arr))
30      fmt.Println(Sha256Bytes(arr))
31      fmt.Println(fmt.Sprintf("%x", RipeMD160Hash(arr)))
32  }
```

13.1.2　Base64

Base64 是一种基于 64 个可打印字符来表示二进制数据的方法。Base64 使用 26 个小写字母、26 个大写字母、10 个数字以及两个符号（如“+”和“/”）。Base64 字符集如下所示。

```
ABCDEFGHIJKLMNOPQRSTUVWXYZabcdefghijklmnopqrstuvwxyz0123456789+/
```

Base64 的编码过程如图 13.1 所示。

文本	M								a								n							
ASCII 编码	77								97								110							
二进制制位	0	1	0	0	1	1	0	1	0	1	1	0	0	0	0	1	0	1	1	0	1	1	1	0
索引	19						22						5						46					
Base64 编码	T						W						F						u					

● 图 13.1　Base64 编码过程

Base64 的编码步骤说明如下。

1）将每个字符转成 ASCII 编码（10 进制）。

2）将 10 进制编码转成二进制编码。

3）将二进制编码按照 6 位一组进行平分。

4）将 6 位一组的二进制数高位补零，然后转成 10 进制数。

5）将 10 进制数作为索引，从 Base64 编码表中查找字符。

6）每 3 个字符的文本将编码为 4 个字符长度（3×8=4×6）若文本为 3 个字符，正好编码为 4 个字符长度；若文本为 2 个字符，则编码为 3 个字符，由于不足 4 个字符，则在尾部用一个“=”补齐；若文本为 1 个字符，则编码为 2 个字符，由于不足 4 个字符，则在尾部用两个“=”补齐，如图 13.2 所示。

文本 (1 Byte)	A																							
二进制位	0	1	0	0	0	0	0	1																
二进制制位（补0）	0	1	0	0	0	0	0	1	0	0	0	0												
Base64编码	Q						Q						=						=					
文本（2 Byte）	B								C															
二进制位	0	1	0	0	0	0	1	0	0	1	0	0	0	0	1	1			x	x	x	x	x	x
二进制制位（补0）	0	1	0	0	0	0	1	0	0	0	0	0	0	0	1	1	0	0	x	x	x	x	x	x
Base64编码	Q						K						M						=					

● 图 13.2　Base64 编码补齐

在 Go 中使用 Base 的方法如例 13-2 所示。

例 13-2　Base 方法

```
1  func Base64EncodeString(str string) string {
2      return base64.StdEncoding.EncodeToString([]byte(str))
3  }
4  func Base64DecodeString(str string) string {
5      result, _ := base64.StdEncoding.DecodeString(str)
6      return string(result)
7  }
8  func main() {
9      str := "生而无畏,战至终章"
10      // 使用 base64 对 str 进行编码
11      cipherText := Base64EncodeString(str)
12      fmt.Println("base64 编码后:",cipherText)
13      fmt.Println("base64 解码后:",Base64DecodeString(cipherText))
14  }
```

13.1.3　对称加密

对称加密是指加密和解密使用相同密钥的加密算法。它要求发送方和接收方在安全通信之前商定一个密钥。对称算法的安全性依赖于密钥，密钥一旦泄露则会导致加密的消息可能被他人（黑客）解密。因此，密钥的保密性对通信的安全性至关重要。加密的过程如图 13.3 所示。

对称加密算法的优点是计算量小、加密速度快、加密效率高；不足之处是参与方需要提前持有密钥，一旦有人泄露则系统安全性被破坏，因此，如何分发密钥成为难题，密钥管理非常困难。

对称加密算法主要有 DES、3DES（TripleDES）、AES、RC2、RC4、RC5 和 Blowfish 等。本节将介绍最常用的对称加密算法 DES、3DES（TripleDES）和 AES。

1. 填充方式

在对称加密算法中，通常要将原文进行分组，对每个分组进行加密，然后组装密文。假如一段

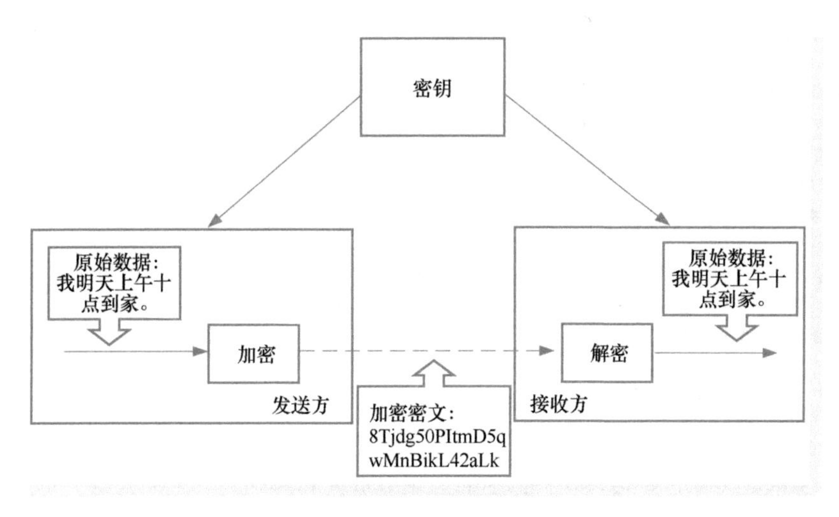

● 图 13.3　加密解密

明文长度是 192bit，如果按每 128bit 一个明文块来拆分，第二个明文块只有 64bit，不足 128bit。这时就需要对明文块进行填充（Padding）。常用的填充方法有 PKCS5 填充、Zeros 填充（0 填充）。

- PKCS5：每个填充的字节都记录了填充的总字节数，如下所示。

```
"a"填充后结果为：[97 7 7 7 7 7 7 7]
"ab"填充后结果为：[97 98 6 6 6 6 6 6]
"一 a"填充后结果为：[228 184 128 97 4 4 4 4]
```

- Zeros：全部填充为 0 的字节，如下所示。

```
"a"填充后结果为：[97 0 0 0 0 0 0 0]
"ab"填充后结果为：[97 98 0 0 0 0 0 0]
"一 a"填充后结果为：[228 184 128 97 0 0 0 0]
```

2. DES

DES（Data Encryption Standard，数据加密标准算法）是指加密和解密使用相同密钥的加密算法，也叫作单密钥算法或私钥加密算法或传统密钥算法。IBM 公司于 1975 年研究成功并公开发表 DES。

DES 算法的入口参数有三个：Key、Data 和 Mode。

- Key 是 DES 算法的工作密钥，8 个字节共 64 位。
- Data 是要被加密或被解密的数据。
- Mode 为 DES 的工作方式，分为加密和解密两种。

DES 算法把 64 位的明文输入块变为数据长度为 64 位的密文输出块，其中 8 位为奇偶校验位，另外 56 位作为密码的长度。首先，DES 把输入的 64 位数据块按位重新组合，并把输出分为 L0、R0 两部分，每部分各长 32 位，并进行前后置换，最终由 L0 输出左 32 位，R0 输出右 32 位。

根据这个法则经过 16 次迭代运算后，得到 L16、R16，将此作为输入，进行与初始置换相反的逆置换，即得到密文输出。

DES 加密算法的使用示例如例 13-3 示。

例 13-3　DES 加密算法的使用

```
1  // DES 加密字节数组,返回字节数组
2  func DesEncrypt(originalBytes, key []byte) ([]byte, error) {
3     block, err := des.NewCipher(key)
4     if err != nil {
5         return nil, err
6     }
7     originalBytes = PKCS5Padding(originalBytes, block.BlockSize())
8     blockMode := cipher.NewCBCEncrypter(block, key)
9     cipherArr := make([]byte, len(originalBytes))
10     blockMode.CryptBlocks(cipherArr, originalBytes)
11     return cipherArr, nil
12 }
13 // DES 解密字节数组,返回字节数组
14 func DesDecrypt(cipherBytes, key []byte) ([]byte, error) {
15     block, err := des.NewCipher(key)
16     if err != nil {
17         return nil, err
18     }
19     blockMode := cipher.NewCBCDecrypter(block, key)
20     originalText := make([]byte, len(cipherBytes))
21     blockMode.CryptBlocks(originalText, cipherBytes)
22     originalText = PKCS5UnPadding(originalText)
23     return originalText, nil
24 }
25 // DES 加密文本,返回加密后文本
26 func DesEncryptString(originalText string, key []byte) (string, error) {
27     cipherArr, err := DesEncrypt([]byte(originalText), key)
28     if err != nil {
29         return "", err
30     }
31     base64str := base64.StdEncoding.EncodeToString(cipherArr)
32     return base64str, nil
33 }
34 // 对加密文本进行 DES 解密,返回解密后明文
35 func DesDecryptString(cipherText string, key []byte) (string, error) {
36     cipherArr, _ := base64.StdEncoding.DecodeString(cipherText)
37     cipherArr, err := DesDecrypt(cipherArr, key)
38     if err != nil {
39         return "", err
40     }
41     return string(cipherArr), nil
42 }
43 // 尾部填充
44 func PKCS5Padding(ciphertext []byte, blockSize int) []byte {
45     padding := blockSize - len(ciphertext)% blockSize
46     padtext := bytes.Repeat([]byte{byte(padding)}, padding)
47     return append(ciphertext, padtext...)
48 }
49 func PKCS5UnPadding(origData []byte) []byte {
50     length := len(origData)
51     // 去掉最后一个字节 unpadding 次
52     unpadding := int(origData[length-1])
```

```
53      return origData[:(length - unpadding)]
54  }
55  func main(){
56      key := []byte("00000000") // 密钥只占 8 个字节
57      str := "临兵斗者皆阵列前行"
58      cipherText, _ := DesEncryptString(str, key)
59      fmt.Println("加密后:" , cipherText)
60      originalText, _ := DesDecryptString(cipherText, key)
61      fmt.Println("解密后:", originalText)
62  }
```

3DES（Triple DES）是 DES 向 AES 过渡的加密算法，它使用 2 条 56 位的密钥对数据进行三次加密，是 DES 的一个更安全的变形。它以 DES 为基本模块，通过组合分组方法设计出分组加密算法。3DES 要比 DES 安全。具体使用方法如例 13-4 所示。

例 13-4　DES 加密算法的使用

```
1  // 填充
2  func PKCS5Padding(ciphertext []byte, blockSize int) []byte {
3     padding := blockSize - len(ciphertext)% blockSize
4     padtext := bytes.Repeat([]byte{byte(padding)}, padding)
5     return append(ciphertext, padtext...)
6  }
7  func PKCS5UnPadding(origData []byte) []byte {
8     length := len(origData)
9     // 去掉最后一个字节 unpadding 次
10      unpadding := int(origData[length-1])
11      return origData[:(length - unpadding)]
12  }
13  // 3DES 加密字符串,返回 base64 处理后字符串
14  func TripleDesEncrypt2Str(originalText string, key []byte) (string, error) {
15      block, err := des.NewTripleDESCipher(key)
16      if err != nil {
17          return "", err
18      }
19      originalData := PKCS5Padding([]byte(originalText), block.BlockSize())
20      blockMode := cipher.NewCBCEncrypter(block, key[:8])
21      cipherArr := make([]byte, len(originalData))
22      blockMode.CryptBlocks(cipherArr, originalData)
23      cipherText := base64.StdEncoding.EncodeToString(cipherArr)
24      return cipherText, nil
25  }
26  // 3DES 解密 base64 处理后的加密字符串,返回明文字符串
27  func TripleDesDecrypt2Str(cipherText string, key []byte) (string, error) {
28      cipherArr, _ := base64.StdEncoding.DecodeString(cipherText)
29      block, err := des.NewTripleDESCipher(key)
30      if err != nil {
31          return "", err
32      }
33      blockMode := cipher.NewCBCDecrypter(block, key[:8])
34      originalArr := make([]byte, len(cipherArr))
35      blockMode.CryptBlocks(originalArr, cipherArr)
36      originalArr = PKCS5UnPadding(originalArr)
37      // origData = ZeroUnPadding(origData)
```

```
38     return string(originalArr), nil
39  }
40  func main() {
41     key := []byte("abcdefghijklmnopqrstuvwx") // 密钥占 24 个字节
42     str := "临兵斗者皆阵列前行"
43     cipherText, _ := TripleDesEncrypt2Str(str, key)
44     fmt.Println("加密后:", cipherText)
45     originalText, _ := TripleDesDecrypt2Str(cipherText, key)
46     fmt.Println("解密后:", originalText)
47  }
```

3. AES

AES（Advanced Encryption Standard，高级加密标准）由美国国家标准与技术研究院（NIST）于 2001 年 11 月 26 日发布。2006 年，AES 已然成为对称密钥加密中最流行的算法之一。该算法要比 DES 更安全，且效率更高。

AES 使用 128 位（16 字节）、192 位（24 字节）或者 256 位（32 字节）的密钥长度，使得它比密钥长度为 56 位的 DES 更健壮可靠。

```
2^64 = 18446744073709551616
```

2^64 这个数大于全球小麦 1000 年的产量。如果 1 微秒验证一个密码（1 秒验证 100 万个），穷举需要费时 58 万年。

```
2^256 约= 10 ^ 77
```

10^80 是当前人类可见宇宙中所有物质原子数目的总和。

AES 的具体使用方法如例 13-5 所示。

例 13-5　AES 加密算法的使用

```
1  // AES 加密字节数组,返回字节数组
2  func AesEncrypt(originalBytes, key []byte) ([]byte, error) {
3     block, err := aes.NewCipher(key)
4     if err != nil {
5        return nil, err
6     }
7     blockSize := block.BlockSize()
8     originalBytes = PKCS5Padding(originalBytes, blockSize)
9     blockMode := cipher.NewCBCEncrypter(block, key[:blockSize])
10     cipherBytes := make([]byte, len(originalBytes))
11     blockMode.CryptBlocks(cipherBytes, originalBytes)
12     return cipherBytes, nil
13  }
14  // AES 解密字节数组,返回字节数组
15  func AesDecrypt(cipherBytes, key []byte) ([]byte, error) {
16     block, err := aes.NewCipher(key)
17     if err != nil {
18        return nil, err
19     }
20     blockSize := block.BlockSize()
21     blockMode := cipher.NewCBCDecrypter(block, key[:blockSize])
22     originalBytes := make([]byte, len(cipherBytes))
```

```
23      blockMode.CryptBlocks(originalBytes, cipherBytes)
24      originalBytes = PKCS5UnPadding(originalBytes)
25      return originalBytes, nil
26  }
27  // AES 加密文本,返回对加密后字节数组进行 base64 处理后字符串
28  func AesEncryptString(originalText string, key []byte) (string, error) {
29      cipherBytes, err := AesEncrypt([]byte(originalText), key)
30      if err != nil {
31          return "", err
32      }
33      base64str := base64.StdEncoding.EncodeToString(cipherBytes)
34      return base64str, nil
35  }
36  // 对 Base64 处理后的加密文本进行 DES 解密,返回解密后明文
37  func AesDecryptString(cipherText string, key []byte) (string, error) {
38      cipherBytes, _ := base64.StdEncoding.DecodeString(cipherText)
39      cipherBytes, err := AesDecrypt(cipherBytes, key)
40      if err != nil {
41          return "", err
42      }
43      return string(cipherBytes), nil
44  }
45  func PKCS5Padding(ciphertext []byte, blockSize int) []byte {
46      padding := blockSize - len(ciphertext)% blockSize
47      padtext := bytes.Repeat([]byte{byte(padding)}, padding)
48      return append(ciphertext, padtext...)
49  }
50  func PKCS5UnPadding(origData []byte) []byte {
51      length := len(origData)
52      // 去掉最后一个字节 unpadding 次
53      unpadding := int(origData[length-1])
54      return origData[:(length - unpadding)]
55  }
56  func main() {
57      // 密钥
58      key := []byte("1234567890abcdefghijklmnopqrstuv")
59      str := "临兵斗者皆阵列前行"
60      cipherText, _ := AesEncryptString(str, key)
61      fmt.Println("加密后:", cipherText)
62      originalText, _ := AesDecryptString(cipherText, key)
63      fmt.Println("解密后:", originalText)
64  }
```

输出结果如下所示。

```
加密后: saBdyeCtqON7I/O5jhPFZtvXykvIgYJJtz2viBEh2LE=
解密后: 临兵斗者皆阵列前行
```

13.1.4　非对称加密

非对称加密是指加密和解密使用不同密钥的加密算法，也可称为公开密钥加密（Public Key Cryptography）或公钥加密。公钥加密需要两个密钥，一个是公开密钥（用于加密），另一个是私有密钥（用作解密）。加密与解密的过程如图 13.4 所示。

非对称加密的缺点是加解密速度远慢于对称加密，在某些极端情况下，速度甚至只是对称加密

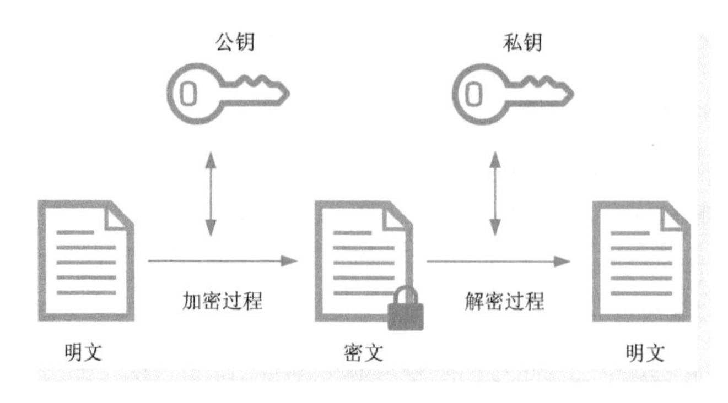

● 图 13.4　非对称加密算法示意图

的 1/1000。对称加密与非对称加密的对比见表 13.1。

表 13.1　对称加密与非对称加密的对比

算法类型	特　点	优　势	缺　陷	代表算法
对称加密	加解密密钥相同或可推算	计算效率高，加密强度高	需提前共享密钥；易泄露	DES、3DES、AES、IDEA
非对称加密	加解密密钥不相关	无需提前共享密钥，中间人攻击可能性低	计算效率低	RSA、ElGamal、椭圆曲线系列算法 ECC

非对称加密的加密和解密使用不同的密钥，虽然两个密钥在数学上相关，但如果只知道其中一个密钥，并不能凭此计算出另一个密钥。因此，两个密钥其中一个可以公开，称为公钥，另一个不能公开的密钥称为私钥，私钥必须由用户秘密保管，不能泄露给他人。

非对称加密算法分为两种：一种是公钥加密和私钥解密；另一种是私钥加密和公钥解密。前者为普通的非对称加密算法，后者被称为数字签名。总之，在非对称加密算法中，公钥的作用是加密消息和验证签名，而私钥的作用是解密信息和数字签名。

RSA 是非常有影响力的公钥加密算法，它能够抵抗绝大多数密码攻击，已被 ISO 推荐为公钥数据加密标准。其他常见的公钥加密算法有 ElGamal、背包算法、Rabin（RSA 的特例）和椭圆曲线加密算法（Elliptic Curve Cryptography，ECC）。

RSA 算法由罗纳德·李维斯特（Ron Rivest）、阿迪·萨莫尔（Adi Shamir）和伦纳德·阿德曼（Leonard Adleman）于 1977 年一同提出，RSA 就是由他们的姓氏首字母拼接组成的。

RSA 算法基于一个十分简单的数论事实，将两个大素数相乘十分容易，想要对其乘积进行因式分解则极其困难。因此，RSA 将乘积公开作为加密密钥。

密钥对的生成步骤如下所示。

1）随机选择两个不相等的质数 p 和 q（比特币中 P 的长度为 512 位二进制数值，Q 长度为 1024 位，选择的质数越大，越难破解）。

2）计算 p 和 q 的乘积 N。

3）计算 $\phi(N)$，$\phi(N)=\phi(pq)=(p-1)(q-1)$。

4）随机选个整数 e，e 与 m（明文）要互质，且 $0<e<\phi(N)$。

5）计算 e 的模反元素 d。

6）公钥是（N，e），私钥是（N，d）。

注：$\phi(N)$ 表示欧拉函数，例如 $N=8$，在数字 1～8 的范围内，与 8 形成互质关系的有 1、3、5、7，所以 $\phi(N) = 4$。若 M 和 N 互质，则 $\phi(MN) = \phi(M)\ \phi(N) = (M-1)(N-1)$。

加密和解密的步骤如下所示。

1）假设一个明文 m（$0<=m<N$）。

2）对明文 m 加密成密文 c，计算公式为 $c=m\hat{}e \bmod N$。

3）对密文 c 解密成明文 m，计算公式为 $m=c\hat{}d \bmod N$。

接下来举例演示 RSA 整体加密步骤，详情如下所示。

1）$p=11$，$q=3$。

2）$N=p*q = 33$。

3）$\phi(N) = (p-1)(q-1) = 20$。

4）随机选择一个与 20 互质的数，$e=3$。

5）计算满足 $e*d=1 \bmod 20$ 的 d，也就是模反元素 $d=7$。

6）公钥为（33，3），私钥为（33，7）。

7）假设明文 $m=8$，（$0<8<33$）。

8）密文 $c=m\hat{}e \bmod N$，$8\hat{}3 \bmod 33 = 512 \bmod 33 = 17 \bmod 33$，得出 $c=17$。

9）明文 $m=c\hat{}d \bmod N$，$17\hat{}7 \bmod 33 = 8 \bmod 33$，得出 $m=8$。

RSA 整体过程的示例代码如例 13-6 所示。

例 13-6　RSA 加密算法的使用

```
1  // 私钥
2  var privateKey = []byte(`
3  -----BEGIN RSA PRIVATE KEY-----
4  MIICXQIBAAKBgQDfw1/P15GQzGGYvNwVmXIGGxea8Pb2wJcF7ZW7tmFdLSjOItn9
5  kvUsbQgS5yxx+f2sAv1ocxbPTsFdRc6yUTJdeQolDOkEzNP0B8XKm+Lxy4giwwR5
6  LJQTANkqe4w/d9u129bRhTu/SUzSUIr65zZ/s6TUGQD6QzKY1Y8xS+FoQQIDAQAB
7  AoGAbSNg7wHomORm0dWDzvEpwTqjl8nh2tZyksyf1I+PC6BEH8613k04UfPYFUg1
8  0F2rUaOfr7s6q+BwxaqPtz+NPUotMjeVrEmmYM4rrYkrnd0lRiAxmkQUBlLrCBiF
9  u+bluDkHXF7+TUfJm4AZAvbtR2wO5DUAOZ244FfJueYyZHECQQD+V5/WrgKkBlYy
10 XhioQBXff7TLCrmMlUziJcQ295kIn8n1GaKzunJkhreoMbiRe0hpIIgPYb9E57tT
11 /mP/MoYtAkEA4Ti6XiOXgxzV5gcB+fhJyb8PJCVkgP2wg0OQp2DKPp+5xsmRuUXv
12 720oExv92jv6X65x631VGjDmfJNb99wq5QJBAMSHUKrBqqizfMdOjh7z5fLc6wY5
13 M0a91rqoFAWlLErNrXAGbwIRf3LN5fvA76z6ZelViczY6sKDjOxKFVqL38ECQG0S
14 pxdOT2M9BM45GJjxyPJ+qBuOTGU391Mq1pRpCKlZe4QtPHioyTGAAMd4Z/FX2MKb
15 3in48c0UX5t3VjPsmY0CQQCc1jmEoB83JmTHYByvDpc8kzsD8+GmiPVrausrjj4p
16 y2DQpGmUic2zqCxl6qXMpBGtFEhrUbKhOiVOJbRNGvWW
17 -----END RSA PRIVATE KEY-----
18 `)
19 // 公钥
20 var publicKey = []byte(`
21 -----BEGIN PUBLIC KEY-----
22 MIGfMA0GCSqGSIb3DQEBAQUAA4GNADCBiQKBgQDfw1/P15GQzGGYvNwVmXIGGxea
23 8Pb2wJcF7ZW7tmFdLSjOItn9kvUsbQgS5yxx+f2sAv1ocxbPTsFdRc6yUTJdeQol
24 DOkEzNP0B8XKm+Lxy4giwwR5LJQTANkqe4w/d9u129bRhTu/SUzSUIr65zZ/s6TU
25 GQD6QzKY1Y8xS+FoQQIDAQAB
```

```
26  -----END PUBLIC KEY-----
27  `)
28  // Go 语言实现 RSA 加密算法
29  func RsaEncrypt(origData []byte) ([]byte, error) {
30      // 解密 pem 格式的公钥
31      block, _ := pem.Decode(publicKey)
32      if block == nil {
33          return nil, errors.New("public key error")
34      }
35      // 解析公钥
36      pubInterface, err := x509.ParsePKIXPublicKey(block.Bytes)
37      if err != nil {
38          return nil, err
39      }
40      // 类型断言
41      pub := pubInterface.(* rsa.PublicKey)
42      // 加密
43      return rsa.EncryptPKCS1v15(rand.Reader, pub, origData)
44  }
45  // Go 语言实现 RSA 解密
46  func RsaDecrypt(ciphertext []byte) ([]byte, error) {
47      // 解密
48      block, _ := pem.Decode(privateKey)
49      if block == nil {
50          return nil, errors.New("private key error!")
51      }
52      // 解析 PKCS1 格式的私钥
53      priv, err := x509.ParsePKCS1PrivateKey(block.Bytes)
54      if err != nil {
55          return nil, err
56      }
57      // 解密
58      return rsa.DecryptPKCS1v15(rand.Reader, priv, ciphertext)
59  }
60  func main() {
61      // 待加密数据
62      str := "今晚 8 点见"
63      // 加密
64      encryptoData, err := RsaEncrypt([]byte(str))
65      if err != nil {
66          log.Panic(err)
67      }
68      // 打印加密数据
69      fmt.Println(fmt.Sprintf("% s", encryptoData))
70      // 解密
71      decryptoData, err := RsaDecrypt(encryptoData)
72      if err != nil {
73          log.Panic(err)
74      }
75      // 打印解密结果
76      fmt.Println(fmt.Sprintf("%s", decryptoData))
77  }
```

13.1.5 数字签名

数字签名由两部分组成：第一部分是使用私钥（签名密钥）从消息（交易）创建签名的算法；第二部分是允许任何人验证签名的算法，其算法过程如图 13.5 所示。

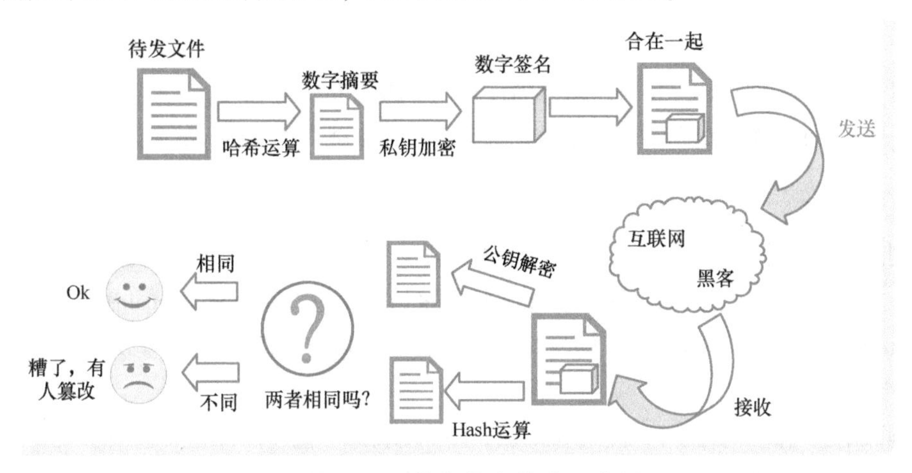

● 图 13.5 数字签名算法示意图

例如，张三通过网络发给李四一个文件。张三先对文件内容进行 Hash 运算，然后使用自己的私钥对摘要进行加密（签名），之后同时将文件和数字签名都发给李四。李四收到文件和签名后，通过张三的公钥解密签名，得到数字摘要，并将摘要与文件的 Hash 运算结果进行对比。如果结果一致，说明该文件确实是由张三发送（因为其他人无法拥有张三的私钥），并且文件内容没有被修改过（摘要结果一致）。

13.2 测试

13.2.1 单元测试

单元测试（Unit Testing）是指对软件中的最小可测试单元进行检查和验证。对于单元测试中的单元含义，一般根据实际情况来确定。在 C 语言中，单元指的是一个函数；在 Java 中，单元指的是一个类；在图形软件中，单元可以指的是一个窗口或一个菜单。通常，一个单元是一个被测试的人为指定的最小功能模块。单元测试是软件开发过程中要执行的最低级别的测试活动。独立的软件单元与程序的其余部分隔离进行测试。单元测试能够保障工程各个单元按需求执行，从而保证整个项目运行正确，最大限度减少 bug。

在 Go 中开启单元测试，需要准备一个命名以_test 结尾的 go 源码文件，然后通过 go test 命令进行测试。默认情况下，go test 命令不需要参数，它会自动把源码包下面所有_test 文件测试完毕。我们也可以指定参数，具体说明见表 13.2。

表 13.2 参数说明

参　数	说　明
-benchregexp	执行相应的 benchmarks，例如 -bench=.
-cover	开启测试覆盖率

（续）

参　数	说　明
-runregexp	只运行 regexp 匹配的函数，如 -run=Array，那么就执行包含有 Array 开头的函数
-v	显示测试的详细命令

测试函数名称格式是 Test[^a-z]，即以 Test 开头，跟上非小写字母开头的字符串。每个测试函数都接受一个 * testing.T 类型参数，用于输出信息或中断测试。语法格式如下所示。

```
func TestXXX( t * testing.T )
```

单元测试源码文件可以由多个测试用例组成。测试用例文件不会参与正常源码编译，不会被包含到可执行文件中。测试用例文件使用 go test 指令来执行，没有也不需要 main() 作为函数入口。所有在以_test 结尾的源码内以 Test 开头的函数会自动被执行。测试用例可以不传入 * testing.T 参数。

每个测试用例可能并发执行，使用 testing.T 提供的日志输出可以保证日志跟随这个测试上下文一起打印输出。testing.T 提供了几种日志输出方法，详情见表 13.3。

表 13.3　日志输出方法

方　法	说　明
Log	打印日志，同时结束测试
Logf	格式化打印日志，同时结束测试
Error	打印错误日志，同时结束测试
Errorf	格式化打印错误日志，同时结束测试
Fatal	打印致命日志，同时结束测试
Fatalf	格式化打印致命日志，同时结束测试

开发者可以根据实际需要选择合适的日志。

下面创建一个 go 文件，里面包含一个实现除法运算的函数，如例 13-7 所示。

例 13-7　待测试算法

```
1  package chapter13
2
3  import (
4      "errors"
5  )
6  // 除法函数
7  func Division(a, b float64) (float64, error) {
8      if b == 0 {
9          return 0, errors.New("除数不可以为 0")
10     }
11     return a / b, nil
12 }
```

接下来编写测试用例的代码，如例 13-8 所示。

例 13-8　单元测试方法

```
1  package chapter13
2  import (
3      "testing"
4  )
5  // 测试函数一
6  func Test_Division(t * testing.T) {
7      // 调用需要测试的函数
8      i, e := Division(10, 5)
9      // 如果不如预期,那么就报错
10     if i != 2 || e != nil {
11         t.Error("测试未通过")
12     } else {
13         // 记录一些你期望记录的信息
14         t.Log("测试通过")
15     }
16 }
17 // 测试函数二
18 func Test_Division_Err(t * testing.T) {
19     i, e := Division(10, 0)
20     // 如果不如预期,那么就报错
21     if i == 0 || e != nil {
22         t.Error("测试未通过")
23     } else {
24         // 记录一些你期望记录的信息
25         t.Log("测试通过")
26     }
27 }
```

单元测试文件（ * _test.go）里的测试入口必须以 Test 开始，参数为 * testing.T 的函数。一个单元测试文件可以有多个测试入口。

在工作目录下执行如下命令

```
go test -v
```

输出结果如下所示。

```
=== RUN Test_Division
--- PASS: Test_Division (0.00s)
    01_test.go:15: 测试通过
=== RUN  Test_Division_Err
--- FAIL: Test_Division_Err (0.00s)
    01_test.go:24: 测试未通过
FAIL
exit status 1
FAIL    MyBook/chapter13    2.928s
```

由以上结果可以看出测试函数是否测试通过，还有测试时间以及测试函数所留下的信息。RUN 表示开始运行测试用例。PASS 表示测试成功。FAIL 表示测试失败。

go test 指定文件时默认执行文件内的所有测试用例。可以使用-run 参数选择需要的测试用例单独执行。

当需要终止当前测试用例时，可以使用 t.FailNow( )，参考下面的代码。使用 t.Fail( ) 只标记错

误不终止测试。

13.2.2 基准测试

基准测试是一种测试代码性能的方法，比如同一需求有多种不同的方案，我们就可以通过基准测试来选择更优的方案。基准测试主要是通过测试 CPU 和内存的效率问题来评估被测试代码的性能，进而找到更好的解决方案。Go 语言中提供了基准测试框架，使用方法类似于单元测试，使用者无须准备高精度的计时器和各种分析工具，基准测试本身即可以打印出非常标准的测试报告。

基准测试代码的编写和单元测试非常相似，它也有一定的规则，如下所示。

- 基准测试的代码文件必须以_test.go 结尾。
- 基准测试的函数必须以 Benchmark 开头，必须是可导出的。
- 基准测试函数必须接受一个指向 Benchmark 类型的指针作为唯一参数。
- 基准测试函数不能有返回值。

基准测试的语法格式如下所示。

```
func BenchmarkXXX(b * testing.B) { ... }
```

B 是传递给基准测试函数的一种类型，用于管理基准测试的计时行为，并指示应该迭代地运行测试的次数。

一个基准测试在它的基准测试函数返回时，又或者在它的基准测试函数调用 FailNow、Fatal、Fatalf、SkipNow、Skip 或者 Skipf 中的任意一个方法时，测试即宣告结束。至于其他报告方法，如 Log 和 Error 的变种，则可以在其他 Goroutine 中同时进行调用。

与单元测试一样，基准测试会在执行的过程中积累日志，并在测试完毕时将日志转储到标准错误。但跟测试不一样的是，为了避免基准测试的结果受到日志打印操作的影响，基准测试总是会把日志打印出来。

关于 go test -bench 命令 regexp 的参数说明见表 13.4。

表 13.4 参数说明

参数	说明
-benchtime	指定每个性能测试的执行时间，如果不指定，则使用默认时间 1s
-cpu	参数提供一个 CPU 个数的列表，提供此列表后，那么测试将按照这个列表指定的 CPU 数设置 GOMAXPROCS 并分别测试
-count	指定每个测试执行的次数，默认执行一次
-failfast	指定如果有测试出现失败，则立即停止测试。这在有大量的测试需要执行时，能够更快地发现问题
-list	列出匹配成功的测试函数，并不真正执行。而且，不会列出子函数
-parallel	指定测试的最大并发数
-timeout	指定超时退出的时间，默认情况下，测试执行超过 10min 就会超时而退出
-benchmem	默认情况下，性能测试结果只打印运行次数、每个操作耗时。使用-benchmem 则可以打印每个操作分配的字节数、每个操作分配的对象数

基准测试具体的使用示例如例 13-9 所示。

例 13-9　基准测试方法

```
1  package chapter13
2  import "testing"
3  // 斐波那契数列
4  func Fib(n int) int {
5      if n < 2 {
6          return n
7      }
8      return Fib(n-1) + Fib(n-2)
9  }
10  // 测试 Demo
11  func benchmarkFib(i int,b * testing.B) {
12     for n := 0; n < b.N; n++ {
13         Fib(i)
14     }
15  }
16  // 通过多个参数进行对比
17  func BenchmarkFib1(b * testing.B) { benchmarkFib(1, b) }
18  func BenchmarkFib10(b * testing.B) { benchmarkFib(10, b) }
19  func BenchmarkFib20(b * testing.B) { benchmarkFib(20, b) }
20  func BenchmarkFib50(b * testing.B) { benchmarkFib(50, b) }
```

这段代码使用基准测试框架测试计算斐波那契数列的性能。第 12 行中的 b.N 由基准测试框架提供。测试代码需要保证函数可重入性及无状态，也就是说，测试代码不使用全局变量等带有记忆性质的数据结构。避免多次运行同一段代码时的环境不一致，不能假设 *N* 值范围。

在工作目录下执行如下命令。

```
go test -bench=.
```

输出结果如下所示。

```
goos: windows
goarch: amd64
pkg: MyBook/chapter13/test
BenchmarkFib1-8        1000000000            2.42 ns/op
BenchmarkFib10-8        5000000             399 ns/op
BenchmarkFib20-8          30000           48763 ns/op
BenchmarkFib50-8              1     90883520100 ns/op
PASS
okMyBook/chapter13/test  100.750s
```

输出结果的 1000000000、5000000、30000 和 1 表示测试的次数。也就是 testing.B 结构中提供给程序使用的 *N*。“2.42 ns/op” 表示每一个操作耗费多少时间（纳秒）。

基准测试框架对一个测试用例的默认测试时间是 1s。开始测试时，当以 Benchmark 开头的基准测试用例函数返回时还不到 1s，那么 testing.B 中的 *N* 值将按 1、2、5、10、20、50……递增，同时以递增后的值重新调用基准测试用例函数。BenchmarkFib50 每次操作大约为 90s，所以只运行了 1 次。

由于测试程序包使用简单的平均值（在 b.N 上运行基准函数的总时间），因此该结果在统计上较弱。我们可以使用-benchtime 标识增加最短基准时间，以产生更准确的结果，执行命令如下所示。

```
go test -bench=.-benchtime=5s 02_test.go
```

输出结果如下所示。

```
goos: windows
goarch: amd64
BenchmarkFib1-8         3000000000              2.40 ns/op
BenchmarkFib10-8         20000000              390 ns/op
BenchmarkFib20-8           200000             48491 ns/op
BenchmarkFib50-8                1       93239095500 ns/op
PASS
ok      command-line-arguments  121.220s
```

由以上结果可以看出，将最短基准时间设置为 5s 后，BenchmarkFib1、BenchmarkFib10 和 BenchmarkFib20 的测试次数都有明显的增加。而 BenchmarkFib50 每次操作大约为 90s，远大于 5s，所以还是运行了 1 次。

13.2.3 Mock 依赖

在进行单元测试时，有时由于业务逻辑的复杂性，会出现第三方依赖的情况，比如需要依赖数据库环境、需要依赖网络环境。常见的依赖主要包括组件依赖和函数依赖。

Mock（模拟）对象能够模拟实际依赖对象的功能，同时又不需要非常复杂的准备工作，开发者只需要定义并实现对象接口，再交给测试对象即可。

GoMock 是由 Go 语言官方开发维护的测试框架，实现了较为完整的基于 interface 的 Mock 功能，能够与 Golang 内置的 testing 包良好集成，也能用于其他的测试环境中。GoMock 测试框架包含了 GoMock 包和 mockgen 工具两部分，其中 GoMock 包完成对桩对象生命周期的管理，mockgen 工具用来生成 interface 对应的 Mock 类源文件。

下载 GoMock 的命令如下所示。

```
go get github.com/golang/mock/gomock
go get github.com/golang/mock/mockgen
```

第一个是代码依赖，第二个是命令行工具。

创建一个 go 文件，并定义接口，其内容如例 13-10 所示。

例 13-10　定义测试接口

```
1  package person
2  type Male interface {
3      Get(id int64) error
4  }
```

新建一个 go 文件，实现该接口，如例 13-11 所示。

例 13-11　实现测试接口

```
1  package user
2  import "MyBook/chapter13/person"
3  type User struct {
4      Person person.Male
5  }
```

```
6  func NewUser(p person.Male) * User {
7      return &User{Person: p}
8  }
9  func (u * User) GetUserInfo(id int64) error {
10     return u.Person.Get(id)
11  }
```

到 chapter13 目录下，执行如下命令。

```
mockgen -source=./person/male.go -destination=./mock/male_mock.go -package=mock
```

在执行完毕后，可以发现 chapter13 目录下生成了 male_mock.go 文件，这就是 mock 文件。关于上述命令中的指令说明见表 13.5。

表 13.5 参数说明

参数	说明
-source	设置需要 Mock 的接口文件
-destination	设置 Mock 文件输出的地方，若不设置则打印到标准输出中
-package	设置 Mock 文件的包名，若不设置，则为 mock_ 前缀加上文件名（如本文的包名会为 mock_person）

想了解更多的指令符，可参考官方文档。

下面编写测试用例，具体代码如例 13-12 所示。

例 13-12 测试 Mock

```
1  package user
2  import (
3      "MyBook/chapter13/mock"
4      "github.com/golang/mock/gomock"
5      "testing"
6  )
7  func TestUser_GetUserInfo(t * testing.T) {
8      // 实例化 Mock 控件对象
9      ctl := gomock.NewController(t)
10      defer ctl.Finish()
11
12      var id int64 = 1
13      // 创建 Mock 实例
14      mockMale := mock.NewMockMale(ctl)
15      // 声明给定的调用应按顺序进行
16      gomock.InOrder(
17          mockMale.EXPECT().Get(id).Return(nil),
18      )
19      // 创建 User 实例
20      user := NewUser(mockMale)
21      err := user.GetUserInfo(id)
22      if err != nil {
23          t.Errorf("user.GetUserInfo err: % v", err)
24      }
25  }
```

NewController 能够返回一个 Controller，它代表 Mock 生态系统中的顶级控件，其中定义了 Mock 对象的范围、生命周期和期待值。另外它在多个 Goroutine 中是安全的。第 17 行代码包含了 3 个步骤，EXPECT( )返回一个允许调用者设置期望和返回值的对象，Get（id）是设置入参并调用 mock 实例中的方法，Return（nil）是设置先前调用的方法出参。简单来说，就是设置入参并调用，最后设置返回值。NewUser 中注入了 Mock 对象，后续调用 GetUserInfo 时，实际调用的是事先模拟好的 Mock 方法。第 10 行代码的 ctl.Finish( ) 表示进行 Mock 用例的期望值断言，一般会使用 defer 延迟执行，以防止我们忘记这一操作。

执行测试命令，如下所示。

```
go test ./user
```

输出结果如下所示。

```
okMyBook/chapter13/user  2.928s
```

测试覆盖率，命令如下所示。

```
go test -cover ./user
```

输出结果如下所示。

```
ok    MyBook/chapter13/user  1.986s  coverage: 100.0% of statements
```

13.3 本章小结

本章主要介绍了信息安全与测试相关的知识。完整的安全系统不仅仅需要具备优秀的算法，更需要安全的系统环境以及物理环境。无论是系统的损坏还是人为的泄密，都非常容易造成安全问题。在测试函数中，fmt.Println 这样的语句是无法打印出消息的，但是可以使用 go-logging 打印出日志消息。在测试代码中如果使用到了其他文件的源代码，在执行 go test 时，需要同时将这些文件名列出来，否则会报 undefined 错误。

13.4 习题

1. 填空题

(1) ________值在应用中又被称为数字指纹（fingerprint）或数字摘要（digest）、消息摘要。

(2) ________指加密和解密使用相同密钥的加密算法。

(3) 加密和解密使用不同密钥的加密算法叫作________。

(4) ________是指对软件中的最小可测试单元进行检查和验证。

(5) ________主要是通过测试 CPU 和内存的效率问题来评估被测试代码的性能。

2. 选择题

(1) 下列选项中，哪个不是 Hash 算法（　　）。

A. MD5　　B. SHA1　　C. SHA256　　D. AES

(2) 下列选项中，哪个不是对称加密算法（　　）。

A. DES　　B. 3DES　　C. RSA　　D. AES

（3）下列选项中，哪个不是非对称加密算法（　　）。

A. RSA　　B. ElGamal　　C. RC2　　D. 椭圆曲线系列算法ECC

（4）跟非对称密码体制相比，对称密码体制具有加解密（　　）的特点。

A. 速度快　　B. 速度不确定　　C. 速度慢　　D. 以上说法均不正确

（5）TripleDES的有效密钥长度为（　　）。

A. 112位　　B. 56位　　C. 64位　　D. 108位

3. 简答题

（1）简述对称加密与非对称加密的区别。

（2）请描述数字签名的过程。

第14章 项目实战

“纸上得来终觉浅，绝知此事要躬行”。为了让大家能够更牢固地掌握之前学习的知识，提高实际编程能力和效率，本章会介绍编程技术实际的应用场景，以及Web框架的使用。合格的开发者要能够将功能开发和业务场景进行结合，并具有独立开发业务模块的能力。下面就带领大家使用Gin框架开发一个分布式网盘的小项目。

14.1 Gin框架

14.1.1 Gin框架特点

Gin是一个使用Go语言开发的微型Web框架，封装比较优雅、API友好、源码注释比较明确，已经发布了1.0版本。Gin框架具有快速灵活、容错方便等特点。Go语言对Web框架的依赖要远小于Python、Java等其他编程语言。Go语言自身的net/http包足够简单，性能也非常不错。框架更像是一些常用函数或者工具的集合。借助框架开发，不仅可以省去很多常用的封装带来的时间，也有助于团队的编码风格和形成规范。

Gin框架属于一种微型框架，具有速度快、稳定性强、内存占用小等特点，如今已经被很多企业使用。框架一直是敏捷开发中的利器，能够极大地提高开发效率。在Gin框架中实现路由解析功能非常简单，而且Gin提供的路由组可以无限制地嵌套而不会降低性能。Gin框架不仅支持JSON、XML和HTML等多种数据格式的渲染，还提供了易于使用的API。Gin框架能够便捷地收集HTTP请求期间发生的所有错误，最终，中间件可以将它们写入日志文件、数据库。此外，Gin框架还能够捕获HTTP请求期间发生的恐慌并进行恢复。

Gin框架并没有提供ORM、CONFIG等组件，而是把选择权留给开发者，开发者可以根据项目的具体情况选择合适的第三方组件来完善程序。

14.1.2 请求参数获取

Web服务的核心就是客户端与服务端的交互。其中，客户端向服务器发送请求，除了路由参数外，其他的参数主要分为URL参数、查询字符串（Query String）和报文体（Body）三种。

1. URL参数

获取URL参数的方法定义如下所示。

```
func (c * Context) Param(key string) string
```

在实际的Web项目开发中，通常遵循RESTful标准。URL支持http:// localhost：9000/user/：name形式的名称匹配，如果请求URL为http:// localhost：9000/user/john，那么Gin框架就能以name作为Param方法的Key获取到john。

2. Query String

Query String 是指 GET 请求后面的参数，如果请求 URL 为 http:// localhost: 9000? x=1&y=2，那么 Query String 就是指 x=1&y=2。该参数获取的方式见表 14.1。

表 14.1　获取 Query String 的方法说明

方　法	说　明
func (c *Context) Query (key string) string	若无请求参数，则返回空字符串
func (c *Context) DefaultQuery (key, defaultValue string) string	若无请求参数，则返回默认值（Default Value）
func (c *Context) QueryArray (key string) []string	返回切片，适用于一个 Key 对应多个 Value

3. Body

HTTP 的 Body 数据要比 Query String 复杂一些，常见的格式有 application/json、application/x-www-form-urlencoded、application/xml 和 multipart/form-data 四种，其中 multipart/form-data 主要用于文件上传。从 POST 表单中获取指定键/值对的方法见表 14.2。

表 14.2　从表单获取数据的方法

方　法	说　明
func (c *Context) PostForm (key string) string	若 Key 不存在则返回空字符串
func (c *Context) DefaultPostForm (key, defaultValue string) string	若 Key 不存在则返回默认值（Default Value）
func (c *Context) GetPostForm (key string) (string, bool)	通过 bool 类型的返回值判断 Key 是否存在

14.1.3　数据绑定和验证

Query、PostForm 等方法每次只能获取一个属性的数据，如果前端请求提交的数据过多，那么服务端的效率会非常低。Gin 框架为开发者提供了数据绑定的功能，可以将请求数据与结构体绑定，从而提高数据获取的效率。Gin 框架提供了两类绑定方法：MustBind 和 ShouldBind。

Gin 框架提供的 MustBind 类方法见表 14.3。

表 14.3　MustBind 类方法

方　法	说　明
func (c *Context) Bind (obj interface {}) error	根据 Content-Type 进行绑定
func (c *Context) BindJSON (obj interface {})	绑定 JSON 格式的 Body
func (c *Context) BindQuery (obj interface {})	绑定 Query String

MustBind 类方法属于 MustBindWith 方法的具体调用，其源码如下所示。

```
func (c * Context) MustBindWith(obj interface{}, b binding.Binding) error {
    if err := c.ShouldBindWith(obj, b); err != nil {
        c.AbortWithError(http.StatusBadRequest, err).SetType(ErrorTypeBind)
        return err
    }
    return nil
}
```

由以上代码可知，如果发生绑定错误，请求将被 c.AbortWithError（http.StatusBadRequest，err）.SetType（ErrorTypeBind）中止。响应状态码将被设置成 http.StatusBadRequest（400），响应头的 Content-Type 字段将被设置成 text/plain；charset=utf-8。如果尝试在此之后设置响应状态码，将产生一个响应头已被设置的警告。如果开发者想要更灵活地控制绑定，则需要使用 ShouldBind 类方法，见表 14.4。

表 14.4 ShouldBind 类方法

方法	说明
func (c *Context) ShouldBind (obj interface {}) error	根据 Content-Type 进行绑定
func (c *Context) ShouldBindJSON (obj interface {}) error	绑定 JSON 格式的 Body
func (c *Context) ShouldBindQuery (obj interface {}) error	绑定 Query String

ShouldBind 类方法属于 ShouldBindWith 方法的具体调用。如果发生绑定错误，Gin 框架会返回错误并由开发者自行处理。

在使用数据绑定时，需要在要绑定的所有字段上设置相应的标签。以一个用户注册功能为例，用户注册需要提交表单数据，假设注册时表单包含三项数据，分别为 username、phone 和 password，具体绑定字段的方法如下所示。

```
type UserRegister struct {
    Username string `form:"username" binding:"required"`
    Phone   string `form:"phone" binding:"required"`
    Password string `form:"password" binding:"required"`
}
```

Gin 框架使用 validator 进行验证，绑定验证的结构体标签为 binding，在 bind 方法中通过 mapForm 方法绑定值到结构体类型上。validator 使用的验证标签的属性非常多，下面列举一些常用的验证标签属性，见表 14.5。

表 14.5 常用的验证标签属性

属性	说明	语法示例
Skip Field	不验证该结构体字段	—
Required	该字段不允许为零值，即数字不为零，字符串不是“”	required
Minimum	数字类型的最小数，字符串的最小长度，切片、数组和 map 的最小元素个数	min=1
Maximum	数字类型的最大数，字符串的最大长度，切片、数组和 map 的最大元素个数	Max=10
Is Default	验证该字段为默认值，不要与 required 属性相同，即默认值不为零值	isdefault
Length	数字类型等于该数值，字符串的长度为该值，对于片、数组和 map 的最大元素个数为该值	len=10

其他的属性可以参考 validator 的官方文档。

14.1.4 输出响应

一个完整的请求流程包含发送请求、请求处理和输出响应三个步骤。服务端处理请求完成以后，会将处理结果返回给客户端，Web 应用的目标之一就是输出响应。Gin 框架为开发人员提供了多种常见格式的输出，包括 HTML、string、JSON、XML 等。

1. 响应字符串

Context 结构体包含了一个 Writer 字段，Writer 是 ResponseWriter 接口类型的实例，该接口包含了 http.ResponseWriter 接口，并封装了 http.ResponseWriter 接口的所有方法，这意味着 Context 结构体实例可以直接调用 Write 方法。

Gin 框架支持通过 context.Writer.Write 方法写入 [ ]byte（字节数组）格式的数据，具体的使用方法如下所示。

```
context.Writer.Write([]byte(responseMessage))
```

除了 Write 方法以外，ResponseWriter 自身还封装了 WriteString 方法返回数据，具体的使用方法如下所示。

```
context.Writer.WriteString(responseMessage)
```

在 Go 语言中，string 类型的底层数据结构就是 [ ]byte，所以返回 [ ]byte 和 string 两种类型的数据的本质相同。

2. 响应 JSON

在项目开发中，相较于直接使用 [ ]byte 和 string 类型的数据，JSON 格式的使用更为普遍。为了方便开发者使用，Gin 框架支持直接将返回数据组装成 JSON 格式。Context 包含的 JSON 方法可以将 map 类型的数据转换成 JSON 格式的数据并直接返回给客户端，具体的使用方法如下所示。

```
context.JSON(200, map[string]interface{}{
      "code": 1,
      "message": "OK",
      "data": responseMessage,
})
```

除了 map 类型之外，Context 包含的 JSON 方法还可以将结构体转换为 JSON 格式，具体的使用方法如下所示。

```
// 结构体定义
type Response struct {
  Code      int         `json:"code"`
  Message   string      `json:"msg"`
  Data      interface{} `json:"data"`
}
// 给结构体赋值
resp := Response{Code: 1, Message: "Ok", Data: responseMessage }
// 返回响应信息
context.JSON(200, &resp)
```

因为 Context 包含的 JSON 方法封装了 json.MarshalIndent 方法，所以 JSON 方法能够将 map 类型和结构体类型的数据转换成 JSON 格式。

3. 响应 HTML

Gin 框架使用的 HTML 模板就是官方标准包 html/template 提供的模板。由于 Gin 框架没有强制的文件夹命名规范，所以开发者必须设定 HTML 模板的存放路径，具体的使用方法如下所示。

```
engine.LoadHTMLGlob("/GoPath/go/src/GinDemo/* ")
```

Gin 框架加载模板时会在 LoadHTMLGlob 方法设定的目录中查找。因为 Gin 框架在启动时会自动将设定目录的文件编译一次然后进行缓存，所以性能非常优秀。

4. 静态资源设置

使用 Gin 框架设置静态资源可以通过 Static 方法或 StaticFS 方法实现，Static 方法的使用方法如下所示。

```
engine.Static("/router", "/GoPath/go/src/GinDemo/static")
```

StaticFS 方法的使用方法如下所示。

```
engine.StaticFS("/router ", http.Dir("/GoPath/go/src/GinDemo/static "))
```

Static 方法和 StaticFS 方法的第一个参数是请求路由，第二个参数是静态资源的存放路径。

14.1.5 路由设置

添加路由主要分为路由设置和路由匹配两个部分。路由其实并不仅仅是 URL，还包括 HTTP 的请求方法，而实现一个 REST 风格的 HTTP 请求，需要支持 REST 支持的方法。所有的路由归由 RouterGroup 结构体管理，Gin 框架定义了 IRoutes 接口来表示 RouterGroup 结构体实现的方法。

通常情况下一个完整的 Web 服务需要处理多个路由请求，这就意味着请求路径会有很多种，Gin 框架使用类似前缀树的数据结构存储请求路径，查找路由的效率非常高，只需遍历一遍字符串即可，时间复杂度为 $O(n)$。

1. 普通路由

可以使用 Engine 结构体的 Handle 方法处理 HTTP 请求。Handle 方法的参数说明见表 14.6。

表 14.6 Handle 方法的参数说明

参数	说明
httpMethod	表示要处理的 HTTP 的请求类型，如 GET、POST、DELETE 等
relativePath	表示请求的相对路径，由开发者自行定义
handlers	处理对应的请求的方法的定义

具体的使用方法如下所示。

```
engine.Handle("GET", "/hello",func(context * gin.Context) {
    // 处理请求…
})
```

上述方法的请求类型为 GET，请求路径为/hello，具体处理请求的方法为匿名函数。

2. 分类路由

Engine 结构体除了拥有通用的处理方法以外，还具有按类型进行直接解析的方法。Engine 结构体具有 GET 方法、POST 方法、DELETE 方法等与 HTTP 请求类型对应的方法。

直接通过 Engine 结构体的 GET 方法处理 GET 请求，代码如下所示。

```
engine.GET("/hello",func(context * gin.Context) {
    // 处理 GET 请求…
})
```

直接通过 Engine 结构体的 POST 方法处理 POST 请求，代码如下所示。

```
engine.POST("/hello",func(context * gin.Context) {
    // 处理 POST 请求…
})
```

其他请求的使用方法类似，此处不再一一列举。

3. 路由组

在实际的工作场景中，大多使用模块化开发的方式。同一模块内的功能接口往往会有相同的接口前缀，如在某个系统中有用户模块，其功能和 URL 见表 14.7。

表 14.7 用户模块

功　能	URL
用户注册	http:// localhost：8000/user/register
用户登录	http:// localhost：8000/user/login
用户信息查询	http:// localhost：8000/user/info
删除用户	http:// localhost：8000/user/1001

具体使用方法如下所示。

```
// 创建路由组,设置路径前缀
routerGroup := engin.Group("/user")
// 设置注册功能相对路径的路由
routerGroup.POST("/register", registerHandle)
// 设置登录功能相对路径的路由
routerGroup.POST("/login", loginHandle)
// 设置用户信息查询功能相对路径的路由
routerGroup.GET("/info", infoHandle)
// 设置删除用户功能相对路径的路由
routerGroup.DELETE("/:id", deleteHandle)
```

14.1.6 中间件

一个完整的 Web 服务处理流程主要包括发送请求、路由处理、输出响应三个步骤。在实际的业务开发和维护场景中，会有更复杂的需求。一个完整的系统可能要包含鉴权认证、权限管理、安全检查、日志记录等多维度的功能。这些功能属于整个系统的功能，是系统中的通用功能，和具体的服务功能没有关联。因此，为了更好地梳理系统架构，可以将系统中的通用功能抽离，然后以插件化的形式进行开发和对接。这种方式既能够保证系统功能的完整，又能够有效地将具体服务和通用系统功能解耦合，从而达到灵活配置的目的。这种提供通用基础服务功能的组件称为中间件，位于服务器和具体服务处理程序之间。中间件的位置和角色示意图如图 14.1 所示。

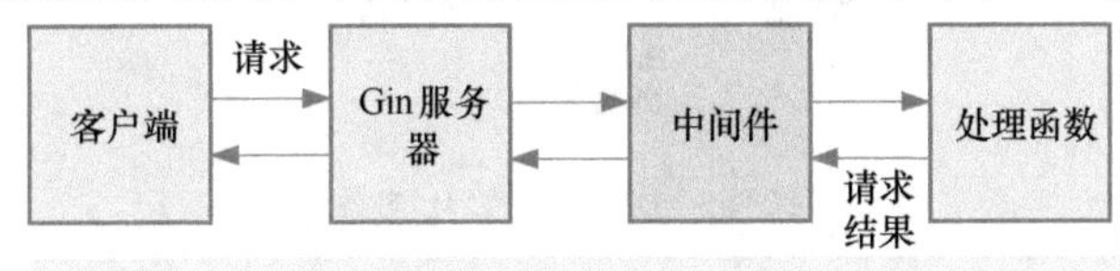

● 图 14.1 中间件的位置和角色示意图

中间件的功能就是在请求和具体服务的处理方法之间增加某些操作，这种额外添加的方式不会影响编码效率，也不会侵入到框架中。中间件类型的定义如下所示。

```
type HandlerFunc func(* Context)
```

HandlerFunc 是一个函数类型，接收一个 Context 指针类型的参数。在 Gin 框架中，返回值类型为 HandlerFunc 的处理方法可定义为中间件。

1. Use 方法

Use 方法将一个全局中间件附加到路由中。实例化 Engine 结构体的 gin.Default( )方法里面调用了 engine.Use(Logger( ), Recovery( )), Logger 和 Recovery 就是全局中间件。

Use 方法接收一个类型为 HandlerFunc（中间件类型）的可变参数，每个请求都包含在处理链中，包括状态码为 404、405 的请求，实现 Use 方法的源码如下所示。

```
func (engine * Engine) Use(middleware ...HandlerFunc) IRoutes {
    engine.RouterGroup.Use(middleware...)
    engine.rebuild404Handlers()
    engine.rebuild405Handlers()
    return engine
}
```

2. 自定义中间件

自定义中间件的实现方式为创建一个返回值类型为 HandlerFunc 的处理方法。

14.2 分布式网盘项目

分布式网盘是一个基于 Gin 框架的 Web 服务器项目，主要功能包括用户注册、用户登录、用户、文件上传、文件下载和文件秒传等功能。该项目采用 MVC 设计模式。

14.2.1 项目架构

浏览器/服务器（Browser/Server，B/S）架构型的资源主要存储在服务器，如人们平时浏览的各种网站。分布式网盘项目就属于 B/S 架构，该架构的模型如图 14.2 所示。

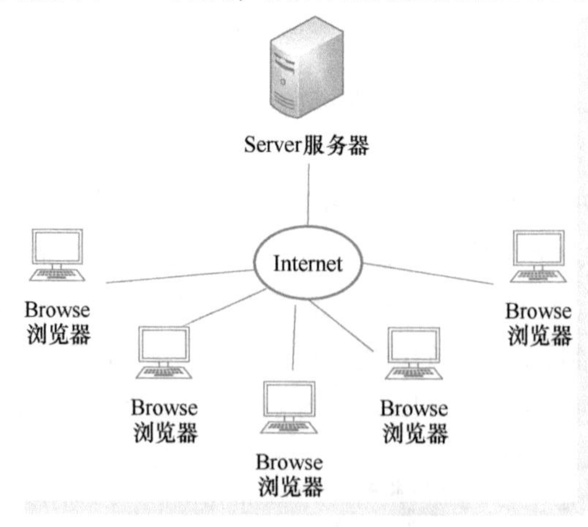

● 图 14.2 B/S 架构服务器

B/S 架构的主要特点是维护方便、开发简单。用户只要通过浏览器登录该网站就可以使用。B/S 架构存在着数据安全性问题，并且对服务器要求过高，数据量传输大必然会导致传输速度慢。但是随着网络速度的提升，密码学与分布式技术的发展，这些问题渐渐地显现得不再明显。

B/S 架构与 C/S 架构模型的对比见表 14.8。

表 14.8　B/S 与 C/S 的比较

架构模型	升级和维护	系统环境	软件环境	客户端要求
C/S	每个客户端都要升级	需要相同的操作系统	每个客户的客户端都必须安装配置软件	对计算机配置要求较高
B/S	不需要安装和维护	需要浏览器，与操作系统无关	不需要任何专门的软件	对计算机配置要求较低，能运行浏览器即可

14.2.2　MVC 设计模式

分布式网盘项目采用 MVC 设计模式。MVC 的全名是 Model View Controller，是一种软件设计模式（Design Pattern），也就是一种解决问题的方法和思路，在 20 世纪 80 年代由 Xerox PARC 机构发明。目前几乎所有的 Web 开发框架都建立在 MVC 模式之上。MVC 不仅仅存在于 Web 设计中，在桌面程序开发中也是一种常见的方法，即使近年出现了一些新的设计模式，如 MVP（Model-View-Presenter）、MVVM（Model-View-ViewModel）。但从技术的成熟程度和使用的广泛程度来讲，MVC 仍是当今 Web 开发的主流。

MVC 是模型（Model）、视图（View）、控制器（Controller）3 个单词的缩写，如图 14.3 所示。

图 14.3 显示了 MVC 设计模式三个模块之间的相互关系，这三个模块代表了程序的三个层级：模型层、视图层和控制器层。

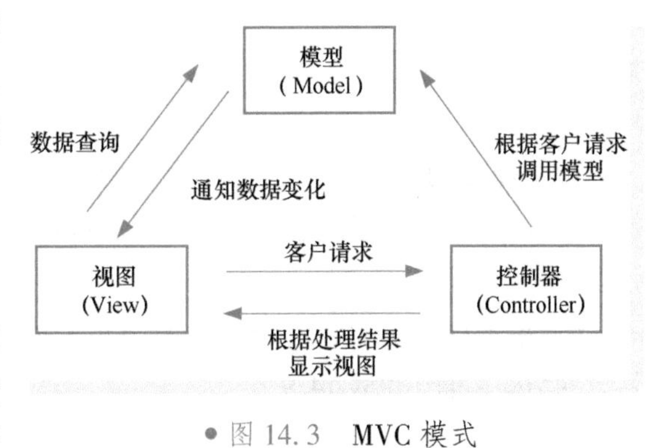

图 14.3　MVC 模式

1. 模型

模型（Model）是应用程序的核心。表示应用程序中处理数据逻辑的部分，通常模型对象负责在数据库中存储数据。例如，在博客项目中，开发人员可能会以一个类来表示一篇文章。同时，博客文章的一些业务逻辑，如发布、修改等，这些行为就是类的方法。Model 是 MVC 中代码量最大、逻辑最复杂的模块，主要包括数据、业务逻辑、业务规则等内容。Model 的内容设定后很少发生改变，在开发初期非常重要。这一部分如果设计得巧妙，那么后续开发的效率会得到极大的提升。

2. 视图

视图（View）是应用程序的数据显示部分，通常视图是依据 Model 数据而创建的。例如，人们在某个博客上看到的文章，就是某个类的表现形式。View 的目的在于提供与用户交互的界面，对于用户而言，只有该模块是可见的，UI 设计也是基于此部分。View 模块不会对 Model 模块进行任何操作，Model 不会输出任何与界面相关的数据，如 HTML 代码等。

3. 控制器

控制器（Controller）是应用程序中处理数据交互的模块，负责从 View 中读取数据，并发送到 Model。在数据变化时，Controller 还会更新视图，它能够使视图与模型分离开来，充当 MVC 中沟通的桥梁。

对于 MVC 中三者的划分并没有十分明晰的界线。MVC 设计模式只是一种指导思想，是指让开发人员按照 Model、View、Controller 三个方面来描述应用，并通过三者的交互，使应用功能得以正常运转。

MVC 的主要特点同一个模块的组件保持高内聚性，各个模块之间以松散耦合的方式协同工作。MVC 在需要改进和个性化定制界面及用户交互的同时，不需要重新编写业务逻辑，从而达到减少编码时间的目的。它能够显著提高应用程序的可维护性、可移植性、可扩展性与可重用性。

MVC 的处理过程如图 14.4 所示。

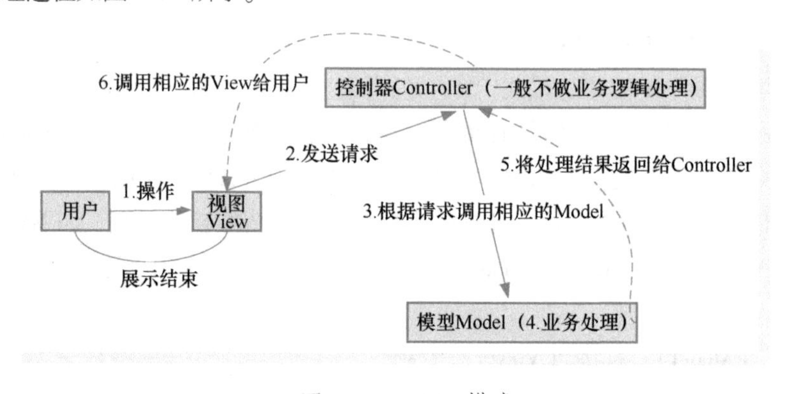

● 图 14.4 MVC 模式

首先 Controller 接收用户的请求，并决定应该调用哪个 Model 来进行处理，然后 Model 用业务逻辑来处理用户的请求并返回数据，最后 Controller 用相应的视图格式化模型返回的数据，并通过表示层呈现给用户。

Gin 框架没有为开发人员自动创建项目目录，接下来我们基于 MVC 设计模式，设计项目目录，目录的结构和描述见表 14.9。

表 14.9 目录结构

目　录	说　明
conf	项目配置文件及读取配置文件的相关功能
controllers	控制器目录，包括项目各个模块的控制器及业务处理
view	视图目录，主要包含首页前端文件
model	数据实体目录，主要定义了项目中各业务模块的实体对象
service	服务层目录。用于各个模块基础功能接口的定义和实现，是各个模块的数据层
static	配置项目的静态资源目录
util	提供通用的方法封装
main. go	项目程序主入口

14.2.3 数据库

服务系统的运行离不开数据库的支持，本项目根据系统功能和模块划分，主要包括用户表、文件表和文件用户表。数据库的设计属于 MVC 中的 Model 部分，所以相应的结构体定义都在 model 目录的文件中。

1. 用户表

用户表用于用户相关的信息，具体的表结构见表 14.10。

表 14.10 用户表的表结构

字段名称	字段描述	数据类型	长度	允许空	默认值	备注
id	用户编号	int	11	NO	NULL	主键，自增
user_name	用户名	varchar	64	NO		唯一
user_pwd	用户密码	varchar	256	NO		
email	电子邮箱	varchar	64	YES		
phone	电话号码	varchar	128	YES		
email_validated	邮箱验证	tinyint	1	YES	0	
phone_validated	电话验证	tinyint	1	YES		
signup_at	注册时间	datetime		YES	当前时间	默认生成
last_active	最后活跃	datetime		YES	当前时间	默认生成
profile	用户属性	text		YES	NULL	
status	用户状态	int	11	NO	0	可以重复

对应的结构体设置和查询数据库的方法实现如例 14-1 所示。

例 14-1 用户表操作

```
1  // 对应数据表结构
2  type User struct {
3     Id             int
4     Username       string `form:"username" binding:"required,max=15"` // 用户名
5     Password       string `form:"password" binding:"required,min=6,max=15"` // 密码
6     Email          string `form:"email" binding:"required,email"`          // 邮箱
7     Phone          string `form:"phone" binding:"required,len=11"`         // 手机号
8     EmailValidated       int          // 邮箱是否已经验证
9     PhoneValidated       int          // 手机号是否验证
10     CreateTime          string       // 注册日期
11     LastActive          string       // 最后活跃时间
12     Profile             string       // 用户属性
13     Status              int          // 用户状态
14  }
15  // 插入用户数据
16  func InsertUser(user User) (int64, error) {
17      return utils.ModifyDB("insert into user(id,user_name,user_pwd,email,phone,email_
validated,phone_validated,signup_at,last_active,profile,status) values (?,?,?,?,?,?,?,?,?,?,?)",
18           user.Id, user.Username, user.Password, user.Email, user.Phone, user.EmailVali-
dated, user.PhoneValidated, user.CreateTime, user.LastActive, user.Profile, user.Status)
```

```
19  }
20
21  // 更新用户数据
22  func UpdateUser(user User) (int64, error) {
23      return utils.ModifyDB("update user set user_pwd = ?, email = ?, phone = ? where user_name
= ?", user.Password, user.Email, user.Phone, user.Username)
24  }
25  // 删除用户数据
26  func DeleteUser(username string) (int64, error) {
27      return utils.ModifyDB("delete from user where id = ?", username)
28  }
29  // 按条件查询
30  func QueryUserWightCon(con string) int {
31      sql := fmt.Sprintf("select id from user % s", con)
32      fmt.Println(sql)
33      row := utils.QueryRowDB(sql)
34      id := 0
35      row.Scan(&id)
36      return id
37  }
38  // 按条件查询,查询文件的 name 和存储位置
39  func QueryFileWightCon(con string) (name, addr string, size int64) {
40      sql := fmt.Sprintf("select file_name,file_addr ,file_size from file_test % s", con)
41      fmt.Println(sql)
42      row := utils.QueryRowDB(sql)
43      row.Scan(&name, &addr, &size)
44      return name, addr, size
45  }
46  // 根据用户名查询 id
47  func QueryUserWithUsername(username string) int {
48      sql := fmt.Sprintf("where username='% s'", username)
49      return QueryUserWightCon(sql)
50  }
51  // 查询用户数据
52  func QueryLoginMsg(username, password string) int {
53      sql := fmt.Sprintf("where user_name='% s' and user_pwd='% s'", username, password)
54      return QueryUserWightCon(sql)
55  }
```

上述代码属于 Model 层的用户模块。首先定义了一个用户结构体，其中部分字段增加了绑定验证的标签。与用户表相关的数据库操作方法都放在这个文件中。

2. 文件表

文件表用于存储文件相关的信息，具体的表结构见表 14.11。

表 14.11　文件表的表结构

字段名称	字段描述	数据类型	长度	允许空	默认值	备注
id	文件编号	int	11	NO	NULL	主键，自增
file_sha1	文件哈希	char	40	NO		
file_name	文件名	varchar	256	NO		
file_size	文件大小	bigint	20	YES	0	

（续）

字段名称	字段描述	数据类型	长度	允许空	默 认 值	备　注
file_addr	存储位置	varchar	1024	NO		
create_at	创建时间	datetime		YES	当前时间	默认生成
update_at	更新时间	datetime		YES	当前时间	默认生成
status	状态	int	11	NO	0	可以重复
ext1	备用字段	int	11	YES	1	
ext2	备用字段	Text		YES	NULL	

对应的结构体设置和查询数据库的方法实现如例 14-2 所示。

例 14-2　文件表操作

```
1  // 文件元数据结构体
2  type File struct {
3      Id         int       // 文件 id
4      FileSha1   string    // 文件哈希
5      FileName   string    // 文件名
6      FileSize   int64     // 文件大小
7      FileAddr   string    // 文件存储位置
8      CreateTime string    // 创建时间
9      UpdateTime string    // 更新时间
10      Status     int       // 状态
11      Ext1       int       // 备用字段
12      Ext2       string    // 备用字段
13  }
14  // 插入文件数据
15  func InsertFileMeta(file File) (int64, error) {
16      return utils.ModifyDB("insert into file_test(id,file_sha1,file_name,file_size,file_
addr,create_at,update_at,status,ext1,ext2) values (?,?,?,?,?,?,?,?,?,?)",
17          file.Id, file.FileSha1, file.FileName, file.FileSize, file.FileAddr, file.Create-
Time, file.UpdateTime, file.Status, file.Ext1, file.Ext2)
18  }
19  // 根据文件哈希值查询
20  func QueryFileMeta(hash string) (name, addr string, size int64) {
21      sql := fmt.Sprintf("where file_sha1='% s'", hash)
22      return QueryFileWightCon(sql)
23  }
```

上述代码属于 Model 层的文件模块。首先定义了一个文件结构体。与文件表相关的数据库操作方法都放在这个文件中。

3. 文件用户表

文件用户表用于存储用户文件相关的信息，具体的表结构见表 14.12。

表 14.12　文件用户表的表结构

字段名称	字段描述	数据类型	长度	允许空	默认值	备　注
id	用户文件编号	int	11	NO	NULL	主键，自增
user_name	用户名	varchar	64	NO		可以重复
file_sha1	文件哈希值	varchar	64	NO		

（续）

字段名称	字段描述	数据类型	长度	允许空	默认值	备　注
file_size	文件大小	bigint	20	YES	0	
file_name	文件名	varchar	256	NO		
upload_time	上传时间	datetime		YES	当前时间	默认生成
last_update	最后更新时间	datetime		YES	当前时间	默认生成
status	状态	int	11	NO	0	可以重复

对应的结构体设置和查询数据库的方法实现如例 14-3 所示。

例 14-3　文件用户表操作

```
1  type UserFile struct {
2      Id          int
3      UserName    string      // 用户名
4      FileHash    string      // 文件哈希值
5      FileName    string      // 文件名
6      FileSize    int64       // 文件大小
7      UploadTime  string      // 上传时间
8      LastUpdated string      // 更新时间
9      status      int         // 状态
10 }
11 // 插入数据
12 func UserFileUploadFinished(username string, f File) (int64, error) {
13     return utils.ModifyDB("insert into user_file(user_name,file_sha1,file_size,file_
name,upload_time,last_update) values (?,?,?,?,?,?)",
14         username, f.FileSha1, f.FileSize, f.FileName, f.CreateTime, f.UpdateTime)
15 }
16 // 根据用户名查询文件信息,并限制显示数量
17 func QueryUserFileMeta(username string, limit string) ([]UserFile, error) {
18     // 限制查询数量
19     sql := fmt.Sprintf("where user_name='%s' limit %s", username, limit)
20     return QueryUserFileWightCon(sql)
21 }
22 // 查询多个结果
23 func QueryUserFileWightCon(con string) ([]UserFile, error) {
24     sql := fmt.Sprintf("select file_sha1,file_name,file_size,upload_time,last_update
from user_file %s", con)
25     fmt.Println(sql)
26     rows, err := utils.QueryDB(sql)
27     if err != nil {
28         return nil, err
29     }
30     var userFiles []UserFile
31     for rows.Next() {
32         uf := UserFile{}
33         err = rows.Scan(&uf.FileHash, &uf.FileName, &uf.FileSize, &uf.UploadTime, &uf.
LastUpdated)
34         if err != nil {
35             fmt.Println(err.Error())
36             break
37         }
```

```
38            userFiles = append(userFiles, uf)
39        }
40        return userFiles, nil
41    }
```

上述代码属于 Model 层的用户文件模块。首先定义了一个用户文件结构体。与用户文件表相关的数据库操作方法都放在这个文件中。

14.2.4 路由设置

前端发送到服务的数据，服务器要根据请求的 URL 进行路由处理，找到相应的处理方法。关于用户模块的路由设置如例 14-4 所示。

例 14-4 用户模块路由设置

```
1  // 用户路由
2  func UserRouters(engine * gin.Engine) {
3      engine.Use()
4      // 创建路由组,设置路径前缀
5      routerGroup := engine.Group("/user")
6      // 用户注册
7      routerGroup.POST("/regist", controllers.UserRegist)
8      // 用户登录
9      routerGroup.POST("/login", controllers.UserLogin)
10     // 用户退出登录
11     routerGroup.GET("/logout", controllers.UserLogout)
12     // 用户信息更改
13     routerGroup.PUT("/update", controllers.UserUpdate)
14     // 用户信息注销
15     routerGroup.DELETE("/:id", controllers.UserDelete)
16 }
```

关于文件模块的路由设置如例 14-5 所示。

例 14-5 文件模块路由设置

```
1  // 文件路由
2  func FileRouters(engine * gin.Engine) {
3      engine.Use()
4      // 创建路由组,设置路径前缀
5      routerGroup := engine.Group("/file")
6      // 设置上传文件的路由
7      routerGroup.POST("/upload", controllers.UploadHandle)
8      // 设置查询文件路由
9      routerGroup.GET("/query", controllers.QueryHandle)
10     // 设置下载文件的路由
11     routerGroup.GET("/download",controllers.DownloadHandle)
12     // 设置删除文件的路由
13     routerGroup.DELETE("/delete", controllers.DeleteHandle)
14     // 设置更新文件的路由
15     routerGroup.POST("/update", controllers.UpdateHandle)
16 }
```

例 14-1 和例 14-2 中都使用了路由组，这是因为同一模块内的功能接口拥有相同的接口前缀。具体的处理方法设置在 controllers 目录中。

14.2.5 基础配置

项目中会用到 MySQL、Redis 相关的配置，如服务器名称、服务器地址、账户名、账户密码、访问端口等信息。在实际的开发场景中，不推荐将这些配置信息直接以明文字符串的形式写入到代码中。本项目的配置文件为 JSON 格式，具体内容如例 14-6 所示。

例 14-6 配置文件

```
1  {
2    "app_name": "MyFileStore",
3    "app_mode": "debug",
4    "app_host": "localhost",
5    "app_port": "8080",
6    "database": {
7        "driver": "mysql",
8        "user": "root",
9        "password": "root",
10        "host": "localhost",
11        "port": "3306",
12        "db_name": "file_store",
13        "charset": "utf8",
14        "show_sql": true
15     },
16    "redis_config": {
17        "addr": "localhost",
18        "port": "6379",
19        "password": "",
20        "db": 0
21     }
22  }
```

上述代码中主要配置了服务应用的基础信息、MySQL 配置信息、Redis 配置信息。根据配置文件编写解析配置文件的函数，如例 14-7 所示。

例 14-7 解析配置文件

```
1  // 项目配置结构
2  type Config struct {
3      AppName          string       `json:"app_name"`
4      AppMode          string       `json:"app_mode"`
5      AppHost          string       `json:"app_host"`
6      AppPort          string       `json:"app_port"`
7      Database         MySQLConfig `json:"database"`      // 嵌入 MySQL 配置
8      RedisConfig      RedisConfig `json:"redis_config"`      // 嵌入 Redis 配置
9  }
10  // MySQL 的配置
11  type MySQLConfig struct {
12      Driver      string `json:"driver"`
13      User        string `json:"user"`
14      Password    string `json:"password"`
15      Host        string `json:"host"`
16      Port        string `json:"port"`
17      DbName      string `json:"db_name"`
18      Charset     string `json:"charset"`
19      ShowSql     bool      `json:"show_sql"`
```

```
20  }
21  // Redis 属性定义
22  type RedisConfig struct {
23      Addr     string `json:"addr"`
24      Port     string `json:"port"`
25      Passwordstring `json:"password"`
26      Db       int    `json:"db"`
27  }
28  // 创建 Config 实例
29  var _cfg * Config = nil
30  func GetConfig() * Config {
31      return _cfg
32  }
33  // 解析配置
34  func ParseConfig(path string) (* Config, error) {
35      // 打开文件
36      file, err := os.Open(path)
37      if err != nil {
38          panic(err)
39      }
40      defer file.Close()
41      // 读取文件内容
42      reader := bufio.NewReader(file)
43      // 解析文件 JSON 格式内容
44      decoder := json.NewDecoder(reader)
45      if err = decoder.Decode(&_cfg); err != nil {
46          return nil, err
47      }
48      return _cfg, nil
49  }
```

上述代码中，根据配置内容定义了相应的结构体，通过 ParseConfig 函数实现了配置文件的解析。在项目刚启动时，即可调用该方法解析配置文件，如下所示。

```
cfg, err := conf.ParseConfig("E:/GoPath/go/src/MyFileStore/conf/config.json")
    if err != nil {
        panic(err.Error())
    }
```

接下来就可以使用 cfg 指针操作相应的配置信息。例 14-6 中将 * Config 设置为全局变量，这样我们就可以在其他非调用 ParseConfig 函数的作用域来通过 GetConfig 函数获取 * Config，并可以直接使用 * Config 来操作通过 ParseConfig 函数解析过的配置信息，如下所示。

```
cfg, err := conf. GetConfig()
fmt.Println(cfg.AppHost)// 打印服务地址
```

14.2.6　工具设置

在实际开发场景中，我们可以将一些经常调用的工具函数放到一个目录下，如哈希值的计算、响应信息的封装等。

在工程目录下创建 utils 目录，然后在该目录下创建一个 util.go 文件，具体代码如例 14-8 所示。

例 14-8　工具方法集合

```
1  type Sha1Stream struct {
2      _sha1 hash.Hash
3  }
4  // 更新哈希值
5  func (obj * Sha1Stream) Update(data []byte) {
6      if obj._sha1 == nil {
7          obj._sha1 = sha1.New()
8      }
9      obj._sha1.Write(data)
10 }
11 // 解码
12 func (obj * Sha1Stream) Sum() string {
13     return hex.EncodeToString(obj._sha1.Sum([]byte("")))
14 }
15 // sha1 算法的封装
16 func Sha1(data []byte) string {
17     _sha1 := sha1.New()
18     _sha1.Write(data)
19     return hex.EncodeToString(_sha1.Sum([]byte("")))
20 }
21 // 计算文件的 sha1 值
22 func FileSha1(file * os.File) string {
23     _sha1 := sha1.New()
24     io.Copy(_sha1, file)
25     return hex.EncodeToString(_sha1.Sum(nil))
26 }
27 // MD5 算法的封装
28 func MD5(data []byte) string {
29     _md5 := md5.New()
30     _md5.Write(data)
31     return hex.EncodeToString(_md5.Sum([]byte("")))
32 }
33 // 计算文件的 MD5 值
34 func FileMD5(file * os.File) string {
35     _md5 := md5.New()
36     io.Copy(_md5, file)
37     return hex.EncodeToString(_md5.Sum(nil))
38 }
39 // 判断路径是否存在
40 func PathExists(path string) (bool, error) {
41     _, err := os.Stat(path)
42     if err == nil {
43         return true, nil
44     }
45     if os.IsNotExist(err) {
46         return false, nil
47     }
48     return false, err
49 }
50 // 获取文件大小
51 func GetFileSize(filename string) int64 {
52     var result int64
```

```
53      filepath.Walk(filename, func(path string, f os.FileInfo, err error) error {
54          result = f.Size()
55          return nil
56      })
57      return result
58  }
```

上述代码中主要封装了一些计算哈希值，以及获取文件信息的函数。在 Web 开发中，服务器经常会给前端返回数据，如果每次都直接使用库中提供的方法，会显得代码比较臃肿。封装返回 JSON 格式数据的代码如例 14-9 所示。

例 14-9　JSON 格式响应信息的封装

```
1  // 返回响应信息
2  func ResponseJOSN(ctx * gin.Context, status ,code int, v interface{}) {
3      ctx.JSON(status,gin.H{
4          "code": code,
5          "message": v,
6      })
7  }
```

工具函数的主要特点是几乎每个模块都会被调用到，且调用频繁。也可以将其他的工具函数放入到该目录中，此处不再列举。

14.3 分布式文件系统

14.3.1　FastDFS 简介

如今已经存在多种开源的分布式文件系统，FastDFS 正是其中一员。FastDFS 是用 C 语言编写的一款开源的分布式文件系统，其基于 HTTP 协议，设计理念是一切从简。也正是因为 FastDFS 简单至上的设计理念，使其运维和扩展变得更加简单，同时还具备高性能、高可靠、无中心以及免维护等特点。

FastDFS 分布式文件存储系统主要解决海量数据的存储问题，利用 FastDFS 系统，特别适合系统中的中小文件的存储和在线服务。中小文件的范围大致为 4KB ~ 500MB。

14.3.2　FastDFS 工作原理

FastDFS 分布式文件存储系统由 3 种角色的组件构成，分别为跟踪服务器（Tracker Server）、存储服务器（Storage Server）和客户端（Client），每个角色组件的功能如下。

- 存储服务器（Storage Server）是用于存储数据的服务器，主要提供存储容量和备份服务。存储服务器（Storage Server）为了保证数据安全不丢失，将多台服务器组成一个组（Group）。组内的存储服务器之间是平等关系，不同组的存储服务器之间不会相互通信，同组内的存储服务器之间会相互连接进行文件同步，从而保证同组内每个 storage 上的文件完全一致。
- 跟踪服务器（Tracker Server）主要负责调度工作，起到均衡的作用。还负责管理所有的存储服务器，以及服务器的分组情况。存储服务器启动后会与跟踪服务器保持链接，并进行周期性信息同步。跟踪服务器可以有多台，它们之间是相互平等关系同时提供服务，跟踪服务器不存在单点故障。客户端采用轮询的方式请求跟踪服务器，如果请求的 tracker 无法提供服务则换另一个 tracker。

- 客户端主要负责上传和下载文件数据。客户端所部署的机器就是实际项目部署所在的机器。

FastDFS 的组件架构和工作原理如图 14.5 所示。

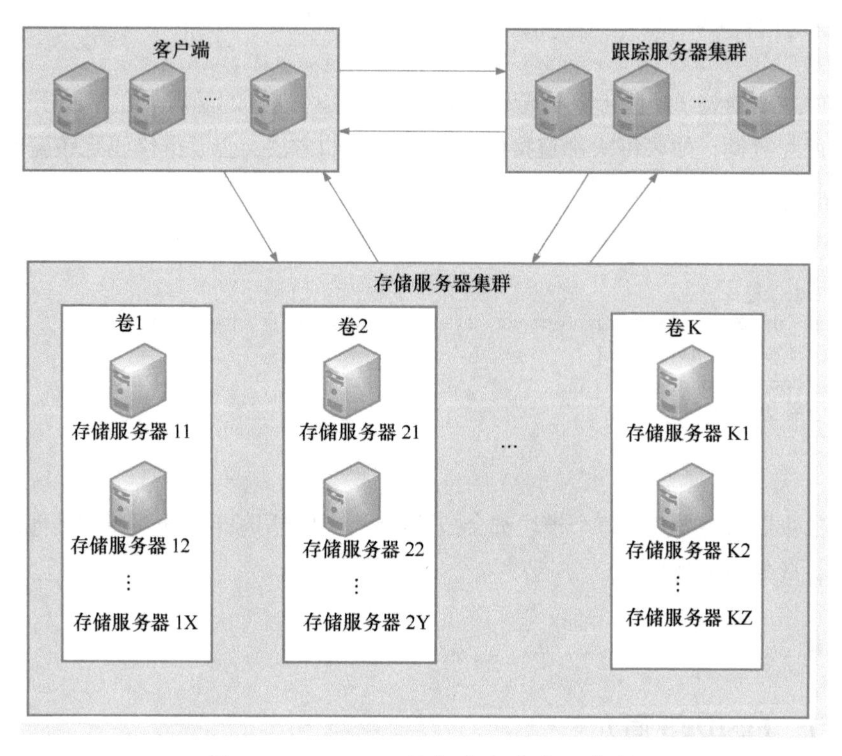

● 图 14.5 FastDFS 的组件架构和工作原理

由上图可以看出，FastDFS 在整个存储数据的过程中，整个存储服务器集群按照组为单位进行分割，组也可称为卷（Volume）。整个存储系统分为多个组，组与组之间相互独立，并以编号进行排序，易于管理。将所有分组服务器组合起来，构成了整个 FastDFS 文件存储系统。

对于某组而言，其中可能包含一台或者多台文件存储服务器，如图 14.5 中的 Volume1（卷 1）里面包含存储服务器 11、存储服务器 12、…、1X 共 X 台服务器。组成卷 1 的 X 台服务器上存储的文件内容是相同的。为了实现冗余备份，以及负载均衡，每个组由多台服务器组成，并保持文件内容。

除此之外，在增加某个组的服务器时，FastDFS 能够自动完成文件同步，自动切换服务器，提供线上服务。FastDFS 也支持增添新的组，以完成对文件系统容量的扩容。

FastDFS 文件上传过程如图 14.6 所示。

存储服务器会定期向跟踪服务器发送自己的存储信息。当跟踪服务器集群（Tracker Server Cluster）中的跟踪服务器不止一个时，各个 Tracker 之间的关系是对等的，因此，客户端上传文件时可以选择任意一个 Tracker。

当 Tracker 接收到客户端上传文件的请求时，会为该文件分配一个可以存储文件的组，选定组后，要决定给客户端分配组中的哪一个存储服务器。当分配好存储服务器后，客户端向存储服务器发送写文件请求，存储服务器将会为文件分配一个数据存储目录，然后为文件分配一个 fileid，最后根据路径信息生成文件名，存储文件。

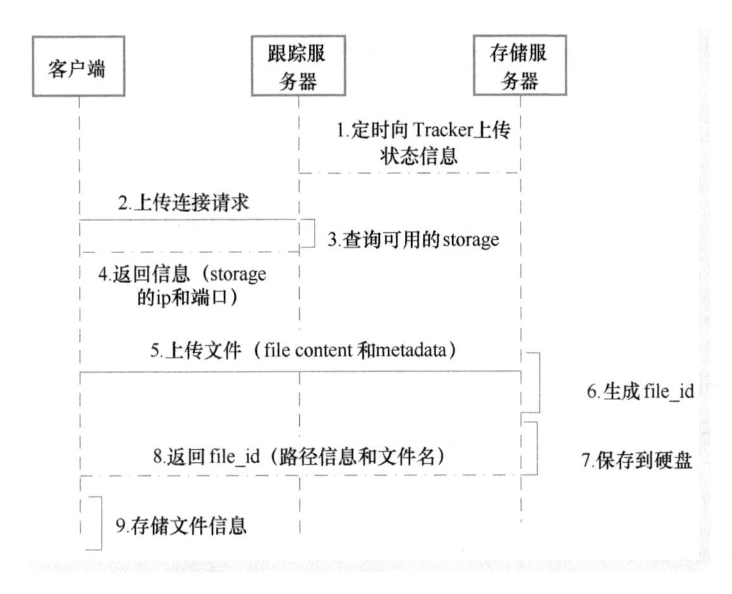

● 图 14.6 FastDFS 的文件上传过程

FastDFS 的文件下载过程如图 14.7 所示。

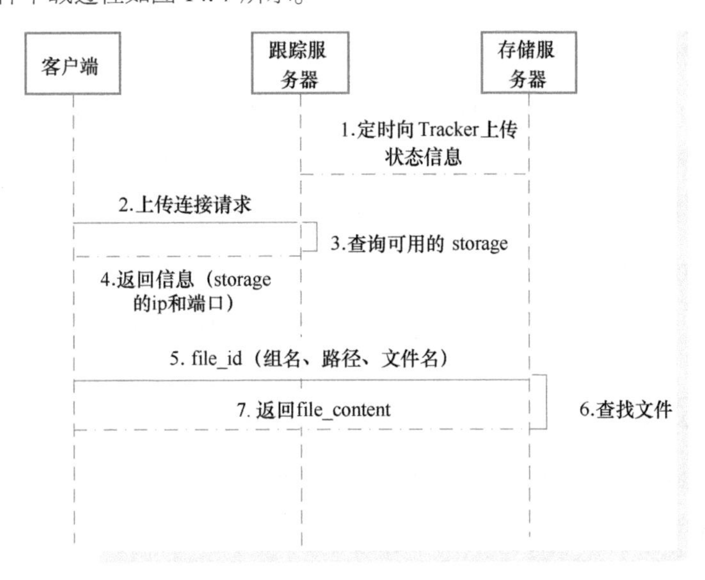

● 图 14.7 FastDFS 的文件下载过程

在使用 FastDFS 下载文件时，客户端可以选择任意一个跟踪服务器。tracker 发送下载请求给某个 tracker，并携带着文件名信息。tracker 从文件名中解析出文件所存储的组、文件大小、创建时间等信息，然后选择一个存储服务器处理下载请求。

14.3.3 安装和配置 FastDFS

FastDFS 是一个分布式文件存储系统，能够大规模部署在多台服务器上。云存储项目使用 Linux（CentOS 7 版本）环境搭建 FastDFS。FastDFS 环境搭建主要分为两部分，第一部分是安装和配置 FastDFS，第二部分是配置 Nginx 模块。

安装和配置 FastDFS 的步骤主要包括安装 libfastcommo，安装 FastDFS，配置 Tracker 服务，配置 Storage 服务。

（1）安装 libfastcommo

libfastcommo 是由 fastDFS 官方提供的软件库，其中包含了运行 FastDFS 所需要的一些基础库。可以直接通过浏览器到 Github 网站下载该文件，下载后上传到 CentOS 服务器上。也可以在 CentOS 终端中直接下载，下载命令如下所示。

```
wget https:// github.com/happyfish100/libfastcommon/archive/V1.0.7.tar.gz
```

下载和上传的 libfastcommon 库文件是压缩格式，需要执行如下命令解压。

```
tar -zxvf V1.0.7.tar.gz
```

进入解压 V1.0.7.tar.gz 的目录，执行编译和安装，执行的具体命令和步骤如下所示。

```
cd libfastcommon-1.0.7
./make.sh
```

./make.sh 是执行编译脚本。编译过程需要系统有 gcc 环境，如果 CentOS 系统没有，会产生错误。安装 gcc 环境的命令如下所示。

```
sudo yum -y install gcc automake autoconf libtool make
```

等待安装完成即可，重新执行./make.sh。编译完成，编译过程会有输出，编译结束后进行安装，安装命令如下所示。

```
./make.sh install
```

（2）下载 FastDFS 并安装

安装完成 libfastcommon 之后，安装 FastDFS。FastDFS 可以通过 Github 网站下载，下载后上传到 CentOS 服务器上。也可以使用命在 CentOS 服务器上进行下载，具体命令如下所示。

```
wget https:// github.com/happyfish100/fastdfs/archive/V5.05.tar.gz
```

解压下载后的 FastDFS 的 tar 压缩包，具体命令如下所示。

```
tar -zxvf V5.05.tar.gz
```

解压后，进入解压后的目录，执行编译和安装，具体的命令和步骤如下所示。

```
cd fastdfs-5.05
./make.sh
sudo ./make.sh install
```

至此，FastDFS 已经安装完成。

（3）配置 Tracker 服务

接下来配置并启动 Tracker 服务。首先进入/etc/fdfs 目录，执行 ls 命令，输出结果如下所示。

```
client.conf.sample  storage.conf.sample  tracker.conf.sample
```

在该目录下能够看到 3 个默认的配置模板文件，并修改三个配置文件，去掉.sample 扩展名，具体命令如下所示。

```
mv client.conf.sample client.conf
mv client.conf.sample client.conf
mv tracker.conf.sample tracker.conf
```

再次执行 ls 命令，结果如下所示。

```
client.conf  storage.conf  tracker.conf
```

Tracker 服务的一些主要配置项说明见表 14.13。

表 14.13　Tracker 服务配置说明

配置项	说　明
port	Tracker 的端口号
base_path	数据和日志文件存储根目录
http.server_port	HTTP 服务端口

编辑 tracker.conf 文件，修改如下配置。

```
base_path=/home/username/data/fastdfs
http.server_port=80
```

base_path 是指 tracker 服务器数据存储的目录，开发者需要根据自己服务器的情况进行设定。配置编辑完成后保存退出。在终端启动 Tracker 服务，执行命令如下所示。

```
/usr/bin/fdfs_trackerd /etc/fdfs/tracker.conf start
```

该条命令执行后，可能没有信息输出，开发者不能确定 Tracker 服务是否已经启动，可以通过以下命令查看 fdfs 的 tracker 服务的监听。

```
netstat -unltp |grep fdfs
```

输入结果如下所示。

```
tcp  0  0 0.0.0.0:22122      0.0.0.0:*       LISTEN      31969/fdfs_trackerd
```

从以上结果可以看出，tracker 服务正在 22122 端口监听，表示已经正常启动。

（4）配置 Storage 服务

配置完成 Tracker 服务器以后，还要配置真正存储文件的存储服务器，即 Storage 服务。Storage 服务的一些主要配置项说明见表 14.14。

表 14.14　Storage 服务配置说明

配置项	说　明
group_name	组名，第一组为 group1，第二组为 group2，以此类推……
base_path	数据和日志文件存储根目录
store_path0	第一个存储目录，第二个存储目录为 store_path1，以此类推……
store_path_count	存储路径个数需要和 store_path 个数匹配
tracker_server	tracker 服务器 IP 和端口

修改 storage.conf 配置文件，对 storage.conf 配置文件做如下选项配置并保存。

```
base_path=/home/username/data/fastdfs_storage
store_path0=/home/username/data/fastdfs_storage
tracker_server=192.168.1.199:22122
```

base_path 和 store_path0 指定的目录依然需要开发者根据情况自行创建。

启动 storage 服务的命令如下所示。

```
/usr/bin/fdfs_storaged /etc/fdfs/storage.conf start
```

上述命令执行后，没有输出。依然可以通过下述命令来查看 fdfs 服务端口监听。

```
netstat -unltp |grep fdfs
```

输出结果如下所示。

```
tcp  0  0 0.0.0.0:22122     0.0.0.0:*          LISTEN     31969/fdfs_trackerd
tcp  0  0 0.0.0.0:23000     0.0.0.0:*          LISTEN     32279/fdfs_storaged
```

至此，关于 FastDFS 的环境和启动配置已经完成。但是暂时无法访问，需要配置 Nginx 模块才可以进行上传和访问测试。

14.3.4 配置 Nginx 模块

配置 Nginx 模块的主要步骤包括下载安装包、修改安装配置、安装 Nginx、配置 fastdfs-nginx-module、修改 Nginx 配置文件，启动 Nginx 和测试文件上传。

1. 下载安装包

下载 Nginx 和 fastdfs-nginx-module，具体命令如下所示。

```
wget -c https:// nginx.org/download/nginx-1.10.1.tar.gz
```

解压命令如下所示。

```
tar zxvf nginx-1.10.1.tar.gz
```

同时，需要准备 fastdfs-nginx-module_v1.16.tar 文件，本书的配套资源提供该版本资源，读者也可以到官网去下载对应版本。解压 fastdfs-nginx-module_v1.16.tar，执行命令如下所示。

```
tar zxvf fastdfs-nginx-module_v1.16.tar.gz
```

2. 修改安装配置

修改 fastdfs-nginx-module 配置文件，执行命令如下所示。

```
sudo vim /home/username/fastdfs-nginx-module/src/config
```

修改 CORE_INCS 配置项，具体内容如下所示。

```
CORE_INCS="$CORE_INCS /usr/include/fastdfs /usr/include/fastcommon/"
```

到 nginx-1.10.1 目录下进行安装，具体命令如下所示。

```
cd nginx-1.10.1
./configure --add-module=/home/username/base_library/fastdfs-nginx-module/src
```

add-module 指定的是解压 fastdfs-nginx-module_v1.16.tar 后的 src 子目录。

3. 安装 Nginx

执行编译安装的命令，具体命令如下所示。

```
make install
```

安装成功后，可以通过命令查看 Nginx 的版本号，具体命令如下所示。

```
/usr/local/nginx/sbin/nginx -V
```

输出结果如下所示。

```
nginx version: nginx/1.10.1
built by gcc 4.8.5 20150623 (Red Hat 4.8.5-36) (GCC)
configure arguments: --add-module=/home/xdd/base_library/fastdfs-nginx-module/src
```

4. 配置 fastdfs-nginx-module

进入到 fastdfs-nginx-module/src 目录下面，修改其中的一个名称为 mod_fastdfs.conf 的文件，该文件的主要配置项说明见表 14. 15。

表 14. 15 mod_fastdfs.conf 配置说明

配置项	说明
base_path	日志目录
tracker_server	Tracker 服务的 IP 和端口
storage_server_port	Storage 服务的端口
group_name	当前服务器的组名
url_have_group_name	文件 URL 中是否有 group 名
store_path_count	存储路径个数，需要和 store_path 个数匹配
store_path0	存储路径
group_count	设置组的个数

修改该配置文件的配置选项，具体内容如下所示。

```
tracker_server=192.168.2.110:22122
url_have_group_name = true
store_path0=/home/username/data/fastdfs_storage
```

修改完成后，将该文件复制到/etc/fdfs 目录中，执行命令如下所示。

```
cp mod_fastdfs.conf /etc/fdfs
```

到 fastdfs-5.05 目录中的 conf 子目录下，将配置文件复制到/etc/fdfs 中，执行命令如下所示。

```
cd /home/username/base_library/fastdfs-5.05/conf
cp anti-steal.jpg http.conf mime.types /etc/fdfs/
```

5. 修改 Nginx 配置文件

因为前文已经创建了存储文件的目录/home/username/data/fastdfs_storage，要想通过 HTTP 协议访问该目录，需要在 Nginx 中进行相应的配置。编辑 Nginx 的配置文件，执行命令如下所示。

```
cd /usr/local/nginx/conf
vi nginx.conf
```

在 server 代码块中添加如下配置。

```
        location /group1/M00{
            root /home/xdd/data/fastdfs_storage;
            ngx_fastdfs_module;
        }
```

root 所对应的目录即是前文创建的存储文件的目录。其他内容不变即可。由于上述代码中配置了 group1/M00 的访问，接下来需要建立一个 group1 文件夹，并建立 M00 到 data 的软链接，具体命令如下所示。

```
mkdir /home/username/data/fastdfs_storage/data/group1
ln -s /home/username/data/fastdfs_storage/data
/home/xdd/data/fastdfs_storage/data/group1/M00
```

至此，环境配置已经结束

6. 启动 Nginx

启动 Nginx 服务的命令如下所示。

```
sudo /usr/local/nginx/sbin/nginx
```

输出结果如下所示。

```
ngx_http_fastdfs_set pid=44850
```

通过浏览器访问服务器的地址，访问结果如图 14.8 所示。

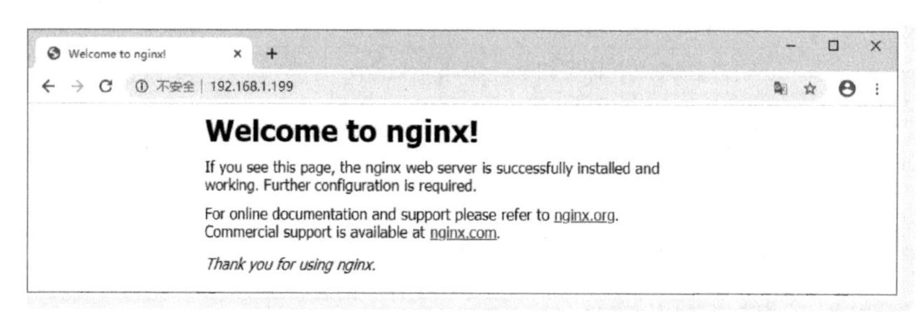

● 图 14.8　Nginx 访问结果

出现如图 14.8 所示的效果，即表示 Nginx 服务启动成功。

7. 测试文件上传

接下来可以测试文件上传功能。修改 FastDFS 的 client.conf 配置文件，主要配置项说明见表 14.16。

表 14.16　mod_fastdfs.conf 配置说明

配 置 项	说　明
base_path	日志目录
tracker_server	Tracker 服务的 IP 和端口

到 FastDFS 的配置目录下，打开配置文件，执行命令如下所示。

```
cd /etc/fdfs/
vim client.conf
```

将配置内容修改如下。

```
base_path=/home/username/data/fastdfs
tracker_server=192.168.1.199:22122
```

在任意目录下，创建一个 test.txt 文件，然后执行如下命令。

```
/usr/bin/fdfs_test /etc/fdfs/client.conf upload ./test.txt
```

输出结果如下所示。

```
    [root@ localhost fdfs]# /usr/bin/fdfs_test /etc/fdfs/client.conf upload ./test.txt
    This is FastDFS client test program v5.05

    Copyright (C) 2008, Happy Fish / YuQing

    FastDFS may be copied only under the terms of the GNU General
    Public License V3, which may be found in the FastDFS source kit.
    Please visit the FastDFS Home Page http:// www.csource.org/
    for more detail.

    [2020-09-19 16:17:17] DEBUG - base_path=/home/xdd/data/fastdfs, connect_timeout=30, net-
work_timeout=60, tracker_server_count=1, anti_steal_token=0,
anti_steal_secret_key length=0, use_connection_pool=0,
g_connection_pool_max_idle_time=3600s, use_storage_id=0, storage server id count: 0

    tracker_query_storage_store_list_without_group:
      server 1. group_name=, ip_addr=192.168.2.110, port=23000

    group_name=group1, ip_addr=192.168.2.110, port=23000
    storage_upload_by_filename
    group_name=group1, remote_filename=M00/00/00/wKgCbl9lvo2ACA05AAAABelE2rQ688.txt
    source ip address: 192.168.2.110
    file timestamp=2020-09-19 16:17:17
    file size=5
    file crc32=3913603764
    example file url:
http:// 192.168.2.110/group1/M00/00/00/wKgCbl9lvo2ACA05AAAABelE2rQ688.txt
    storage_upload_slave_by_filename
    group_name=group1,
remote_filename=M00/00/00/wKgCbl9lvo2ACA05AAAABelE2rQ688_big.txt
    source ip address: 192.168.2.110
    file timestamp=2020-09-19 16:17:17
    file size=5
    file crc32=3913603764
    example file url:
http:// 192.168.2.110/group1/M00/00/00/wKgCbl9lvo2ACA05AAAABelE2rQ688_big.txt
```

出现以上输出结果即表示上传成功。在对应的目录中，执行命令如下所示。

```
cd /home/xdd/data/fastdfs_storage/data/00/00
```

通过 ls 命令可以找到该文件，ls 命令的输出结果如下所示。

```
wKgBx15Gv5CAai3nAAAAAAAAAAA999_big.txt      wKgBx15Gv5CAai3nAAAAAAAAAAA999.txt
wKgBx15Gv5CAai3nAAAAAAAAAAA999_big.txt-m    wKgBx15Gv5CAai3nAAAAAAAAAAA999.txt-m
```

至此，整个的 FastDFS 的配置和 Nginx 的配置，以及文件上传测试均已完成。上传文件可能因为防火墙的原因而操作失败，修改防火墙配置的命令如下所示。

```
firewall-cmd --zone=public --add-port=22122/tcp --permanent
firewall-cmd --zone=public --add-port=23000/tcp – permanent
```

修改防火墙配置后即可成功上传文件。

14.4 用户模块开发

14.4.1 用户注册

当用户在浏览器的输入框中输入注册信息后，客户端会将用户输入的注册信息发送到服务器。服务器在数据库中搜索前端发送的注册信息，如果能搜索到，则提示账号已经被注册，如果搜索不到，就将注册信息存入到数据库中，并将注册成功的提示信息返回给客户端。

处理用户注册请求的代码如例 14-9 所示。

例 14-9　用户注册

```
1  // 用户注册
2  func UserRegist(ctx * gin.Context){
3      // 初始化一个 user 结构体
4      user := models.User{}
5
6      // 获取绑定数据
7      if err := ctx.ShouldBind(&user); err != nil {
8          log.Fatal(err.Error())
9          return
10      }
11      user.Password = utils.MD5([]byte(user.Password))
12      user.CreateTime = utils.SwitchTimeStampToData(time.Now().Unix())
13      user.LastActive = utils.SwitchTimeStampToData(time.Now().Unix())
14
15      // 查询数据库,如果存在,则返回用户已存在
16      id := models.QueryUserWithUsername(user.Username)
17      // 如果用户已经存在
18      if id != 0{
19          // 正常响应,返回注册用户已经存在的信息
20          utils.ResponseJOSN(ctx, http.StatusOK,RegisterFailed , "用户已经存在")
21          return
22      }
23      // 如果不存在,插入到数据库中
```

```
24      _,err := models.InsertUser(user)
25      // 同步到 redis,设置 session
26      // 设置 session
27      session := sessions.Default(ctx)
28      session.Set("loginuser",user.Username )
29      session.Save()
30      if err ==nil{
31          utils.ResponseJOSN(ctx, http.StatusOK,RegisterSuccess, "注册成功")
32      }else{
33          // 正常响应,返回注册失败的信息
34          utils.ResponseJOSN(ctx, http.StatusBadRequest,RegisterFailed , "注册失败")
35      }
36
37  }
```

上述代码中，实例化一个 User 结构体，通过 ShouldBind 获取前端请求的字段，主要包括用户名、用户密码、手机号和电子邮箱。接着根据请求的字段，插入到数据库的用户表中，然后再设置 Session，这样再次访问服务的时候就不用重复登录了。

14.4.2　登录功能

完成注册功能后，接下来实现用户登录功能，具体代码如例 14-10 所示。

例 14-10　用户登录

```
1  // 用户登录
2  func UserLogin(ctx * gin.Context){
3      // 从数据库中查询账户信息,如果查询到则返回登录成功
4      username := ctx.PostForm("username")
5      pwd := ctx.PostForm("password")
6      // 将密码进行哈希运算
7      password := utils.MD5([]byte(pwd))
8      fmt.Println("username= ",username,"password=",password)
9      // 如果没获取到 session,则查询 MySQL
10      id := models.QueryLoginMsg(username, password)
11      fmt.Println(id)
12     // 如果没有获取到 ID,则返回账户或密码错误
13      if id == 0{
14          utils.ResponseJOSN(ctx, http.StatusBadRequest,LoginFailed, "账户或密码错误")
15      }else{
16          // 设置 session
17          session := sessions.Default(ctx)
18          session.Set("loginuser",username)
19          session.Save()
20          // 返回登录成功
21          utils.ResponseJOSN(ctx, http.StatusOK,LoginSuccess, "登录成功")
22      }
23  }
```

14.4.3　首页设计

这里给项目设计一个简单的首页，在未登录的状态下，主页显示登录和注册，如果登录之后，则显示用户名，具体的请求处理方法如例 14-11 所示。

例 14-11　返回首页

```
1  // 首页信息
2  func GetIndex(ctx * gin.Context) {
3      // 根据 session 获取判断是否登录,并获取信息返回给首页
4      session := sessions.Default(ctx)
5      v := session.Get("loginuser")
6      fmt.Println(v)
7      if v != nil {
8          // 返回主页面
9          ctx.HTML(http.StatusOK, "index.html", gin.H{
10             "IsLogin": true,
11             "username": v,
12           })
13      } else {
14           ctx.HTML(http.StatusOK, "index.html", gin.H{
15             "IsLogin": false,
16           })
17      }
18 }
```

上述代码中，当客户端访问主页时，服务器会向 Redis 中查询 Session，将 Session 的内容（用户名）读取出来，显示到首页中。

前端代码如例 14-12 所示。

例 14-12　前端关于首页显示部分的模板

```
1  {{if .IsLogin}}
2      <br/>
3      <h4 id="elem">用户名: {{.username}}</h4>
4  {{else}}
5      <br/>
6      <a id="elem" href="/static/register.html">注册</a>
7      <a id="elem" href="/static/login.html">登录</a>
8  {{end}}
```

这部分使用 Go 语言模板，当服务器返回的 IsLogin 为 True 时候，显示用户名，如图 14.9 所示。

● 图 14.9　主页面显示用户名

如果服务器返回的 IsLogin 为 False，则显示注册和登录界面，如图 14.10 所示。

● 图 14.10　主页面显示注册和登录

文件模块开发

文件模块主要包括文件上传和加载功能，用户上传文件后会显示用户所上传的一部分文件。

14.5.1　上传和下载

在正式实现文件上传功能之前，先来了解关于文件的概念。

1. 元数据

文件的元数据是描述文件的信息，为了和文件的内容数据区分开，则称描述信息为元数据。例如，文件的格式、文件的大小、文件的创建时间等都属于描述信息，也就是元数据。

2. 标识符

文件的标识符用于引用该文件。和文件的名字不同，文件的标识符具有全局唯一性。名字不具有这个特性，如世界上有很多重名的人，但是每个人都是不一样的。但若是用标识符来引用就只可能有一个。通常会用对象的哈希值来做其标识符。

接下来实现文件上传功能，具体代码如例 14-13 所示。

例 14-13　文件上传

```
1  // 上传文件请求处理
2  func UploadHandle(ctx * gin.Context) {
3      // 获取表单数据,参数为 name 值,与 input 的 name 值相同<input id="file" type="file" name="f1" />
4      f, err := ctx.FormFile("f1")
5      // 错误处理
6      if err != nil {
7          fmt.Println("文件上传失败!")
8          utils.ResponseJOSN(ctx, http.StatusBadRequest,UploadFailed , "文件上传失败")
9          return
10     }
11     // 初始化文件元数据结构体
12     fileMeta := models.File{
13         FileName: f.Filename,
14         CreateTime: time.Now().Format("2006-01-02 15:04:05"),
15         UpdateTime: time.Now().Format("2006-01-02 15:04:05"),
16     }
17     // 获取配置文件信息
18     cfg := conf.GetConfig()
19     fileTmp := cfg.FilePath + f.Filename
20     // 上传表单文件到特定的目录下
21     // ctx.SaveUploadedFile(f, fileTmpPath)
22     // 打开上传的文件信息
23     file, err := f.Open()
24     if err != nil {
25         fmt.Printf("Failed to open file,err:% s", err.Error())
26     }
27     defer file.Close()
28     // 创建新的文件用于存储上传的信息
29     newFile, err := os.Create(fileTmp)
30     if err != nil {
31         fmt.Printf("Failed to create file,err:% s", err.Error())
```

```
32        }
33
34        // 将上传文件的信息流复制到新创建的文件中
35        fileMeta.FileSize, err = io.Copy(newFile, file)
36        if err != nil {
37            fmt.Printf("Failed to save file,err:% s", err.Error())
38        }
39        // Seek 设置文件上的下一个读或写的偏移量为偏移量
40        newFile.Seek(0, 0)
41        fileMeta.FileSha1 = utils.FileSha1(newFile)
42        fmt.Println(fileMeta.FileSha1)
43        // 关闭文件
44        newFile.Close()
45
46        // 上传文件到 FastDFS
47        fdfsAddr := utils.UploadFileToFastDFS(fileTmp)
48        if fdfsAddr == "" {
49            fmt.Println("文件上传到 FastDFS 失败!")
50            utils.ResponseJOSN(ctx, http.StatusBadRequest,UploadFailed , "文件上传到 FastDFS
失败")
51            return
52        }else{
53            // 将文件存储在 FastDFS 上的地址复制到元数据
54            fileMeta.FileAddr = fdfsAddr
55        }
56        os.Remove(fileTmp)
57        // 将文件元数据插入到文件表
58        count, err := models.InsertFileMeta(fileMeta)
59        fmt.Println(count)
60        // 获取 username
61        username := ctx.Query("username")
62        fmt.Println(username)
63
64        // 插入用户文件表
65        UFcount, UFerr := models.UserFileUploadFinished(username, fileMeta)
66        fmt.Println(UFcount)
67        if err == nil && UFerr == nil {
68            // 保存成功,返回上传完成
69            utils.ResponseJOSN(ctx, http.StatusOK,UploadSuccess, "文件上传完成!")
70        } else {
71            // 保存失败
72            utils.ResponseJOSN(ctx, http.StatusOK,UploadFailed , "文件上传失败!")
73        }
74    }
```

上述代码用于处理上传文件的请求，先通过 FormFile 方法读取文件的内容，然后将文件的内容保存在缓存目录中，再通过 utils.UploadFileToFastDFS 将文件上传到 FastDFS。这样做可以将接口服务和数据存储解耦合，各自成为独立的节点。上述步骤都完成后，将文件数据插入到文件表和用户文件表中。将最终的结果返回给客户端。

实现文件下载请求的方法如例 14-14 所示。

例 14-14　文件下载

```
1  // 下载文件
2  func DownloadHandle(ctx * gin.Context) {
3      // 获取 querystring,localhost:8080/file/download? filehash=13246546...
4      filehash := ctx.Query("filehash")
5      // 根据 Hash 值获取元数据
6      filename, fileaddr ,filesize := models.QueryFileMeta(filehash)
7      fmt.Println("name=", filename, " addr=", fileaddr, "size=", filesize)
8      if filename == "" && fileaddr == "" && filesize == 0 {
9          utils.ResponseJOSN(ctx, http.StatusOK, FileNotExist ,"该文件不存在")
10          return
11       }
12       // 从 FastDFS 下载到本地缓存
13       // 查询 File 存储地址和大小
14       cfg := conf.GetConfig()
15       fileTmp := cfg.FilePath + filename
16       utils.DownloadFile(fileaddr, fileTmp, filesize)
17       // 填充数据头
18       ctx.Writer.Header().Add("Content-Disposition", fmt.Sprintf("attachment; filename
=%s", filename))
19       ctx.Writer.Header().Set("Content-Type", "octet-stream")
20       // 下载文件
21       ctx.File(fileTmp)
22  }
```

上述代码中，首先根据 GET 请求获取文件的哈希值，然后从数据库中查询想要下载的文件元数据，再根据文件的存储位置从 FastDFS 中下载到本地缓存目录，最后将文件数据返回给客户端。

14.5.2　秒传原理

服务器存储的文件会越来越多，这时候用户想要上传的文件很可能其他用户已经上传过。在前面的内容介绍过，文件的标识符是哈希值。服务器可以根据文件的哈希值判断文件是否已经上传过。如果客户端上文件的哈希值相同，服务器只需要更新数据库表即可，当用户想要下载的时候，直接下载其他用户已经上传过的相同文件即可。秒传的具体步骤如下。

1）在文件上传之初，客户端计算文件的哈希值。

2）将文件的哈希值上传到服务器。

3）服务器将文件指纹和现存的文件指纹进行比对，并返回比对结果给客户端。

4）客户端获取比对结果。

5）如果比对成功，则说明服务器已经存在同样的文件，则直接将文件名和指纹及文件标识符等元数据上传到服务器。

6）服务器在接收到元数据之后，只是将文件名存放在客户的名下，文件则是映射到原有文件的路径中，返回秒传成功信息。

7）如果比对失败，则说明服务器不存在同样的文件，采取普通上传接口上传该文件。

秒传文件的示例代码如例 14-15 所示。

例 14-15　秒传文件

```
1  // 秒传文件
2  func FastUpload(ctx * gin.Context){
```

```
3       // 解析请求参数
4       filehash := ctx.Query("filehash")
5       // 从文件表中查询相同哈希的文件记录 name, addr string, size int64
6       _, fileaddr, filesize:= models.QueryFileMeta(filehash)
7       // 查不到记录则返回秒传失败
8       if fileaddr == "" && filesize == 0 {
9           utils.ResponseJOSN(ctx, http.StatusOK,FileNotExist, "文件不存在,请使用普通上传接口!")
10          return
11       }
12       // 能查到,则将文件信息写入用户文件表,返回成功
13       // 初始化文件元数据结构体
14       username := ctx.Query("username")
15       filename := ctx.Query("filename")
16       fileMeta := models.File{
17           FileName: filename,
18           FileSize:       filesize,
19           FileAddr:       fileaddr,
20           CreateTime: time.Now().Format("2006-01-02 15:04:05"),
21           UpdateTime: time.Now().Format("2006-01-02 15:04:05"),
22       }
23       // 写入用户文件表
24       _, err := models.UserFileUploadFinished(username, fileMeta)
25       if err == nil {
26           // 写入成功,返回上传完成
27           utils.ResponseJOSN(ctx, http.StatusOK,UploadSuccess, "文件秒传完成!")
28       } else {
29           // 写入失败
30           utils.ResponseJOSN(ctx, http.StatusOK,UploadFailed , "文件秒传失败!")
31       }
32   }
```

上述代码中，首先解析秒传请求的参数，然后根据文件哈希值查询文件表，如果不存在，则返回秒传失败，通知前端使用普通上传接口。如果文件表中有该文件的哈希值，则写入用户文件表中，然后返回处理结果。前端没有实现该接口，可以通过 Postman 来测试该功能。

14.5.3 文件信息展示

当用户上传很多文件之后，文件元数据能够在首页中展示。当用户访问主页面时，主页面会向后端发送查询文件信息的请求，具体方法如例 14-16 所示。

例 14-16 页面信息展示

```
1  window.onload = function () {
2      var upUrl = "http:// localhost:8080/file/query?" + "username=" + {{.username}};;
3       $.ajax({
4          url: upUrl,
5          type: "GET",
6          data: {
7            limit: 15
8          },
9          error: function (err) {
10            alert(JSON.stringify(err));
```

```
11            },
12            success: function (body) {
13              if (! body) {
14                  return;
15              }
16              var data = body;
17              if (! data || data.length <= 0) {
18                  return;
19              }
20
21              for (var i = 0; i < data.length; i++) {
22                  var x = document.getElementById('filetbl').insertRow();
23                  var cell = x.insertCell();
24                  cell.innerHTML = data[i].FileHash.substr(0, 20) + "...";
25                  cell = x.insertCell();
26                  cell.innerHTML = data[i].FileName;
27                  cell = x.insertCell();
28                  cell.innerHTML = data[i].FileSize;
29                  cell = x.insertCell();
30                  cell.innerHTML = data[i].UploadTime;
31                  cell = x.insertCell();
32                  cell.innerHTML = data[i].LastUpdated;
33
34              }
35            }
36        });
37  }
```

上述代码是前端发送请求的 JS 代码，主要功能就是当页面打开时，浏览器会根据用户名向服务器发送数据查询的请求，并发送显示文件的个数，然后再根据服务器返回的内容显示在页面中。具体的显示结果如图 14.11 所示。

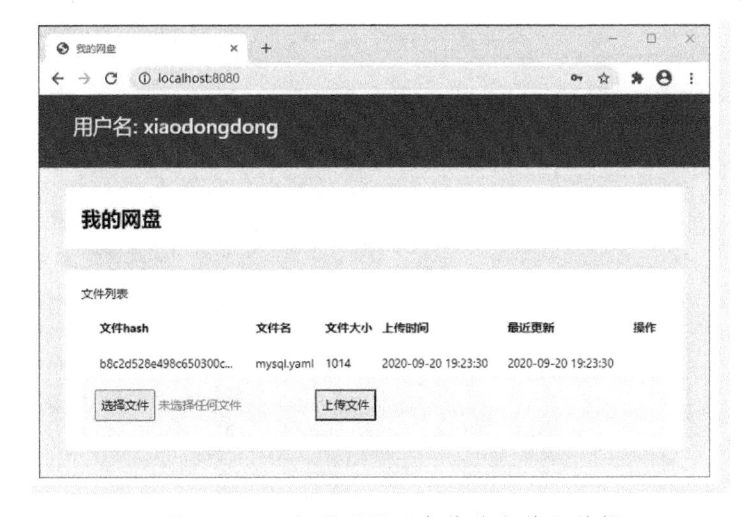

● 图 14.11 主页面显示上传的文件元数据

处理数据查询请求的代码如例 14-17 所示。

例 14-17　数据查询

```
1  // 查询文件信息
2  func QueryHandle(ctx * gin.Context) {
3      // 获取 querystring
4      username := ctx.Query("username")
5      limit := ctx.Query("limit")
6      fmt.Println(username, limit)
7      // 向数据库中查询数据
8      userFile, err := models.QueryUserFileMeta(username, limit)
9      if err != nil {
10         // 查询
11         utils.ResponseJOSN(ctx, http.StatusOK, SelectFailed ,"文件查询失败!")
12     }
13     // 将元数据转换成 JSON 格式并返回
14     ctx.JSON(http.StatusOK, userFile)
15 }
```

上述代码中，首先根据请求的参数获取用户名和查询数据的最大数量，将查询结果转换为 JSON 格式返回给前端。

14.6 本章小结

本章的项目“能够运行”只是起点而不是终点，大家需要理解 MVC 架构 Web 服务的开发流程，掌握 Gin 框架核心技术在项目开发中的具体应用。对于前端的页面和一些布局效果，本书不做深入研究，部分功能前端没有实现，后台开发人员只需要会调试即可。学习如何使用框架的同时不能忘记技术本身的重要性。Go 语言的并发机制、接口设计、垃圾回收、错误处理等内容更值得开发人员深入研究，这些基础内容也是面试的重点。为了能开发出功能更加丰富的项目，初学者需要多加练习基础内容代码的编写。